ABHANDLUNGEN
DER NORDRHEIN-WESTFÄLISCHEN AKADEMIE DER WISSENSCHAFTEN

Sonderreihe
PAPYROLOGICA COLONIENSIA
Herausgegeben von der
Nordrhein-Westfälischen Akademie der Wissenschaften
in Verbindung mit der Universität zu Köln
Vol. XXV

PAPYROLOGICA COLONIENSIA · Vol. XXV

Klaus Maresch

BRONZE UND SILBER

Papyrologische Beiträge zur Geschichte der Währung
im ptolemäischen und römischen Ägypten
bis zum 2. Jahrhundert n. Chr.

Springer Fachmedien Wiesbaden GmbH

In Zusammenarbeit mit der Arbeitsstelle für Papyrusforschung im Institut für Altertumskunde der Universität zu Köln
Leiter: Professor Dr. Wolfgang D. Lebek

Das Manuskript wurde der
Klasse für Geisteswissenschaften
am 15. November 1995
von der Papyruskommission vorgelegt.

Die Deutsche Bibliothek - CIP-Einheitsaufnahme

Maresch, Klaus:

Bronze und Silber: papyrologische Beiträge zur Geschichte der Währung im ptolemäischen und römischen Ägypten bis zum 2. Jahrhundert n. Chr. / von Klaus Maresch. [In Zusammenarb. mit der Arbeitsstelle für Papyrusforschung im Institut für Papyrusforschung im Institut für Altertumskunde der Universität zu Köln]. - Opladen: Westdt. Verl., 1996
(Abhandlungen der Nordrhein-Westfälischen Akademie der Wissenschaften: Sonderreihe Papyrologica Coloniensia; Vol. 25)
ISBN 978-3-531-09939-2
NE: Nordrhein-Westfälische Akademie der Wissenschaften (Düsseldorf): Abhandlungen der Nordrhein-Westfälischen Akademie der Wissenschaften / Sonderreihe Papyrologica Coloniensia

Ursprünglich erschienen bei Westdeutscher Verlag GmbH Opladen 1996

ISSN 0944-8837

ISBN 978-3-531-09939-2 ISBN 978-3-663-14488-5 (eBook)
DOI 10.1007/978-3-663-14488-5

VORWORT

Wenn in ptolemäischen Papyri Angaben in Bronzegeld gemacht werden, ist es bislang nicht möglich, diese Summen in dem uns erhaltenen ptolemäischen Bronzegeld darzustellen. Die Nominale der ptolemäischen Bronzemünzen sind unbekannt, auch die chronologische Einordnung der Münzen ist schwierig. Wolfram Weiser hat in einem Buch, das gesondert erscheinen wird, den Versuch unternommen, Entwicklung und Aufbau der ptolemäische Bronzewährung zu rekonstruieren.[1] Parallel zu diesem numismatischen Versuch sind die folgenden papyrologischen Beiträge entstanden.

Die Papyri liefern neben den Münzen wichtige Hinweise zur Rekonstruktion der Entwicklung der ptolemäischen Währung. So lassen sich aus den in den Papyri überlieferten Preisen, Löhnen und Preisangaben für den Stater (die Tetradrachme in Silber) Rückschlüsse auf die Währungsentwicklung ziehen. Solche Angaben haben F. Heichelheim[2] und T. Reekmans[3] systematisch gesammelt und genutzt. Unser Versuch schreitet auf dieser Bahn fort, und so finden sich, auf neuen Stand gebracht, die entsprechenden Listen von Reekmans im Anhang wieder. Ausgewertet wurden außerdem die in ptolemäischen Verträgen überlieferten Strafgelder (ἐπίτιμα), an denen auch Veränderungen im Währungssystem ablesbar sind. Verstärkt wurden auch die demotischen Papyri herangezogen und mit den griechischen verglichen.

Aus diesem Material scheint sich zumindest in Umrissen die Entwicklung der ägyptischen Bronzewährung erkennen zu lassen. Zu Ende des 3. Jahrhunderts hat sie sich von der Silberwährung, zu der sie bis zu diesem Zeitpunkt in einem festen, gleichbleibenden Verhältnis gestanden hatte, gelöst, so daß nun zwei Währungen nebeneinander bestanden, deren Wertverhältnis bis zum Ende der Ptolemäerzeit kein festes mehr sein sollte. Es gab nun einen beweglichen Preis für Silbergeld (ausgedrückt in Bronzegeld), der jedoch

---

[1] Vgl. vorerst W. Weiser, Katalog ptolemäischer Bronzemünzen der Sammlung des Instituts für Altertumskunde der Universität zu Köln (Papyrologica Coloniensia XXIII), Opladen 1995.

[2] F. Heichelheim, Wirtschaftliche Schwankungen der Zeit von Alexander bis Augustus, Jena 1930, S. 111 ff.

[3] T. Reekmans, Monetary History and the Dating of Ptolemaic Papyri, Studia Hell. 5, 1948, 34 ff.; ders., The Ptolemaic Copper Inflation, Studia Hell. 7, 1951, 107 ff.

offenbar in ein metrologisches Schema eingebettet war. Dieses Schema ist nicht explizit überliefert, die Papyri geben aber durch die Art, wie in ihnen Termini der Währung gebraucht werden, Hinweise auf dieses Schema. Hauptanliegen war es, dieses Schema zu rekonstruieren.

Die Verhältnisse der römischen Zeit lassen sich in vielem als Fortsetzung der ptolemäischen Tradition begreifen, neben den Neuerungen zeigt sich hier erstaunliche Kontinuität. Es lag daher nahe, auch noch die römische Zeit bis zum 2. Jahrhundert in die Darstellung einzubeziehen. Nicht mehr Gegenstand der Arbeit sind jedoch die Veränderungen der ägyptischen Währung im 3. Jahrhundert.

Das Bild der ptolemäischen Währungsverhältnissen ist noch lange nicht so klar und eindeutig, wie wir es wünschten, die Zahl der publizierten Papyri nimmt aber Jahr für Jahr zu, und Fortschritte im Verständnis der Währungsgeschichte sind gerade auch durch Papyri möglich geworden, die erst in jüngerer Zeit ediert wurden. So ist zu erwarten, daß auch in Zukunft neue Texte Lücken schließen und Entwicklungslinien deutlicher erkennen lassen werden.

Das Thema dieser Arbeit macht ein Überschreiten der Grenzen der griechischen Urkundenpapyrologie notwendig. So war ich nicht nur in papyrologischen Fragen, sondern auch in Fragen der Demotistik und Numismatik auf Hilfe angewiesen. Daß mir diese Hilfe so freundlich und bereitwillig gewährt wurde, dafür danke ich Traianos Gagos, Angelo Geissen, Dieter Hagedorn, Andrea Jördens, Ludwig Koenen, Günter Poethke, John R. Rea, Heinz-Josef Thissen, Manfred Weber und Karl-Th. Zauzich. Das Buch ist entstanden in steter Diskussion mit Wolfram Weiser, der es übernommen hat, die numismatische Seite unseres Problems zu behandeln. Ursprünglich sollten unsere Arbeiten gemeinsam erscheinen, erst das Anwachsen des Materials machte eine Aufteilung auf zwei Bände notwendig. Ich danke ihm für unsere sich über Jahre erstreckenden Gespräche, durch die er gleichsam zum Mitautor dieses Buches wurde. Nicht zuletzt schulde ich Dank Reinhold Merkelbach, der, wie so vieles, auch diese Arbeit angeregt hat. Mit seiner engagierten Kritik hat er eine klarere Darstellung unseres Problems ermöglicht.

Klaus Maresch

INHALT

B. DIE RÖMISCHE ZEIT BIS ZUM 2. JAHRHUNDERT N. CHR.

C. LISTEN

ZEICHENERKLÄRUNG

[ ] Lücke durch Beschädigung des Papyrus

[....] Vermutliche Anzahl der fehlenden Buchstaben in der Lücke

⟦ ⟧ Tilgung durch den Schreiber

{ } Tilgung durch den Herausgeber

`αβγδ´ Von einem Schreiber über der Zeile nachgetragene Buchstaben

⟨ ⟩ Ergänzung oder Änderung durch den Herausgeber

α̣β̣γ̣δ̣ Beschädigte Buchstaben, deren Lesung unsicher ist

..... Nicht lesbare Buchstabenreste

[] Vom Schreiber unbeschrieben gelassenes Spatium

( ) Aufgelöste Abkürzungen

| Beginn einer neuen Zeile im Papyrus

r recto

v verso

Abgekürzt zitierte Literatur

Für abgekürzt zitierte Papyruseditionen sei verwiesen auf J. F. Oates, R. S. Bagnall, W. H. Willis, K. A. Worp, Checklist of Greek and Latin Papyri, Ostraca and Tablets (4th ed., BASP Suppl. 7), Atlanta 1992.

P. Survey = P. W. Pestman, The Archive of the Theban Choachytes (Second Century B. C.). A Survey of the Demotic and Greek Papyri contained in the Archive (Studia Demotica II), Leuven 1993.

Berichtigungsl., Bl. = F. Preisigke, Berichtigungsliste der griechischen Papyrusurkunden aus Ägypten, Berlin-Leipzig 1922 ff.

Drexhage, Preise, Mieten/Pachten, Kosten und Löhne = H.-J. Drexhage, Preise, Mieten/Pachten, Kosten und Löhne im römischen Ägypten bis zum Regierungsantritt Diokletians, St. Katharinen 1991.

Duncan-Jones, Money and Government = R. Duncan-Jones, Money and Government in the Roman Empire, Cambridge 1994.

Gara, Prosdiagraphomena = A. Gara, Prosdiagraphomena e circolazione monetaria. Aspetti dell' organizzazione fiscale in rapporto alla politica monetaria dell'Egitto Romano, Milano 1976.

Heichelheim, Wirtsch. Schwankungen = F. Heichelheim, Wirtschaftliche Schwankungen der Zeit von Alexander bis Augustus, Jena 1930.

Johnson, Roman Egypt = A.C. Johnson, Roman Egypt to the Reign of Diocletian (An Economic Survey of Ancient Rome 2), Baltimore 1936.

Johnson-West, Currency = L. C. West and A. C. Johnson, Currency in Roman and Byzantine Egypt, Princeton 1944.

Lüddeckens, Ägypt. Heiratsverträge = E. Lüddeckens, Ägyptische Eheverträge (Ägyptologische Abhandlungen 1), Wiesbaden 1960.

Reekmans, Studia Hell. 5, 1948, 15-43 = T. Reekmans, Monetary History and the Dating of Ptolemaic Papyri, Studia Hellenistica 5, 1948, 15-43.

Reekmans, Studia Hell. 7, 1951, 61-119 = T. Reekmans, The Ptolemaic Copper Inflation, Studia Hellenistica 7, 1951, 61-119.

Shelton, A Tax List from Karanis II = J. C. Shelton, A Tax List from Karanis (P. Cair. Mich. 359), Part II (Papyrologische Texte und Abhandlungen 18), Bonn 1977.

Svoronos = I. N. Cβορῶνοc, Τὰ νομίcματα τοῦ κράτουc τῶν Πτολεμαίων, II, Athen 1904.

Wallace, Taxation = S. L. Wallace, Taxation in Egypt from Augustus to Diocletian, Princeton 1938.

Weiser, Katalog ptol. Bronzemünzen = W. Weiser, Katalog ptolemäischer Bronzemünzen der Sammlung des Instituts für Altertumskunde der Universität zu Köln (Papyrologica Coloniensia XXIII), Opladen 1995.

Wilcken, Chr. = U. Wilcken, Grundzüge und Chrestomatie der Papyruskunde I: Historischer Teil, Zweite Hälfte: Chrestomatie, Leipzig-Berlin 1912.

Wilcken, Grundzüge = U. Wilcken, Grundzüge und Chrestomatie der Papyruskunde I: Historischer Teil, Erste Hälfte: Grundzüge, Leipzig-Berlin 1912.

Youtie, Script. = H.C. Youtie, Scriptiunculae I-III, Amsterdam 1973-1975.

Youtie, Script. Post. = H.C.Youtie, Scriptiunculae Posteriores I-II, Bonn 1981-1982.

A. Die ptolemäische Zeit

> D'ailleurs ce roi est un grand magicien: il exerce son empire sur l'esprit même de ses sujets; il les fait penser comme il veut. S'il n'a qu'un million d'écus dans son trésor, et qu'il en ait besoin de deux, il n'a qu'à leur persuader qu'un écu en vaut deux, et ils le croient.
>
> Montesquieu, Lettres persanes XXIV

I. Zur Einführung: Das Verhältnis zwischen Silber- und Bronzegeld

Da die Währungsverhältnisse im ptolemäischen Ägypten als weitgehend ungeklärt gelten müssen und die geldgeschichtlich relevanten Phänomene in den Papyri recht verwirrend sind, wird bereits in dieser Einleitung versucht, das Ergebnis unserer Überlegungen zusammenzufassen, um so die Orientierung zu erleichtern. Es sei also die Entwicklung der ptolemäischen Währung, wie sie sich uns darstellt, in ihren Hauptlinien nachgezeichnet und in einen größeren wirtschaftsgeschichtlichen Zusammenhang gestellt. Außerdem sollen die in den Papyri auftauchenden Termini in ihrer für uns heute recht unpräzisen Verwendungsweise besprochen werden.

1. Silber- und Bronzestandard

Im ptolemäischen Ägypten diente als Münzmetall Gold, Silber und Bronze (χαλκός, auch als Kupfer bezeichnet). Gold spielt zumindest in den Papyri eine sehr geringe Rolle, wichtig ist hingegen Silber und Bronze. Das Wertverhältnis dieser beiden Münzmetalle ist von grundlegender Bedeutung für die Geldgeschichte.

Die frühen griechischen Währungen waren Silberwährungen, erst allmählich ging man dazu über, kleine Nominale in Bronze zu prägen. Auch in Ägypten ist der Terminus δραχμή anfangs an Silber gebunden. Die ptolemäische Drachme folgt nicht dem attischen Münzfuß wie die anderen Diadochenwährungen, sondern dem phönikischen. Eine Drachme (in Silber) wiegt in Ägypten 3,56 g, eine Tetradrachme also 14,24 g.[1]

Zu diesen Silbermünzen traten Bronzemünzen, zuerst nur für kleine Einheiten, dann auch für größere. Die Prägung von Bronzenominalen wurde unter Ptolemaios II. stark ausgeweitet und auf größere Nominale ausgedehnt. Welchen Wert man diesen Bronzenominalen unterstellen muß, ist in der Numismatik umstritten. Nach W. Weiser, dem wir hier folgen, wog das schwerste unter Ptolemaios II. geprägte Bronzenominal 30 Gewichtsdrachmen (30 x 3,56 g = 106,8 g) und ist als Drachme zu interpretieren.[2]

Diese Drachme (in Bronze) wurde als "Silberdrachme" (Drachme im Silberstandard, Viertel der Tetradrachme) in Zahlung genommen, wenn man zusätzlich zu ihrem Wert etwa 10% Agio (ἀλλαγή, ἐπαλλαγή) bezahlte. Die ἀλλαγή war als Kompensation dafür gedacht, daß man eine Zahlung, die eigentlich auf höherwertiges Metall bezogen war, in minderwertigerem Metall beglich. Inclusive dieser 10% nannte man diese Drachme ἀργυρίου δραχμή, ohne 10% Aufgeld nach dem Münzmetall χαλκοῦ δραχμή. Obwohl man nun zu einem großen Teil Bronzegeld und nicht Silber in der Tasche hatte, orientierten sich die Münzbezeichnungen noch lange ausschließlich am Silbergeld. Das war möglich, weil die Bronzemünzen als Teilwerte der Silbermünzen konzipiert waren und in einem stabilen Wertverhältnis zum Silbergeld verharrten.

Geprägt wurde in Silber die Tetradrachme (in den Papyri durchweg cτατήρ genannt),[3]

in Bronze ihr Viertel, die Drachme, und eine Reihe von kleineren Einheiten bis hinunter zum Chalkus als kleinster Einheit.[4]

---

[1] Der Terminus δραχμή bezeichnet ein bestimmtes Gewicht, wie man das ja auch bei anderen Münzbezeichnungen findet, wie Lira (libra), Pfund, pound, Mark. Da Münzen im Wert von x Drachmen nicht unbedingt das Gewicht von x Drachmen haben, also der Terminus δραχμή, wenn er zur Bezeichnung eines Nominals verwendet wird, nicht identisch sein muß mit der Gewichtsbezeichnung Drachme, sprechen wir im Folgenden, um Mißverständisse zu vermeiden, von Gewichtsdrachmen, wenn wir mit Drachme das Gewicht von 3,56 g meinen.

Auch cτατήρ (zu ἱcτάναι, "wiegen") kann sowohl eine bestimmte Münze als auch ein bestimmtes Gewicht bezeichnen.

[2] Weiser, Katalog ptol. Bronzemünzen, S. 20 ff., 30.

[3] An Silbergeld hatte nur die Tetradrachme wirklich Bedeutung, wenn auch kleinere Einheiten in Silber nicht ganz fehlten.

[4] Eine Drachme = 6 Obolen = 48 Chalkoi; 1 Obolos = 8 Chalkoi.

An Goldgeld stand ab 261/60 das μναιαῖον zur Verfügung.[5] Es ist acht Gewichtsdrachmen schwer und hat den Wert von 100 Silberdrachmen (μνᾶ, daher der Name Mnaiaion). Zuvor gab es seit etwa 300 als Goldmünze das τρίχρυϲον, welches 5 Gewichtsdrachmen schwer und 60 Silberdrachmen wert war.[6]

Wenn die Rechnung auf Silbergeld lautete, aber in Bronzegeld bezahlt wurde, mußte ein Agio von etwa 10% bezahlt werden. Entsprechend wurde auch ein Agio fällig, wenn eine Zahlung, die in Gold vorgesehen war, in Silber beglichen wurde. Wenn man von diesem Agio absieht, dann läßt sich das Geldsystem in folgender Weise schematisch darstellen:

Gold		Silber		Bronze	
1 τάλαντον	60 μναῖ				
	1 μνᾶ	25 ϲτατῆρεϲ			
		1 ϲτατήρ	4 δραχμαί		
			1 δραχμή	6 ὀβολοί	
				1 ὀβολόϲ	8 χαλκοῖ
					4 χαλκοῖ
					2 χαλκοῖ
					1 χαλκοῦϲ

Die Terminologie bleibt in den Papyri bis ins ausgehende 3. Jahrhundert ausschließlich auf das Silbergeld bezogen. Die Goldmünze von 8 Gewichtsdrachmen Gold wird Mnaiaion genannt, weil sie 100 Drachmen Silber wert war. Die Bezeichnungen der Nominale der Bronzemünzen orientieren sich ebenfalls am Silbergeld, gelten als Teilwerte der Silberdrachme, als Obolen und Chalkoi. Die Epoche, in der die auf das Silbergeld bezogene Terminologie allein üblich war, bezeichnen wir als Zeit des Silberstandards.

In der Krisenzeit des ausgehenden 3. Jahrhunderts trat rivalisierend eine zweite Rechenweise auf den Plan, die zur Bezeichnung kleinerer Werte bald ausschließlich gebraucht wurde, das Rechnen im Bronzestandard. Im Bronzestandard begann man deshalb zu rechnen, weil seit dem ausgehenden 3. Jahrhundert Münzen aus Silber und Bronze nicht mehr in einer festen, gleichbleibenden Relation zueinander standen. Auf die Silbertetradrachme wurden nun nicht mehr nur vier Bronzedr. (plus ca. 10% Agio) gerechnet, sondern

---

[5] O. Mørkholm, Early Hellenistic Coinage from the Accession of Alexander to the Peace of Apamea (336-186 B. C.). Edited by P. Grierson and U. Westermark, Cambridge 1991, S. 102-104.

[6] Vgl. unten S. 107.

bedeutend mehr. Der Wert des Silbergeldes stieg gegenüber dem Bronzegeld stark. Das Silbergeld unterlag nun einem Marktpreis (die Papyri sprechen von der τιμή der Tetradrachme), der nicht nur im zeitlichen Verlauf schwankte, sondern offenbar auch von Ort zu Ort unterschiedlich hoch sein konnte. Damit war das Silbergeld als Bezugsgröße für das Bronzegeld unbrauchbar geworden, und man ging zur Rechnung im Bronzestandard über. Ab dieser Zeit gab es in Ägypten nebeneinander zwei Währungen, die nur in einem losen Verhältnis zueinander standen und ihre eigene Entwicklung durchliefen.

Durch den Gebrauch der Rechnung im Bronzestandard vergrößern sich die terminologischen Schwierigkeiten, die bisher schon mit dem Wort "Drachme" verbunden waren. Bisher war der Wert "Drachme" auf den Wert einer Gewichtsdrachme Silber bezogen. Eine Bronzedrachme (χαλκοῦ δραχμή) bezeichnete das Bronzeäquivalent zu einer silbernen Drachme, also das Äquivalent zu 3,56 g Silber umgesetzt in Bronze. Das Wort "Drachme" bezeichnete aber nicht nur einen Geldwert innerhalb des Münzsystems, sondern von jeher auch ein bestimmtes Gewicht. In diesem Sinn bedeutete eine (Gewichts)drachme Bronze 3,56 g des Metalls Bronze.

Das traditionelle Wertverhältnis zwischen Silber und Bronze betrug in Ägypten 1 : 60. Eine Bronzedrachme als Äquivalent zur Silberdrachme hätte demnach eigentlich 60mal schwerer sein müssen als die Silberdrachme (3,56 g Silber), also 60 mal 3,56 = 213,6 g Bronze (Ratio 1 : 60). Das ägyptische Bronzegeld, das von Anfang an als Binnenwährung konzipiert war, ist aber bedeutend leichter. Nach W. Weiser ist es bis 256 nur halb so schwer, verhält sich also in seinem Gewicht zum Silbergeld wie 30 zu 1. So sind nach W. Weiser die schwersten Münzen des 3. Jahrhunderts, welche 30 Gewichtsdrachmen (106,8 g) wogen, als Drachmen (Bronzeäquivalent zu 3,56 g Silber) zu erklären.[7] Bronzedrachmen in diesem Standard gab es bis 256 v. Chr., danach wurden sie noch leichter.[8]

Als nun eine vom Silber unabhängige Bronzewährung entstand, wurde auch die Bronzewährung auf den Terminus Drachme gegründet. Da eine Drachme in Silber das Gewicht einer Drachme hatte und ihr Bronzeäquivalent in der Theorie 60mal schwerer sein müßte, wurde die alte Bronzedrachme (Bronzeäquivalent zur Silberdrachme) in 60 Teile geteilt. Diese Sechzigstel

[7] Weiser, Katalog ptol. Bronzemünzen, S. 20 ff., 30.

[8] Weiser, Katalog ptol. Bronzemünzen, S. 40.

galten nun als Grundeinheit der Bronzewährung, als neue χαλκοῦ δραχμαί. Obwohl die Bronzedrachme weit weniger als 60 Gewichtsdr. wog, verlieh man ihr dennoch den Wert von 60 χαλκοῦ δραχμαί. Die neuen χαλκοῦ δραχμαί waren also bedeutend leichter als eine Gewichtsdrachme.

Die alte Bronzedrachme (χαλκοῦ δραχμή) konnte nun auf zwei Arten unterteilt werden, auf die herkömmliche Weise in Oboloi und Chalkoi, und auf die neue in Sechzigstel, welche ebenfalls χαλκοῦ δραχμαί genannt wurden. Die einzelnen Bronzemünzen konnte man nun auf zweierlei Weise bezeichnen:

1 Bronzedrachme =	6 Obolen	= 60 χαλκοῦ δραχμαί (ein Sechziger)
1 Obolos	= 8 χαλκοῖ	= 10 χαλκοῦ δραχμαί (ein Zehner)
1/2 Obolos	4 χαλκοῖ	= 5 χαλκοῦ δραχμαί (ein Fünfer)
1/4 Obolos	2 χαλκοῖ	= 2,5 oder 2 χαλκοῦ δραχμαί (ein Zwei[einhalb]er)[9]
1/8 Obolos	1 χαλκοῦς =	1 χαλκοῦ δραχμή (ein Einer)

[9] Die Münze, die die Hälfte des Fünfers darstellte, konnte als Zweier oder Zweieinhalber gerechnet werden, was angesichts des geringen Wertes dieser Münzen in der Praxis bedeutungslos war. Die kleinste Münzeinheit galt als Einer.

Daß die Hälfte des Fünfers tatsächlich teilweise als Zweieinhalber, teilweise aber einfach als Zweier gerechnet wurde, erkennt man aus den Papyri jener Epoche, in der dieses Nominal die kleinste Scheidemünze darstellte, aus den Papyri der Zeit vor 130/27. Als Beleg geben wir Geldbeträge, in denen die Einerstelle die Größe des kleinsten oder nächstgrößeren Nominals hat oder der Summe zweier Nominale entspricht.

158: P. Mil. II 27 (= SB V 7617),	ii 4	ριβ (τριώβ.) = 112,5 Rechendr.
	ii 5	με = 45 Rechendr.
	ii 16	ωλζ (τριώβ.) = 837,5 Rechendr.
	ii 25, ii 40, iii 13	κδ = 24 Rechendr.
	iii 14	ψπδ = 784 Rechendr.
158: UPZ I 98,	Z. 80	σιβ = 212 Rechendr.
	Z. 81	νβ (τριώβ.) = 52,5 Rechendr.
158: UPZ I 99,	Z. 4	ριβ (τριώβ.) = 112,5 Rechendr.
	Z. 15	φλζ (τριώβ.) = 537,5 Rechendr.
	Z. 19	ωλζ (τριώβ.) = 837,5 Rechendr.
	Z. 27	ρκζ (τριώβ.) = 127,5 Rechendr.
	Z. 28	φκβ (τριώβ.) = 522,5 Rechendr.
151 od. 140: P. Tebt. III 2, 892,	Z. 2	ρζ (τριώβ.) = 107,5 Rechendr.
149 oder 138: O. Straßb. 17,	Z. 7	’Βπδ = 2.084 Rechendr.

Nach 130/27 betrug das kleinste Bronzenominal 5 Rechendrachmen (vgl. auch unten S. 96).

So werden also mit dem Terminus χαλκοῦ δραχμή ab dieser Zeit in den Papyri zwei unterschiedliche Geldwerte bezeichnet, je nachdem ob der Terminus auf den Silberstandard oder auf den Bronzestandard bezogen ist. Die neue χαλκοῦ δραχμή im Bronzestandard, die einem Sechzigstel der χαλκοῦ δραχμή im Silberstandard entspricht, wollen wir im Folgenden *Rechendrachme* nennen.[10] Es gilt also:

eine χαλκοῦ δραχμή, Rechendrachme im Bronzestandard =
1/60 einer χαλκοῦ δραχμή, Bronzedrachme im Silberstandard.

Zur Rechnung im Bronzestandard ging man in der Regierungszeit des Ptolemaios IV. Philopator über. T. Reekmans vermutete, daß im Jahr 210 diese neue Rechenweise offiziell eingeführt wurde.[11] Wahrscheinlich vollzog sich aber die Umstellung nicht schlagartig, sondern beide Rechenarten bestanden längere Zeit nebeneinander fort, so daß es problematisch ist, aus den Papyri ein Datum der allgemeinen Einführung abzuleiten.[12] Die Rechnung im Silberstandard ist im übrigen für die Bezeichnung größerer Werte (wie den Wert von Immobilien) nie außer Gebrauch gekommen, sie wurde ab Augustus wieder zur allgemein üblichen.[13]

Das Bedürfnis, im Bronzestandard zu rechnen, muß in dem Augenblick entstanden sein, als sich das Silbergeld gegenüber dem Bronzegeld verteuerte, als man begann, für eine Tetradrachme bedeutend mehr als vier Bronzedrachmen zu fordern. Diese Situation dürfte 223/2 eingetreten sein. Aus diesem Jahr scheinen wir in den Papyri die ältesten Hinweise auf eine Verteuerung des Silbergeldes zu besitzen (s. unten S. 70). Offenbar hat sich noch unter Philopator der Preis der Tetradrachme vervierfacht[14] und stieg spätestens zu Beginn des 2. Jahrhunderts auf das Fünffache.[15]

---

[10] Bei Weiser, Katalog ptol. Bronzemünzen, wird statt Rechendrachme der Terminus Rechenbronzedrachme gebraucht.

[11] T. Reekmans, Studia Hell. 5, 1948, 17-23.

[12] Aus den Papyri ist nicht erkennbar, ob sich die neue Rechenweise zuerst auf dem Markt herausgebildet hat (im Kleingeschäft) und dann von der Regierung von oben her allgemein eingeführt wurde, oder ob die Regierung den Anstoß gab.

[13] Zur Rechnung im Silberstandard im 2. und 1. Jahrhundert s. unten S. 82-88; 63 ff.

[14] In UPZ I 149, 32 (offenbar Zeit des Philopator) kostet eine Tetradrachme 16 Dr. und 5,5 Obolen.

[15] Solange die Bronzedrachme (im Silberstandard) 60 Rechendrachmen galt, betrug bei einem Preisanstieg um das Fünffache der Wert eines Viertels der Tetradrachme (στατήρ) 300 Rechendr. (vgl. unten S. 23 ff., 48).

Das Silbergeld war ab der Regierungszeit Philopators selten und teuer geworden. Ab der Mitte des 2. Jahrhunderts sank dann der Preis des Silbergeldes wieder. Der Rückgang des Silberpreises in der Mitte des 2. Jahrhunderts ist eine Folge des Wiedereinsetzens der ägyptischen Silberprägung in dieser Zeit.

2. Die Entwicklung der Silberwährung: Der wirtschaftsgeschichtliche Hintergrund (Zum Außenhandel Ägyptens)

Auf die Blütezeit des 3. Jahrhunderts folgte in Ägypten ab etwa 222 eine Epoche, in der sich das Silbergeld gegenüber dem Bronzegeld stark verteuerte. Diese Zeit der Verknappung und Verteuerung des Silbers reichte zumindest bis etwa 168/60, dann sank der Preis der Tetradrachme wieder.

Die Verteuerung des Silbergeldes brachte es mit sich, daß sich neben der Silberwährung eine von dieser unabhängige Bronzewährung etablierte, die für die Bevölkerung die ausschlaggebende war.

Da Ägypten keine eigenen Silbervorkommen besaß, war die Verfügbarkeit von Silbergeld von einem florierenden Außenhandel abhängig. Die Verknappung des Silbergeldes im ausgehenden 3. und 2. Jahrhundert läßt sich mühelos als Folge eines rückläufigen Handels begreifen. Für diesen Niedergang gab es außenpolitische, aber auch innenpolitische Gründe.

Den wirtschaftlichen Niedergang Ägyptens unter Ptolemaios III. Euergetes und Ptolemaios IV. Philopator hat man in der Geschichtsschreibung gern der Verschwendungssucht dieser Herrscher angelastet. So mögen dem Land die Zahlungen umfangreicher Subsidien an befreundete Mächte teuer zu stehen gekommen sein.[16] Euergetes konnte diese Politik auch nicht bis zu seinem Lebensende durchhalten, er mußte sie abbrechen, offenbar aus Geldmangel. Die Hilfe an den Spartanerkönig Kleomenes stellte er ein, nicht weil er diesen

---

[16] Ptolemaios III. muß ein sehr großzügiger Herrscher gewesen sein, der seinem Beinamen in hohem Maße gerecht zu werden suchte. Er führte nicht nur den ägyptischen Priestern zu Gefallen ein ehrgeiziges Bauprogramm durch, sondern trieb auch eine kostspielige Außenpolitik, indem er Geldgeschenke an unterscheidliche Parteien gab. So erhielten wohl Alexander, der Sohn des Krateros, Hierax und Attalos Subsidien. Jahrelang wurden Arat, die Achäische Liga und schließlich Kleomenes unterstützt (B. Beyer-Rotthoff, Untersuchungen zur Außenpolitik Ptolemaios' III., Diss. Bonn 1993, S. 90 ff.). Die verderbliche Rolle der allzu großen Freigiebigkeit des Euergetes hat besonders S. L. Wallace, Census and Poll-Tax in Ptolemaic Egypt, Am. Journ. Phil. 59, 1938, 422-426, betont.

Herrscher fallengelassen hätte, sondern weil er es sich offenbar nicht mehr leisten konnte, ihn zu unterstützen. Auch die großzügige Erdbebenhilfe für Rhodos, die Euergetes ankündigte, konnte er offenbar nur zum Teil in die Tat umsetzen.[17]

Philopator (222/1-204) führte die Außenpolitik seines Vaters nicht fort, wofür er von Polybios getadelt wurde,[18] aber er hatte wohl keine andere Wahl. Der Gegensatz zu den Seleukiden bestimmte nunmehr entscheidend die ägyptische Politik. Nur unter Einsatz aller Kräfte konnte in der Schlacht von Rhaphia (217) die seleukidische Aggression abgewendet werden. Die folgenden Aufstände im Innern, die in der Sezession der Thebais (206-186) gipfelten, schwächten das Land weiter. Diese Aufstände waren nicht nur Ursache, sondern auch Folge der wirtschaftlichen und politischen Schwäche.

Ägypten, das unter den ersten drei Ptolemäern eine wirtschaftliche Vormachtstellung im östlichen Mittelmeer behaupten konnte, mußte sich nun auf sich selbst zurückziehen. Die Kriege außerhalb Ägyptens kamen dazu. Der Zweiten Punische Krieg (218-201) betraf die für Ägypten wichtigen Märkte Süditalien, Sizilien und Karthago; im Jahr 200 begann die Auseinandersetzung zwischen Rom und Makedonien. Silber erwarb Ägypten vor allem durch seinen Handel mit Griechenland und Karthago.[19]

Unter Ptolemaios V. Epiphanes (204-180) kam es sogar zu Aufständen in Unterägypten, der Aufstand in Oberägypten dauerte an. Antiochos III. nützte die Schwäche Ägyptens zu einem neuen Angriff. Nach der Niederlage bei Panion (200) verlor Epiphanes fast alle Besitzungen in Syrien, Kleinasien und Thrakien. Nur Zypern und Kyrene blieben erhalten. M. Rostovtzeff faßte das Ergebnis dieser Entwicklung folgendermaßen zusammen: "A rapid decline in Egypt's economic resources naturally followed. The caravan trade of Syria was now in the hands of the Seleucids, the trade with Troglodytike and Somaliland was disorganized, the Aegean market was lost, and the Western market not yet recovered. The revenue from the international trade and from the foreign dominions of Egypt became in consequence insignificant."[20]

---

[17] Polybios V 89; vgl. dazu S. L. Wallace, Census and Poll-Tax in Ptolemaic Egypt, Am. Journ. Phil. 59, 1938, 425 und F. Heichelheim, Wirtsch. Schwankungen, S. 25.

[18] Polybios V 35, 2-6.

[19] M. Rostovtzeff, The Social and Economic History of the Hellenistic World, Vol. II, Oxford 1941, S. 712.

[20] M. Rostovtzeff, ebda, S. 713.

Auf den frühen Tod des Epiphanes folgte die unselige Vormundschaft für Ptolemaios VI. Philometor, zuerst durch seine Mutter, dann durch Eulaios und Lenaios. Die Situation in Ägypten verschlechterte sich weiter durch den Sechsten Syrischen Krieg (170-168), in dem Antiochos IV. Ägypten unter seine Herrschaft gebracht hätte, wäre er nicht 168 durch das energische Einschreiten des römischen Abgesandten C. Popillius Laenas vor Alexandria in die Schranken gewiesen worden. Diesem eindrucksvollen Auftritt des römischen Gesandten hat man von jeher große symbolische Bedeutung beigemessen. Im selben Jahr 168 wurde Makedonien bei Pydna niedergerungen, ab 168 ist Rom Schiedsrichter im Mittelmeerraum.

Aber nicht nur in der politschen Geschichte markiert das Jahr 168 einen Einschnitt, auch in der Wirtschaftsgeschichte muß dieses Jahr eine Zäsur gewesen sein.[21] Obwohl die innerägyptischen Schwierigkeiten auch nach 168 andauerten,[22] muß es doch mit dem Handel wieder aufwärts gegangen sein. Wenn in Alexandria im Jahr 155/4 die Silberprägung wieder einsetzte,[23] so gehörte dies zu den Segnungen der neuen Pax Romana. Die Möglichkeit, wieder mit einer ägyptischen Silberprägung zu beginnen, setzt ein Aufblühen des ägyptischen Handels voraus, zu der die Befriedung der Mittelmeerwelt durch die Römer die Voraussetzung geschaffen hatte.[24]

---

[21] In der Praefatio zum ersten Buch spricht Polybios von knapp 53 Jahren (ἐν οὐχ ὅλοιϲ πεντήκοντα καὶ τριϲὶν ἔτεϲιν), die Rom gebraucht hätte, um beinahe den gesamten bewohnten Erdkreis (ϲχεδὸν ἅπαντα τὰ κατὰ τὴν οἰκουμένην) unter seine Herrschaft zu bringen. Gemeint ist der Zeitraum vom Beginn des Zweiten Punischen Krieges (220/19) bis zur Schlacht bei Pydna (168/7). Diesen Zeitraum könnte man in Ägypten auch als Epoche der Verknappung und Verteuerung des Silbergeldes bezeichnen.

[22] M. Rostovtzeff, a. a. O., S. 719 ff. C. Préaux, Esquisse d'une histoire des révolutions égyptiennes sous les Lagides, Chr. d'Ég. 11, 1936, 538 ff. Vgl. zuletzt B. Anagnostou-Canas, Rapports de dépendance coloniale dans l'Égypte ptolémaïque. Les rebelles de la chôra. Proc. of the XIXth Int. Congr. of Pap. Cairo 1989. Vol. II. Cairo 1992, S. 342 ff.

[23] O. Mørkholm, Ptolemaic Coins and Chronology: The Dated Silver Coinage of Alexandria, Am. Num. Soc. Mus. Notes 20, 1975, 8-10, 19. In Paphos wurde seit 192/180 ptolemäisches Silbergeld geprägt (O. Mørkholm - A. Kromann, The Ptolemaic Silver Coinage on Cyprus 192/1-164/3 B. C., Chiron 14, 1984, 162-165).

[24] Es hat wohl mehr als symbolische Bedeutung, wenn man in dieser Zeit daranging, die Bestimmungen über die in Verträgen vereinbarten Strafgelder (ἐπίτιμα) zu reformieren. Diese Reform läßt sich aus der Höhe der in den Papyri überlieferten ἐπίτιμα erschließen. Die ἐπίτιμα orientierten sich von alters her am Silbergeld. Das blieb auch so in der Zeit der Verknappung des Silbergeldes (ab 222), so daß sich jetzt, wenn die ἐπίτιμα in Termini der Bronzewährung ausgedrückt wurden, geradezu astronomische Summen ergaben, aus denen sich das Ausmaß der Verteuerung des Silbergeldes ablesen läßt. Den letzten dieser überhöhten Strafpreise finden wir 170 v. Chr. in dem Pachtvertrag P. Ryl. IV 583, 19. 68, den

Im Verlauf der zweiten Hälfte des 2. Jahrhunderts und im 1. Jahrhundert bauten die Ptolemäer ihre Silberwährung wieder langsam auf. Der Erfolg, der diesem Unternehmen beschieden war, läßt sich an der fallenden Tendenz der Staterpreise des 2. und 1. Jahrhunderts ablesen, eine Tendenz, die dann wirklich beeindruckend wird, wenn man die Entwicklung des Staterpreises mit der allgemeinen Preisentwicklung (formuliert in der Bronzewährung) vergleicht, wie sie z. B. am Weizenpreis sichtbar wird. Als 130/27 das Gewicht der Bronzemünzen halbiert wurde und dies zu einer Verdoppelung des allgemeinen Preisniveaus führte, blieb der Preis der Silbertetradrachme von dieser Verdoppelung ausgenommen.

Da die Ptolemäer über keine eigenen Silbervorkommen verfügten, konnte der Aufbau der Silberwährung nur durch Ausweitung des Handels erfolgen. Tatsächlich läßt sich erkennen, daß unter Ptolemaios VIII. Euergetes II. (bis 116) und Ptolemaios IX. Soter II. (116-107) der Handel sowohl mit dem Westen, als auch mit dem Südosten beträchtlich erweitert wurde. Ägypten profitierte einerseits von der Zerstörung Karthagos, andererseits von der Schwäche des Seleukidenreiches. Auch der Indienhandel begann nun eine bedeutende Rolle zu spielen. Die Voraussetzung dazu war durch die Entdeckung der Monsunwinde geschaffen worden, welche zu Ende des 2. Jahrhunderts gemacht worden sein dürfte.[25]

Im Jahr 53/2 wurde der Feingehalt des Staters, der bis 137/6 100%, danach 90% betrug, drastisch gesenkt.[26] Außerdem wurde unter Kleopatra VII. der Münzfuß des Bronzegeldes leicht angehoben. Damit verringerte sich der Abstand zwischen den beiden Währungen beträchtlich und die Möglich-

---

ersten offenbar "reformierten" Strafpreis finden wir 160/59 in dem Pachtvertrag BGU XIV 2390, 27. Vgl. unten S. 31 ff. und 199 f.

25 Poseidonios (FGrHist 87 F 28) berichtet von der Überquerung des Indischen Ozeans durch den Seefahrer Eudoxos aus Kyzikos zu Ende des 2. Jahrhunderts. Vgl. M. Rostovtzeff, a. a. O., S. 929 und 1556, Anm. 205; A. Dihle, Der Seeweg nach Indien, Innsbruck 1974 (Innsbrucker Beiträge zur Kulturwissenschaft. Dies philologici Aenipontani. 4); ders., Die entdeckungsgeschichtlichen Voraussetzungen des Indienhandels der römischen Kaiserzeit, in: Aufstieg und Niedergang der röm. Welt II 9, 2, Berlin 1978, S. 546-580 (= Antike und Orient. Gesammelte Aufsätze, Heidelberg 1984, S. 109 ff. und 118 ff.)

26 R. A. Hazzard, Num. Chron. 154, 1994, 60 f., rechnet nun mit einem Silbergehalt von 33%. D. R. Walker, The Metrology of the Roman Silver Coinage, Part I, Oxford 1976, 142, bestimmte den Silbergehalt der Tetradrachmen Kleopatras mit durchschnittlich 45,72%.

keit der Rückkehr zur Rechnung im Silberstandard war eröffnet.[27] Tatsächlich ist dann das Land unter Augustus wieder allgemein zur Rechnung im Silberstandard übergegangen.

Es ist also kein Zufall, wenn in der Zeit der Verknappung des Silbergeldes zwischen 223/2 und etwa 150 Silbergeld in den Papyri nur selten erwähnt wird. Die einfachen Leute besaßen kein Silbergeld mehr, und wenn sie es noch in geringer Menge horten konnten, so betrachteten sie es nicht mehr als Zahlungsmittel, sondern als Wertgegenstand. So begegnen in den Papyri jener Zeit Tetradrachmen als Pfänder für Darlehen.[28]

Aber auch die Regierung mußte mit Silbergeld sparsam umgehen. Schon unter Euergetes war die rhodische Erdbebenhilfe überwiegend in Bronzegeld und nur zum kleineren Teil in Silber zugesagt worden (Polybios V 89, 1-2).[29] Das Geschenk des Ptolemaios V. Epiphanes an den Achäischen Bund 186/5 bestand vollständig aus Bronze: 200 Talente Bronze und 6.000 eherne Peltastenschilde.[30]

Ebensowenig ist es Zufall, wenn Silbergeld in den Papyri ab etwa 150 wieder in zunehmender Häufigkeit auftaucht.

---

[27] Siehe unten S. 68 f.

[28] P. Mich. III 173, 10-14 (nach T. Reekmans, Studia Hell. 7, 1951, 92 f., vielleicht 170 v. Chr.): δεδωκὼϲ πρὸϲ ταύταϲ (nämlich 1.300 Dr. Bronzegeld) ὑπόθεμα κρήφιον (eine kleine Hacke?) καὶ ἅμην καὶ ὁρμίϲκον καὶ ἀργυρίου ἐπιϲήμου (δραχμὰϲ) δ.

P. Tebt. III 2, 891, 4 f. (Zeit des Philometor? So Reekmans, Studia Hell. 7, 1951, 92) ἃϲ ἔδωκε ἐφ' ὑποθέματι ἀργυ(ρίου) (δραχμὰϲ) η 'Β (acht Silberdrachmen = zwei Statere im Wert von 2.000 Rechendrachmen; vgl. dazu unten S. 195, Anm. 1).

[29] Als Hauptsummen werden genannt ἀργυρίου τάλαντα τριακόϲια und χαλκοῦ νομίϲματοϲ τάλαντα χίλια.

[30] Polybios XXII 9, 3: ἑξακιϲχίλια μὲν ὅπλα χαλκᾶ πελταϲτικά, διακόϲια δὲ τάλαντα νομίϲματοϲ ἐπιϲήμου χαλκοῦ.

3. Die Entwicklung der Bronzewährung: Entwicklung der Preise und Löhne (bezogen auf die Bronzewährung)

Im dritten Jahrhundert, der Zeit des Silberstandards, hat es bis etwa 223/2 kaum einen Anstieg des Preis- und Lohnniveaus gegeben. In der Zeit des Bronzestandards im 2. Jahrhundert gab es hingegen Perioden eines gleichbleibenden Preis- und Lohnniveaus, die jedoch zu bestimmten Zeitpunkten durch eine Verdoppelung dieses Niveaus ihr Ende fanden. Die am Ende einer Periode relativ stabiler Preise und Löhne auftretenden Preis- und Lohnsprünge müssen ihre Ursache in einer Veränderung der Bronzewährung gehabt haben. T. Reekmans[31] nahm an, daß diese Preisschübe dadurch zustandekamen, daß die Bronzemünze, der man den Wert einer Silberdrachme (Bronzedrachme im Silberstandard) unterstellte, zuerst zu 60 Rechendrachmen gerechnet wurde, dann zu 120 und schließlich zu 240 und 480 Rechendrachmen.

T. Reekmans hat aus den Preis- und Lohnangaben der ihm vorliegenden Papyri folgende Periodisierung abgeleitet:

210 - 183:	Preisniveau A	
183 - 173(?)[32]:	Preisniveau B	(Verdoppelung des Preisniveaus A)
173(?) - 130/27:	Preisniveau C	(Verdoppelung des Preisniveaus B)
130/27 - 30:	Preisniveau D	(Verdoppelung des Preisniveaus C)

In der folgenden Tabelle wird die allgemeine Entwicklung der Löhne und Preise an drei Beispielen dargestellt: an Weizen- und Weinpreisen und an Tageslöhnen für ungelernte Arbeiter.[33] Die Angaben zum 3. Jahrhundert und zur römischen Zeit sind im Silberstandard formuliert, die Angaben für die Zeit zwischen 210 und 30 v. Chr. im Bronzestandard (in Rechendrachmen).

---

[31] Reekmans, Studia Hell. 5, 1948, 34 ff.; ders., Studia Hell. 7, 1951, 107 ff.

[32] Ob eine neuerliche Verdoppelung des Preisniveaus in das Jahr 173 zu datieren ist, ist sehr unsicher und wenig wahrscheinlich; s. unten S. 62.

[33] Diese drei Beispiele haben bereits W. Clarysse und E. Lanciers, Currency and the Dating of Demotic and Greek Papyri from the Ptolemaic Period, Anc. Soc. 20, 1989, 117, verwendet, um die Preis- und Lohnschübe in tabellarischer Form darzustellen. In unseren Angaben sind die Belege zusammengefaßt, die unten S. 181 ff. angeführt werden.

	Weizen (Artabe)	*Wein (Keramion)*	*Tageslohn eines Arbeiters*
3. Jhdt.	1,5 - 3 Dr.[34]	5 - 11 Dr.[35]	0,5 - 2 Ob.
ca. 210 - 183	120 - 180 Dr.	220 - 900 Dr.	6 - 20 Dr.
183 - 173?	—	350 - 600 Dr.	10 - 30 Dr.
173? - 130/27	400 - 500 Dr.	1300 - 1500 Dr.	40 - 80 Dr.
ab 130/27	800 - 2200 Dr.	1280 - 4000 Dr.	50 - 120 Dr.
30 - 1. Jhdt. n. Chr.	4,4 - 11 Dr.[36]	3 - 6 Dr.[37]	ca. 3 - 6 Ob.[38]

Als Ursache der Verdoppelungen des Preisniveaus vermutete T. Reekmans eine Verdoppelung des Wertes der jeweils gültigen Bronzemünzen, also eine Verdoppelung des Wertes der Silberdrachme (geprägt in Bronze) von 60 auf 120 (183 v. Chr.), 240 (173 v. Chr.) und schließlich 480 Rechendrachmen (130/27 v. Chr.). Es wird sich zeigen, daß die Vorstellung einer fortgesetzten Verdoppelung des Wertes der Silberdrachme nur zum Teil aufrechterhalten werden kann. Zwar haben die erwähnten Schübe bei Preisen und Löhnen unbestreitbar ihren Grund in einer Veränderung des Wertes der umlaufenden Bronzemünzen (ausgedrückt in Rechendrachmen), aber eine Münze im Wert von 480 Rechendrachmen hat es dennoch nie gegeben.

Die bis 168 zu beobachtenden Veränderungen des Münzfußes des Bronzegeldes haben letztlich ihre Ursache in der allgemeinen politischen und wirtschaftlichen Krise jener Zeit, die durch den Aufstieg Roms geprägt ist, sie lassen sich aber auch gut mit den innenpolitischen Krisen Ägyptens jener Zeit verbinden. Ein Nachzügler ist die Reduktion des Bronzestandards von 130/27. Auch sie ist mit einer innenpolitschen Krise verbunden, dem Bürgerkrieg zwischen Ptolemaios VIII. Euergetes II. und Kleopatra II. Zur selben Zeit steckte aber auch Rom in einer schweren wirtschaftlichen Krise, die sich ebenfalls in einem beträchtlichen Anstieg des Preisniveaus äußerte.[39]

---

[34] Ohne Berücksichtigung der hohen Preise unter Philopator (s. unten S. 181).

[35] Ohne Berücksichtigung der hohen Preise, die wahrscheinlich in die Zeit Philopators gehören (s. unten S. 187).

[36] Nach Drexhage, Preise, Mieten/Pachten, Kosten und Löhne, S. 13f. Aus dem hier angegeben Rahmen fällt P. Tebt. II 459 (6/5 v. Chr.) mit einem Artabenpreis von 1,9 Dr.

[37] Ebda, S. 61.

[38] Ebda, S. 412-414.

[39] Über Wechselwirkungen der Ereignisse in Rom und Alexandria zu spekulieren, übersteigt den Rahmen unserer Untersuchungen. F. Heichelheim versuchte in seinen Arbeiten Wechselwirkungen zwischen den hellenistischen Volkswirtschaften aufzuspüren und rech-

Von hier aus soll noch einmal auf das Wertverhältnis zwischen Silber- und Bronzegeld zurückgekommen werden.

4. Das Verhältnis des Wertes von Silber- und Bronzegeld: Einige Überlegungen zur Metrologie

Es hat sich gezeigt, daß sich das Verhältnis zwischen Silber- und Bronzegeld nach der Einführung einer eigenständigen Bronzewährung völlig anders entwickelte als in der Zeit, in der das Silbergeld den ausschließlichen Bezugspunkt bildete. Mit der Einführung der Bronzewährung zu Ende des 3. Jahrhunderts trat neben die Silberwährung eine zweite Währung. Das Verhältnis zwischen beiden ist ein recht loses. Im Folgenden soll der Frage nachgegangen werden, wie sich eine solche Situation auf metrologische Festlegungen ausgewirkt haben könnte.

Bis 223/2 hat sich nach W. Weiser das Verhältnis zwischen den beiden Metallen folgendermaßen entwickelt. Die Bronzewährung wurde unter Ptolemaios II. stark ausgebaut, so daß schließlich Bronzenominale bis zum Wert einer Drachme zur Verfügung standen. 256 wurde dann der Münzfuß des Bronzegeldes reduziert. Das Gewicht der Münzen verringerte sich um ein Drittel. Bis 256 wog eine Drachme (in Bronze) 30 Gewichtsdrachmen, nach 256 nur mehr 20 Gewichtsdrachmen. Die umlaufenden Bronzemünzen blieben weiter kursgültig.[40] Wenn man nun die Silbertetradrachme mit Bronzegeld aufwog, waren nur mehr zwei Drittel von dem Bronzegewicht nötig, das man vorher aufbringen mußte, um den Wert einer Tetradrachme (in Silber) zu erreichen (80 statt 120 Gewichtsdrachmen[41]). Obwohl sich die Tetradrachme, nach dem Gewicht der Bronzemünzen gerechnet, um ein Drit-

---

nete mit ihnen in einem hohen Ausmaß. Bei zunehmendem Zusammenwachsen der Volkswirtschaften der Mittelmeerwelt mag das Ausmaß der gegenseitigen Beeinflussung auch auf monetärem Gebiet höher zu veranschlagen sein. Zur Krise um 130 s. Heichelheim, Wirtsch. Schwankungen, S. 74 f.; 77; ders., Wirtschaftsgeschichte des Altertums I, Leiden 1938, S. 455 f. (in der überarbeiteten engl. Übersetzung, An Ancient Economic History III, Leiden 1970, S. 39 [ohne Berücksichtigung der Arbeiten von T. Reekmans zur ägyptischen Bronzewährung]).

[40] Die Münze zu 30 Gewichtsdrachmen gilt nun als 1 Drachme 3 Obolen (Weiser, Katalog ptol. Bronzemünzen, S. 40).

[41] Ohne Berücksichtigung des Agios von etwa 10%.

tel verbilligte, galten weiterhin vier Bronzedrachmen plus ca. 10% Agio als Äquivalent der Tetradrachme.

Auch unter Ptolemaios III. Euergetes (246-222/1) ergaben weiterhin vier Bronzedrachmen plus ca. 10% Agio eine Tetradrachme in Silber. Die Menge des verfügbaren Silbergeldes erhöhte sich durch den erfolgreichen Dritten Syrischen Krieg (246-241) merkbar. Nach Hieron. in Dan. XI 79 sollen in diesem Krieg 40.000 Talente Silber erbeutet worden sein.[42] Gegen Ende der Regierungszeit des Euergetes muß aber das Silbergeld dennoch knapp geworden sein. Diese Verknappung ist vielleicht durch zu hohe Staatsausgaben (u. a. durch zu großzügige finanzielle Unterstützung auswärtiger Mächte) herbeigeführt worden. Aus dem Jahr 223/2 haben wir das erste Indiz dafür, daß der Preis des Silbergeldes gestiegen ist, daß also nun bereits deutlich mehr als vier Bronzedrachmen als Äquivalent zur Silbertetradrachme gerechnet wurden (s. unten S. 70). Im selben Jahr wurde der Münzfuß des Bronzegeldes noch einmal herabgesetzt.[43]

Unter Ptolemaios IV. Philopator (222/1-204) muß der Preis der Silbertetradrachme weit mehr als vier Drachmen im Silberstandard betragen haben. Leider überliefert aus dieser Zeit nur ein einziger Papyrus eine eindeutige Preisangabe für die Silbertetradrachme: die Reisekostenabrechnung UPZ I 149, 32. Der Papyrus läßt sich nicht genau datieren, muß aber aus der Zeit des Philopator stammen. Der Preis für eine Tetradrachme beträgt in diesem Papyrus 16 Drachmen (im Silberstandard) und 5,5 Obolen. Wenn man diesen Preis in Rechendrachmen umrechnet (1 Drachme im Silberstandard = 60 Rechendrachmen), ergibt sich ein Preis von etwa 1.000 Rechendrachmen (genau 1.015 Rechendrachmen).[44]

Man darf diesen Preis nicht als einen außergewöhnlichen Sonderfall abtun, sondern muß annehmen, daß sich die τιμή der Tetradrachme ganz allgemein in diesen Dimensionen bewegte. Freilich ist zuzugeben, daß die Papyri auf Grund des Fehlens von genau datierbaren Tetradrachmenpreisen bisher für diese Vermutung nur wenig Anhaltspunkte bieten. Aber es gibt doch deutliche Indizien, die in diese Richtung weisen.

---

42 *quadraginta milia talentorum argenti tulit* (sc. Euergetes) *et vasa pretiosa simulacraque deorum duo milia quingenta.* Vgl. C. Préaux, L'économie royale des Lagides, Bruxelles 1939, S. 412 f.

43 Vgl. unten S. 55.

44 16 x 60 = 960
5,5 x 10 = 55
1.015

Zum einen sind in Verträgen dieser Zeit außerordentlich hohe Bußgelder (ἐπίτιμα) überliefert, die sich nur erklären lassen, wenn man annimmt, daß die ἐπίτιμα, die seit alters her an das Silbergeld gebunden waren, auch in dieser Zeit auf Silbergeld bezogen blieben. Wenn die Summen in Bronze formuliert wurden, ergaben sich geradezu astronomische Beträge, aus denen man Rückschlüsse auf die Verteuerung des Silbergeldes ziehen kann.

Zum anderen scheint man aus demotischen Papyri erkennen zu können, daß es bereits zu Beginn des 2. Jahrhunderts ein metrologisches Schema gab, nach dem der Wert der echten Silberdrachme, also des Viertels eines Staters, das Fünffache des Wertes der Drachme zu 60 Rechendrachmen betrug:

1 Silberdrachme (Viertel eines Staters) = 5 x 60 Rechendr. = 300 Rechendr.
1 Tetradrachme (Stater) = 4 x 5 x 60 Rechendr. = 1.200 Rechendr.

Ab 183/2 wurde die Drachme im Silberstandard zu 120 Rechendrachmen gerechnet. Zu dieser Zeit betrug der Wert der Tetradrachme nach diesem Schema 2.400 Rechendrachmen:[45]

ab 183/2: 1 Silberdr. (Viertel eines Staters) = 5 x 120 Rechendr. = 600 Rechendr.
1 Tetradrachme (Stater) = 4 x 5 x 120 Rechendr. = 2.400 Rechendr.

In diesem Schema kommen vier verschiedene Recheneinheiten vor:

a) Die Rechendrachme (χαλκοῦ δραχμή).

b) Die Bronzemünze, die den Wert von 60 Rechendr. hat. Ihr entspricht nach 183/2 die Bronzemünze im Wert von 120 Rechendr. Man könnte sie als Staterzwanzigstel bezeichnen. In den Papyri wird für sie ebenfalls der Terminus χαλκοῦ δραχμή verwendet. Fallweise scheint sie auch als ἀργυρίου δραχμή bezeichnet worden zu sein,[46] da sie die Bronzedrachme im Silberstandard ist. Wir wollen sie nominelle oder einfache Drachme in Silberstandard (nominelle oder einfache Silberdrachme) nennen.

c) Das Staterviertel oder die echte Silberdrachme, in den Papyri ἀργυρίου δραχμή oder verdeutlichend ἀργυρίου ἐπισήμου δραχμή genannt.[47]

d) Der στατήρ, die Tetradrachme in Silber (4 x 3,56 g Silber).

---

[45] Zur Begründung s. unten S. 25 f., 30 f., 43 ff. und 61 f.
[46] Vgl. unten S. 32.
[47] Siehe unten S. 28.

Demnach gilt als Schema:

Vor 183/2				Nach 183/2			
Stater	1			Stater	1		
echte Silberdr.	4	1		echte Silberdr.	4	1	
nominelle Silberdr.	20	5	1	nominelle Silberdr.	20	5	1
Rechendr.	1.200	300	60	Rechendr.	2.400	600	120

Zu unterscheiden ist hier freilich zwischen dem tatsächlichen Marktpreis der Tetradrachme, der fluktuierte, und diesem Schema als einer metrologischen Festlegung, die nur einen Bezugspunkt für den Marktpreis abgab.[48] So lag der tatsächliche Preis für den Stater im Jahrzehnt zwischen 180 und 170 offenbar über 2.400 Rechendrachmen, in der Zeit nach 155/4, als in Alexandria wieder Tetradrachmen geprägt wurden, jedoch dauerhaft unter 2.400 Rechendrachmen.

In der Zeit nach 130/27 wurde in vielen Verträgen bei der Angabe von Strafgeldern (ἐπίτιμα) das Staterviertel mit 300 Rechendrachmen gerechnet. Damit kommt nach unserem metrologischen Schema das Staterzwanzigstel, die einfache Bronzedrachme im Silberstandard, wieder auf 60 Rechendrachmen. Der tatsächliche Preis des Staters lag in dieser Zeit aber immer über 4 x 300 = 1.200 Rechendrachmen. Der Preis des Staters schwankte in dieser Zeit zwischen 2.000 und 1.500 Rechendrachmen.

Das Staterzwanzigstel des *theoretischen* Staterpreises von 1.200 Rechendr., also 60 Rechendr., scheint nach 130/27 wieder als χαλκοῦ δραχμή bezeichnet worden zu sein.[49] Das Staterzwanzigstel des *tatsächlichen* Staterpreises (also des Preises zwischen 2.000 und 1.500 Rechendr.) scheint man auch ἀργυρίου δραχμή genannt zu haben. So beträgt in BGU XIV 2428 (1. Jhdt. v. Chr.) der Preis für den Stater 1.900 Rechendr. Die ἀργυρίου δραχμαί, mit denen in diesem Papyrus gerechnet wird, haben aber offenbar den Wert von 95 Rechendr., sind also Zwanzigstel des tatsächlichen Staterpreises (1.900 : 20 = 95).[50]

---

48 Das Nebeneinander von fluktuierendem Marktpreis und starrem metrologischen Schema kann man sich gut an den Verhältnissen des 5. und 6. Jahrhunderts nach Chr. veranschaulichen, wo das Verhältnis zwischen Gold- und Bronzegeld ebenfalls in einem metrologischen Schema festgelegt war, daneben aber ein Markpreis für Gold existierte, der Schwankungen unterlag.

49 Siehe S. 63, 67, 85.

50 Siehe unten S. 82.

Nach 130/27: Theoretischer Staterpreis

Stater	1		
echte Silberdr.	4	1	
Staterzwanzigstel (χαλκοῦ δραχμή)	20	5	1
Rechendr.	1.200	300	60

Beispiel eines konkreten Staterpreises (BGU XIV 2428)

Stater	1		
echte Silberdr.	4	1	
Staterzwanzigstel (ἀργυρίου δραχμή)	20	5	1
Rechendr.	1.900	450	95

5. *Terminologie*

Es zeigte sich, daß sich bei den Geldangaben der ptolemäischen Papyri Schwierigkeiten in der Terminologie ergeben. Der Begriff Drachme war mehrdeutig. Da diese Mehrdeutigkeit die Erklärung der in den Papyri auftretenden Phänomene beträchtlich erschwert, sei hier zusammenfassend angegeben, was mit "Drachme" in den Papyri gemeint sein kann.

a) Rechnen im Silberstandard (bis ca. 210)

Bis etwa 210 stehen in den Papyri die Geldangaben im Silberstandard. Unter den Silbermünzen hat nur der ϲτατήρ (Tetradrachme) Bedeutung. Die einzelnen Drachmen und die kleineren Nominale sind Bronzemünzen. Wenn ein Geldbetrag mit ἀργυρίου δραχμαί bezeichnet wird, muß das nicht bedeuten, daß bei einer Zahlung tatsächlich Silbergeld verwendet worden ist oder verwendet werden sollte, der Ausdruck bedeutet nur, daß die Rechnung auf Silbergeld bezogen ist. Wenn in einem solchen Fall nicht mit Silbergeld (Tetradrachmen), sondern mit Bronzegeld bezahlt wurde, so mußte für die Bronzemünzen ein Agio (ἀλλαγή) von etwa 10 % gezahlt werden. Einem Betrag von ἀργυρίου δραχμαί x, bezahlt in Bronzegeld, entsprechen also χαλκοῦ δραχμαί $x + \frac{x}{10}$. Bei Rechnungslegung in χαλκοῦ δραχμαί wird kein Agio fällig.

b) Rechnen im Bronzestandard (ab etwa 210): Rechendrachmen, einfache Silberdrachmen, Staterviertel

1. Zumindest ab 210 (vielleicht auch schon etwas früher, vgl. S. 72, 22 Anm. 4) taucht in den Papyri neben der Schreibweise, die wir als Rechnen im Silberstandard bezeichnen, eine andere auf, in der eine Bronzedrachme (χαλκοῦ δραχμή) des Silberstandards sechzig χαλκοῦ δραχμαί gilt,

welche wir *Rechendrachmen* nennen. Dem Obolos im Silberstandard entsprechen 10 Rechendrachmen, dem Triobolon 30 usw.[51] Der Wert der Bronzedrachme im Silberstandard wird 183/2 von 60 Rechendr. auf 120 Rechendr. hinaufgesetzt. Dem Obolos entsprechen jetzt 20 Rechendr. Spätestens in der Zeit nach 130/27 (wahrscheinlich schon früher) gilt jedoch wohl wieder der Sechziger als Bronzedrachme im Silberstandard.[52]

Mit der Einführung der Rechnung in Rechendrachmen wird der Ausdruck χαλκοῦ δραχμή zweideutig. Der Terminus χαλκοῦ δραχμή kann weiterhin wie im 3. Jahrhundert für eine Bronzedrachme im Silberstandard gebraucht werden, normalerweise bedeutet jetzt aber eine χαλκοῦ δραχμή eine Rechendrachme.

2. Durch die Verteuerung der Tetradrachme, die 223/2 eingesetzt zu haben scheint, ergibt sich das Problem, daß ἀργυρίου δραχμαί einerseits weiterhin Viertel des Staters (Tetradrachme) bezeichnen, welche nun auch verdeutlichend ἀργυρίου ἐπιϲήμου δραχμαί genannt werden. Andererseits kann aber der Terminus ἀργυρίου δραχμή auf die alte Bronzedrachme im Silberstandard (60 Rechendr.) bezogen sein, von denen wir sahen, daß schon unter Philopator mehr als 16 auf eine Tetradrachme kommen konnten. Um diese Zweideutigkeit zu vermeiden, verwenden wir in der Darstellung der Verhältnisse nach 223/2 den Ausdruck *echte Silberdrachme* oder *Staterviertel* (ἀργυρίου ἐπιϲήμου δραχμή), wenn es sich um den Wert eines Viertels der Tetradrachme (ϲτατήρ) handelt. Von einer *einfachen* oder *nominellen Silberdrachme (Drachme im Silberstandard)* sprechen wir bei der Münze, die in der Nachfolge der alten in Bronze geprägten 'Silberdrachme' stand und deren Wert anfangs zu 60 Rechendrachmen gerechnet wurde.

3. Da im 2. und 1. Jahrhundert der Preis (τιμή) des Stater beträchtlich schwankte, ist die alte Rechnung des 3. Jahrhunderts, nach der eine Bronzedrachme + 10 % Agio eine Silberdrachme ergeben, eigentlich obsolet. Dennoch bleibt die Rechnung mit diesem Agio in der Finanzverwaltung üblich. So wird auch noch im 2. und 1. Jahrhundert bei Zahlungen an den Staat unterschieden zwischen Zahlungen mit Agio (genannt χαλκοῦ πρὸϲ ἀργύριον oder χαλκοῦ οὗ ἀλλαγή) und ohne Agio (πρὸϲ χαλκὸν ἰϲόνομον), wobei sich das Agio noch immer an den 10% des 3. Jahrhunderts

---

[51] Siehe oben S. 5.
[52] Siehe unten S. 67.

orientiert. Hierbei handelt es sich aber weniger um ein Phänomen der Geldgeschichte, als um eines des ptolemäischen Steuerwesens.[53]

4. Außerdem wird in den Papyri manchmal der Terminus δραχμή im Sinn eines Gewichts (3,56g) verwendet. In diesem Fall sprechen wir von Gewichtsdrachmen (Gdr.).

c) Übersicht über die Verwendung des Terminus δραχμή in den ptolemäischen Papyri

a) Drachme als Geldwert:

Bis etwa 223/2 v. Chr.

ein Viertel der Tetradrachme (Stater) = 1 Bronzedr. + ca. 10% Agio	ἀργυρίου δραχμή (Silberdrachme)
1 Bronzedrachme (ohne Agio)	χαλκοῦ δραχμή

Nach 222/210 v. Chr.

1 Rechendrachme (= 1/60 der alten Bronzedr.)	χαλκοῦ δραχμή
1 Bronzedrachme (= 60 Rechendrachmen) = 1 einfache oder nominelle Silberdrachme (Dr. im Silberstandard) geprägt in Bronze, in der Theorie im 2. u. 1. Jhdt. ein Staterzwanzigstel[55]	χαλκοῦ δραχμή[54]
1 Viertel der Tetradrachme (Staterviertel, echte Silberdrachme)	ἀργυρίου (ἐπισήμου) δραχμή

b) Drachme als Gewicht:

Gewichtsdrachme, 3,56 g	ὁλκῆς δραχμή

[53] Vgl. dazu S. 90 ff.

[54] Da es sich um die Bronzedrachme im Silberstandard handelt, kann diese Drachme in der ersten Hälfte des 2. Jahrhunderts offenbar auch ἀργυρίου δραχμή genannt werden (s. unten S. 32). Später ist für das Zwanzigstel des Marktpreises (τιμή) eines Staters auch der Ausdruck ἀργυρίου δραχμή belegt (s. unten S. 82).

[55] Ab 183/2 hat die χαλκοῦ δραχμή als Zwanzigstel des Staters den Wert von 120 Rechendrachmen, spätestens nach 130/27 aber wohl wieder den von 60 Rechendrachmen (s. unten S. 61 ff., 85 ff.).

II. Die Zeit von 223/2 bis 30 v. Chr.: Grundbegriffe und Grundzüge

1. Die griechischen Papyri

a) Der Wechsel zum Bronzestandard

Wie bereits dargelegt, gab man in Ägypten ca. 210 oder bereits etwas früher die bis dahin allgemein übliche Rechnung im Silberstandard auf und begann zumindest bei kleineren Summen fast ausschließlich in Rechendrachmen zu rechnen. Auf eine Bronzedrachme im Silberstandard kamen nun 60 Rechendrachmen. Der Grund für diese Umstellung des Rechnungswesens lag darin, daß in dieser Zeit das Silbergeld immer knapper geworden war und schließlich offenbar weitgehend aus dem täglichen Leben verschwand. Weiter im Silberstandard zu rechnen, wurde nicht nur anachronistisch, sondern beinahe unmöglich, da der Wert des Silbergeldes stark anstieg und man zudem beim Kauf von Tetradrachmen mit einem schwankenden Preis rechnen mußte. Da nun also das Silbergeld als Wertmesser nur mehr bedingt zu gebrauchen war, hat man die Terminologie auf den Bronzestandard (die Rechnung in Rechendrachmen) umgestellt.[1]

Als Zeitpunkt dieser Umstellung ist es üblich geworden, das Jahr 210 anzunehmen und entsprechend Papyri, die noch im Silberstandard rechnen vor das Jahr 210 zu datieren und Papyri, in denen bereits der Bronzestandard auftaucht, nach 210 zu setzen.[2] Es scheint aber, daß der Übergang vom Silber- zum Bronzestandard durchaus nicht mit einem Schlag vollzogen wurde, sondern daß wir mit einer längeren Übergangszeit zu rechnen haben, in der noch beide Schreibweisen nebeneinander fortbestanden. Unsicher ist, ob der unten (S. 72) zitierte P. Köln VI 269 aus dem Jahr 214 oder 213 bereits mit Rechendrachmen rechnet.[3] Das Bedürfnis nach dieser Rechenweise muß ab 223/2 entstanden sein. Ab dieser Zeit verteuerte sich der Stater (s. S. 55 ff.).

---

[1] Siehe oben S. 3 ff.

[2] Zum Zeitpunkt der Umstellung der Rechenweise s. Reekmans, Studia Hell. 5, 1948, 17-23.

[3] Über Preisangaben im Silberstandard nach 210 s. Reekmans, Studia Hell. 5, 1948, 21 und Studia Hell. 7, 1951, 80; W. Clarysse - E. Lanciers, Currency and Dating of Demotic and Greek Papyri from the Ptolemaic Period, Anc. Soc. 20, 1989, 119 f. Ein neuer Beleg für eine Preisangabe im Silberstandard nach 210 ist P. Heid. VI 383, [8] und 20, wo noch

Daß am Ende des dritten Jahrhunderts tatsächlich bei der Umrechnung von Drachmen im Silberstandard in Rechendrachmen die Ratio 1 : 60 verwendet wurde, dafür gibt es einen Beleg in der privaten Abrechnung über Einnahmen und Ausgaben P. Tebt. III 2, 884 aus dem Jahr 210. Bereits der Herausgeber hat darauf hingewiesen, daß die auf dem Fr. 1 dieses Papyrus verzeichneten Ausgaben im Silberstandard formuliert sein müssen, während die Summen auf Fr. 4 so hoch sind, daß hier sehr wahrscheinlich Rechendrachmen gemeint sind. Bisher scheint übersehen worden zu sein, daß Fr. 1 an der Nahtstelle zwischen der Aufzählung der Einnahmen und der Aufzählung der Ausgaben ein Beispiel einer Umrechnung von Rechendrachmen in Drachmen im Silberstandard bietet.[4]

Von Z. 1 - 6 werden die Einnahmen des Monat Phamenoth im Bronzestandard aufgezählt. Die Summe beläuft sich auf 353 Dr. Der Übergang zur Liste der Aufgaben im Silberstandard gestaltet sich folgendermaßen (Z. 6-8):

[Summe der Einnahmen:]
(γίνεται) (δρ.) τνγ
ς
(ὧν) κόριον, πήγανον (ἡμιωβέλιον) usw.
[= Beginn der Liste der Ausgaben]

Summe [der Einnahmen in Rechendr.]*: 353 Dr.*
= 6 (Dr.) [im Silberstandard]
davon für Koriander, Raute 1/2 Obolos [usw. Ausgaben im Silberstandard]

Das ς der Zeile 7 läßt sich sich gut als Ergebnis der Umrechnung von Rechendrachmen in Drachmen im Silberstandard verstehen. Zwar ergeben in der Ratio 1 : 60 genaugenommen erst 360 Rechendrachmen 6 Drachmen im Silberstandard, aber die Papyri zeigen auch sonst, daß man bei Rechenoperationen dieser Art so verschwindend kleine Ungenauigkeiten vernachlässigte. Es scheint demnach legitim zu sein, diese Stelle als einen Beleg dafür anzusehen, daß am Ende des 3. Jahrhunderts die Ratio 1 : 60 galt.

---

209 ein Weizenpreis im Silberstandard überliefert ist. Das Rechnen im Silberstandard ist freilich nie wirklich außer Gebrauch gekommen (s. unten S. 63 ff., 82 ff.).

4 Nach T. Reekmans enthält Fr. 1 noch keine Summen in Rechendrachmen. Er verwendet Fr. 1 als Terminus post quem für die Einführung der Rechnung in Rechendr. (Studia Hell. 5, 1948, 19).

T. Reekmans hat angenommen, daß in der Zeit zwischen 210 und 183 v. Chr. 60 Rechendrachmen einer Silberdrachme entsprachen, zwischen 183 und 173 v. Chr. 120 Rechendrachmen, zwischen 173 und 130/28 v. Chr. 240 Rechendrachmen und zwischen 130/28 und 30 v. Chr. 480 Rechendrachmen.[5] Diese Annahme wurde, soweit wir sehen, allgemein akzeptiert. Es bleibt aber zu betonen, daß es sich hierbei nur um eine Hypothese handelt. In der Folge soll versucht werden, der Frage nach der Entwicklung des Verhältnisses zwischen Bronze- und Silbergeld noch einmal nachzugehen. Diese Überlegungen scheinen um so dringlicher zu sein, als sich die Ratio 1 : 480 in den Papyri nicht nur nicht nachweisen läßt, sondern sogar mit einigen in den Papyri gut belegten Phänomenen in Widerspruch steht.

b) Einige Überlegungen zur Entwicklung der Ratio zwischen Silber- und Bronzegeld nach 223/2

Preise für die Tetradrachme in Silber (Stater), die sich auf das Jahr genau datieren lassen, kennen wir aus den griechischen Papyri erst ab 161/60 (s. unten S. 196). Diese Preise schwanken. Die höchsten Preise sind aber offenbar die ältesten. Die Tendenz ist fallend, da ab der Mitte des 2. Jahrhunderts zunehmend mehr Silbergeld in Umlauf kam. Die Preisentwicklung beim Stater verläuft also entgegengesetzt zur Entwicklung der übrigen Preise und der Löhne. Interessant sind die niedrigsten Preise für den Stater:

1. Jhdt. BGU VIII 1885, 7] (δρ.) γ χα(λκοῦ) (δρ.) Αε̣.	1 Stater = 1.340 Dr.
1. Jhdt. P. Oxy. IV 784 descr. τιμῆ(c) ἀργυ(ρίου) (δρ.) η ὑπ(ὲρ) τοῦ πατρὸc Bψ.	1 Stater = 1.350 Dr.

Leider sind beide Belege nicht genau zu datieren. Interessant an diesen beiden Belegen ist aber, daß sie sich sehr gut mit einer Ratio vergleichen lassen, die wir aus Papyri der römischen Zeit als eine ptolemäische Ratio kennen, nämlich die Ratio 1 : 300 (1 Dr. im Silberstandard = 300 Rechenbronzedr.). In einer Reihe von römischen Papyri wird bei der Berechnung von Steuern auf die alte ptolemäische Rechnung in Rechendrachmen zurückgegriffen und dabei diese Ratio verwendet.[6] Auch unseren beiden Stater-

[5] Reekmans, Studia Hell. 7, 1951, 61-119.
[6] Siehe unten S. 116.

preisen scheint diese Ratio zugrundezuliegen. Denn zu den 1.200 Drachmen des nominellen Preises für den Stater kommen in diesen beiden Papyri 140 bzw. 150 Dr. hinzu, die sich verstehen ließen als Agio von etwas mehr als 10%.

Das Verhältnis von 1 : 300, das in der Darstellung von Reekmans nicht berücksichtigt wird, muß also in der späten Ptolemäerzeit als offizielle Ratio in Geltung gewesen sein. Es fragt sich nur, in welchem Umfang und wie lange.

Die ptolemäischen Papyri scheinen in dieser Frage keinen Aufschluß zu geben, zumindest keinen direkten. Die erwähnten Schübe in der Preis- und Lohnentwicklung der ptolemäischen Zeit lassen eigentlich nur erkennen, daß am Wert des Bronzegeldes manipuliert wurde, nicht aber, wie. Will man in dieser Frage weiterkommen, so muß man sich nach anderen Indizien umsehen. Einen Fingerzeig können die in ptolemäischen Verträgen überlieferten Strafgelder (ἐπίτιμα) geben, die für den Fall des Vertragsbruchs vereinbart wurden.[7]

Diese Strafgelder sind aus der gesamten ptolemäischen Zeit bekannt,[8] ab dem 2. Jahrhundert kennen wir jedoch die Erscheinung, daß bei Vertragsbruch das ἐπίτιμον nicht nur an den geschädigten Vertragspartner zu zahlen ist, sondern auch eine zweite Summe an den Staat (Fiskalmult). Frühester Beleg hierfür ist BGU XIV 2389, 36 (172 v. Chr.). Bei der Formulierung dieser zweiten Summe bestehen regionale Unterschiede. Das ἐπίτιμον, das an den Vertragspartner zu zahlen ist, wird überall in der Regel in Bronzegeld ausgedrückt, danach schreibt man jedoch im Arsinoites, Herakleopolites und Oxyrhynchites καὶ εἰc τὸ βαcιλικὸν τὸ ἴcον (oder τὰc ἴcαc [sc. δραχμάc]), in Oberägypten hingegen καὶ ἱερὰc βαcιλεῦcιν ἀργυρίου δραχμὰc τοcαύταc. In Oberägypten folgt also auf die Angabe in Bronzegeld eine in Silbergeld, während sonst nur statuiert wird, daß die Zahlung an das βαcιλικόν gleich hoch sein soll.[9] Die Vermutung liegt nahe, daß mit beiden Formulierungen dasselbe gemeint ist. Die in Oberägypten stipulierten ἱεραὶ βαcιλεῦcιν ἀργυρίου δραχμαί scheinen also als gleichwertig aufzufassen zu sein mit der davor genannten Summe in Bronzegeld. Wenn diese Vermu-

---

[7] Dazu vgl. A. Berger, Die Strafklauseln in den Papyrusurkunden, Leipzig und Berlin 1911, S. 4 f.

[8] Frühester Beleg: P. Eleph. 1, 11 f. (310 v. Chr.)

[9] A. Berger, a. a. O., S. 31-34.

tung zutrifft, dann müßte es möglich sein, aus den oberägyptischen Belegen Rückschlüsse auf die offizielle Ratio zu ziehen.[10]

Überprüft man diese Angaben, so ist das Ergebnis überraschend und zumindest im ersten Moment entmutigend. Bronze- und Silbergeld stehen zueinander in zumindest[11] drei verschiedenen Verhältnissen, wobei diese Verhältnisse zur gleichen Zeit nebeneinander Geltung hatten:

Verhältnis 1 : 600 (1 Dr. im Silberstandard gegenüber 600 Rechendr.)		
133	60.000 - 100	P. Lond. II 220 ii 17, p. 6
119	180.000 - 300	P. Tor. Amen. 8, 35 (= UPZ II 196)[12]
110	60.000 - 100	PSI IX 1019, 13
110	60.000 - 100	P. L. Bat. XXII 29, 18 (= P. Rein. I 13)
Verhältnis 1 : 400 (1 Dr. im Silberstandard gegenüber 400 Rechendr.)		
124	120.000 - 300	P. Adler G 2, 16
116	120.000 - 300	P. Lond. VII 2191, 51
Verhältnis 1 : 300 (1 Dr. im Silberstandard gegenüber 300 Rechendr.)		
126	120.000 - 400	UPZ II 171, 25 = P. Tor. Choachiti 9 = = P. Survey 26
114	90.000 - 300	P. Straßb. II 83, 28
113	150.000 - 500	P. Straßb. II 85, 27
109	30.000 - 100	P. L. Bat. XIX 7 A 15. B 15 (= SB I 5865; P. Gen. I 20)
109	60.000 - 200	P. Grenf. I 27 iii 4 = M. Chr. 156
103	60.000 - 200	P. Grenf. II 25, 21-23
103	30.000 - 100	P. Grenf. II 26, 20 f.
103	60.000 - 200	P. Grenf. II 28, 19 f.
102	30.000 - 100	P. Grenf. II 30, 24 f.
102	36.000 - 120	BGU VI 1260, 19
101	48.000 - 160	BGU III 998 ii 10 f.
100	36.000 - 120	P. Adler G 14, 24
100	30.000 - 100	P. Grenf. II 33, 13 f.

[10] Überlegungen zum Verhältnis der beiden Bußgelder hat bereits U. Wilcken, Ostraka I, S. 367, angestellt.

[11] Beiseite gelassen ist hier das Verhältnis 1 : 900, das vielleicht in P. Lond. II 222, 25-27, p. 7 vorauszusetzen ist (s. unten S. 31, Anm. 30).

[12] Vgl. auch P. Tor. Amen. 7, 14.

Fast alle Belege stammen aus der Zeit nach 130. Eine Ausnahme bildet nur P. Lond. II 220 ii 17, p. 6 aus dem Jahr 133 mit dem Verhältnis 1 : 600. Somit haben wir für die Zeit vor 130 einmal das Verhältnis 1 : 600 bezeugt und für die Zeit zwischen 130 und 110 die Verhältnisse 1 : 600, 1: 400 und 1: 300.

Diese drei aus den ἐπίτιμα gewonnenen Verhältnisse der Epoche 130 bis 110 können nun mit den gleichzeitigen Preisangaben für den Stater verglichen werden:

		Preis für den Stater
115/4	P. Tebt. I 113, 13-14 ἀργυ(ρίου) (δρ.) η Γφ.	**1.750 Dr.**
ca.112	P. Tebt. I 256 descr.: 12 Silberdrachmen entsprechen 4920 Bronzedr.	**1.640 Dr.**
ca.112	P. Tebt. I 185 ἀπὸ ἀργυ(ρίου) (δραχμῶν) λς ιβ ἐν χαλκοῦ ἀν(ὰ) Αφ Δφ.	**1.500 Dr.**
112	P. Tebt. I 112,	
	Z. 110-11 ἀπὸ ἀργυ(ρίου) (δραχμῶν) κ ἀργυ(ρίου) (δρ.) ιβ καὶ εἰϲ τι(μὴν) ἄλλω(ν) [η] Γ̣ω.	**1.900 Dr.**
	Z. 122 τι(μῆϲ) ἀργυ(ρίου) (δραχμῶν) δ Α϶ν.	**1.950 Dr.**
111	P. Tebt. I 35, 5 (vgl. auch Z. 17) ἀργυ(ρίου) (δραχμῶν) μ, ἐν χα(λκῶι) (ταλάντων) γ Β.	**2.000 Dr.**

Die für die Jahre 115/4 bis 111 überlieferten Preise liegen zwischen 1.500 und 2.000 Dr. pro Stater, also zwischen 375 und 500 Dr. pro Silberdrachme (Staterviertel). Damit ist unser Verhältnis von 1 : 400 gut vergleichbar. Es ist offenbar ein Durchschnittswert der tatsächlich üblichen Staterpreise. Das Verhältnis 1 : 300, das am besten bezeugt ist und welches wir bereits aus der römischen Zeit kennengelernt haben, liegt etwas unter diesen Staterpreisen. Wir werden später sehen, daß man es als eine metrologische Festlegung auffassen darf, die von den tatsächlichen Staterpreisen überschritten wird. Das Verhältnis 1 : 600 paßt dagegen gut zu den Staterpreisen aus der ersten Hälfte und der Mitte des 2. Jahrhunderts (s. unten S. 30). Auch hier liegt eine alte metrologische Festlegung vor. Weiter unten wird sich zeigen, daß die Vermutung, in den Verhältnissen 1 : 300 und 1 : 600 spiegelten sich metrologische Festlegungen, durch Beobachtungen gestützt werden, die sich an demotischen Papyri machen lassen.

Man wird also die aus den oberägyptischen Vertragsstrafen gewonnenen Verhältniszahlen als schematisierte Rationes auffassen dürfen, welche zur Berechnung der Fiskalmult verwendet wurden. Auch wenn es sich hier um theoretische Rationes handelt, die im täglichen Leben, wo es nur auf den auf dem Markt gültigen Staterpreis ankam, keine Rolle spielten, so zeigt doch der Umstand, daß die Ratio 1 : 300 eine wesentliche Rolle spielte, daß man ihr eine größere Bedeutung beimessen muß, als das bisher geschehen ist.

c) Der Terminus Silberdrachme (Drachme im Silberstandard) in der Zeit der Verknappung des Silbergeldes

Gegen Ende des 3. Jhdts wurde das Silbergeld immer knapper. Es spielte im täglichen Leben in der Chora kaum mehr eine Rolle, sein Wert stieg weit über das alte Verhältnis 1 στατήρ (Tetradrachme) = 4 Silberdrachmen. Das Silbergeld wurde wie eine Ware gehandelt und sein Preis scheint vom Gesetz von Angebot und Nachfrage mitbestimmt gewesen zu sein. Wenn im Folgenden von der Preisentwicklung beim Silbergeld vom ausgehenden 3. Jahrhundert bis 30 v. Chr. die Rede sein soll,[13] so ist es notwendig, sich der Frage zuzuwenden, was nun eigentlich mit dem Wort Silberdrachme (ἀργυρίου δραχμή) in den Papyri jener Zeit gemeint ist.

T. Reekmans vermutete, daß die Silberdrachme zuerst 60 Rechendrachmen galt, ab 183 120, ab 173 240 und schließlich ab 130/28 480 Rechendrachmen. Und entsprechend wäre der Stater zumindest in der Theorie anfangs 240, ab 183 480, ab 173 960, und schließlich ab 130/27 1.920 Rechendrachmen wert gewesen. Wir haben dagegen angenommen, daß gerade unsere höchsten Staterpreise aus der Zeit vor 130/27 stammen und daß wir in der Zeit zwischen ca. 223/2 und 160 mit einer dramatischen Verknappung des Silbergeldes rechnen müssen, daß jedoch danach, als Silbergeld wieder leichter zu bekommen war, auch der Preis für den Stater rückläufig war.

Den wohl ältesten unbestreitbaren Beleg für einen verteuerten Stater besitzen wir in der bereits erwähnten Reisekostenabrechnung UPZ I 149, die man allgemein in die Zeit des Philopator datiert. Der Preis für den Stater beträgt hier 16 Dr. 5,5 Obolen,[14] so daß also für einen Stater mehr als viermal

[13] Eine Liste der auf Papyrus überlieferten Staterpreise findet sich unten S. 195.

[14] Z. 32: ἀργυρ⟨ί⟩ου στατῆραν (γίν.) ις (πεντώβ.) (ἡμιωβ.). Unter den 16 Dr. sind Sechziger zu verstehen. Der Stater kostet also

16 x 60 = 960
5,5 Obolen = 55
1.015 Rechendr.

so viele Drachmen aufgewendet werden müssen, als es dem ursprünglichen metrologischen Verhältnis von Stater und Drachme entspricht. Die Verhältnisse haben sich in der ersten Hälfte des 2. Jahrhunderts nicht geändert, das Silbergeld war weiterhin kaum zu bekommen.

Das Beispiel aus UPZ I 149 zeigt, daß in den Papyri mit dem Ausdruck Drachme (im Silberstandard) zwei verschiedene Werte bezeichnet werden können. Der Ausdruck kann sich einmal auf die Bronzemünze beziehen, deren Wert zu Ende des 3. Jahrhunderts 60 Rechendrachmen beträgt.[15] Andererseits ist die Silberdrachme aber auch das Viertel eines Staters (der Tetradrachme in Silber).

Wenn man mit dem Terminus Silberdrachme ein Staterviertel meinte, so konnte man das durch eine präzisierende Formulierung kenntlich machen, um Mißverständnisse auszuschließen. Eine solche Präzisierung ist in P. Mich. III 182, 49 (182 v.Chr.?[16]) die Formel ἀργυρίου τοῦ παλαιοῦ Πτολεμαικοῦ νομίζματος δραχμαί, womit das in diesem Vertrag festgelegte Strafgeld (ἐπίτιμον) bezeichnet wird. Es handelt sich hier offensichtlich um Staterviertel. Staterviertel sind offenbar auch immer gemeint, wenn in den Papyri von ἀργυρίου ἐπιϲήμου Πτολεμαικοῦ νομίϲματοϲ δραχμαί[17], ἀργυρίου ἐπιϲήμου νομίϲματοϲ δραχμαί oder ἀργυρίου ἐπιϲήμου

[15] Ab 183/2 dann 120 Rechendr. Siehe dazu genauer unten S. 48-50, 61, 82 ff.

[16] Vgl. zu diesem Papyrus C. Bradford Welles, Am. Journ. of Arch. 41, 1937, 509.

[17] UPZ I 125, 10 f. (12 Silberdr., Darlehen, 89 v. Chr., vgl. unten S. 195 Anm. 1); BGU VIII 1732, 15 (= SB IV 7420; 1. Jhdt., 200 Dr.); BGU VIII 1733, 21 (1. Jhdt., 500 Dr.).

Die Formulierung ἀργυρίου τοῦ Πτολεμαικοῦ νομίϲματοϲ δραχμαί bzw. ἀργυρίου Πτολεμαικοῦ νομίϲματοϲ δραχμαί findet sich in P. L. Bat. XXII 29, 19 f. (= P. Rein. I 13, 110 v. Chr.; Ratio 1 : 600); P. Strasb. 115, 10 (2. Jhdt.?); vgl. auch P. Ryl. IV 585, 4 (frühes 2. Jhdt.).

Als eine Ausnahme zu werten ist P. L. Bat. XXII 14, 26 (= P. Rein. I 14, 110 v. Chr.). Bei den dort erwähnten ἀργυρίου τοῦ παλαιοῦ νομίϲματοϲ δραχμαί handelt es sich nicht um Staterviertel, auch nicht in der engen Parallele P. L. Bat. XXII 15, 23 f. (= P. Rein. I 15, 109 v. Chr.), wo die entsprechende Summe mit den Worten [ἀργυρίου] τοῦ Πτολεμαικοῦ νομίϲματοϲ δραχμαί umschrieben wird (siehe unten S. 67, Anm. 26).

Die Formulierung ἀργυρίου τοῦ παλαιοῦ νομίϲματοϲ δραχμαί kommt auch vor in SB III 7188, 36 (151 v. Chr., teilw. ergänzt). So auch ergänzt in BGU XIV 2382, 30 f. (174 v. Chr.): ἐπίτιμον π[αραχρῆμα ἀργυρίου τοῦ παλ]αιοῦ νομίϲματοϲ τάλαντα[. Vielleicht ist diese Ergänzung aber falsch, denn eine solche Formulierung führte, wenn man die Drachmen als Staterviertel auffaßt, auf eine Strafsumme, die viel höher wäre als alle aus ptol. Zeit überlieferten Strafsummen. Wenn die Ergänzung richtig ist, so kann es sich hier wie in P. L. Bat. XXII 14 u. 15 nicht um Staterviertel gehandelt haben.

δραχμαί die Rede ist. Die ἀργυρίου ἐπισήμου δραχμαί sind vor allem in Angaben von Vertragsstrafen belegt.[18]

Wenn nun in der bereits zitierten Reisekostenabrechnung UPZ I 149, 32 ein Stater 16 Drachmen und 5,5 Obolen kostet, so entsprechen diesem Betrag etwa 1.000 Rechendrachmen.[19] Wir müssen hier also die Drachme im Silberstandard zu 60 Rechendrachmen und das Staterviertel (die echte Silberdrachme, ἀργυρίου ἐπισήμου δραχμή) zu etwa 250 Rechendrachmen unterscheiden.

Diese Unterscheidung ist grundlegend für das Verständnis der ptolemäischen Währung des 2. und 1. Jahrhunderts. In der Darstellung von T. Reekmans wird dieser Unterschied nicht gemacht; außerdem werden die Verhältnisse dort verwischt, indem bei den Staterpreisen ungerechtfertigt zwischen "current staters", "staters of higher silver content" und "staters of inferior weight or silver content" unterschieden wird.[20] Der Stater wurde jedoch seit Ptolemaios I. in gleichbleibender Güte (von nahezu 100% Silber) geprägt. Ab 137/6 v. Chr. sank der Silbergehalt auf 90%, was aber in der Praxis keine Auswirkungen gehabt haben kann.[21] Erst ab 53/2 v. Chr. wurde der Silbergehalt drastisch reduziert.[22]

---

[18] BGU VI 1249, 12 (148/7), UPZ II 171, 26 (= P. Survey 26 [P. Tor. Choachiti 9]; 126), P. Adler G 2, 17 (124), SB XVIII 13168, [21] (123), P. Lond. VII 2191, 52 (116), P. Tor. Amen. 8, 37 (116), P. Strasb. II 83, 29 (114), P. Strasb. II 85, 27 (113), PSI IX 1019, 14 (110), P. L. Bat. XIX 7 a 17 und 7 b 16 (= SB I 5865; 109), BGU VI 1260, 20 (102), P. Grenf. II 30, 25 (102), P. Adler G 14, 26 (100), P. Tebt. I 110, 11 (92 oder 59), P. Ryl. IV 588, 30 f. (78).

Nicht im Zusammenhang mit Vertragsstrafen werden ἀργυρίου ἐπισήμου δραχμαί erwähnt in P. Mich. III 173, 13 f. (vgl. oben S. 11, Anm. 28) und P. Tebt. III 1, 743, 9 (Mitte des 2. Jhdts.). In beiden Fällen handelt es sich ganz offenkundig um Silbermünzen.

[19] 16 x 60 = 960
5,5 Obolen = 55
1.015

[20] Reekmans, Studia Hell. 7, 1951, 115-117.

[21] R. A. Hazzard, Two Hoards of Ptolemaic Silver: IGCH 1713 and 1722, Num. Chron. 154, 1994, 60-61.

[22] Siehe unten S. 67.

d) Noch einmal zur Ratio zwischen Silber- und Bronzegeld im 2. und 1. Jahrhundert

Über den Preis des Silbergeldes zwischen 210 und 160 erfahren wir aus den griechischen Papyri fast nichts. Das liegt nicht so sehr an einem Mangel an Papyri, die mit Sicherheit in diese Zeit zu datieren sind, sondern vor allem daran, daß in dieser Zeit Silbergeld in der Chora kaum vorhanden war und im täglichen Leben kaum eine Rolle spielte.[23] Diese Situation hat sich ab den Fünfziger Jahren geändert. Ab 155/4 werden in Alexandria wieder Silbermünzen geprägt.[24]

Wenn man von den Staterpreisen vor 183/2 absieht, wo die Silberdrachme zu 60 und noch nicht zu 120 Rechendrachmen gerechnet wurde,[25] dann gehören gerade die höchsten Staterpreise zu den ältesten. Es handelt sich um folgende Belege:

2. Jhdt.[26] P. Petr. II 39 (d) 7-8 = III 118 ἀργυ(ρίου) (δρ.) ῃ (oder κ̣) ἀν(ὰ) Βφ.	**2.500 Dr.**
2. Jhdt.[27] P. Tebt. III 2, 1087, 16-17 χα(λκοῦ) τά(λ.) β Αυν, αἳ ἀ̣ργυ(ρίου) κβ.	**2.438 Dr.**
2. Jhdt. O. Tait I 314, p. 52 ἀργυ(ρίου) στατῆρας ιζ ἀνὰ Βσ (γίν.) (τάλ.) ϛ Αυ	**2.200 Dr.**[28]
161/60 UPZ I 88, 13 (γίν.) (δρ.) Δρ, ἀργυρίου (δρ.) η.	**2.050 Dr.**
159 UPZ I 93, 2-3 ἀπέστηκα (δρ.) η ἀργυρίου (δρ.) Δσξ.	**2.130 Dr.**

Diese Preise bewegen sich zwischen 512 und 625 Drachmen pro Silberdrachme im Sinne eines Staterviertels.[29] Als standardisierte Ratio der Zeit vor

---

[23] Es ist aufschlußreich, daß in dieser Zeit der Stater als Wertgegenstand und nicht als Zahlungsmittel verwendet werden konnte. So diente er in P. Tebt. III 2, 891 (Zeit des Philometor?) und P. Mich. III 173 (170 v. Chr.?) als Pfand (vgl. oben S. 11).

[24] O. Mørkholm, Ptolemaic Coins and Chronology: The Dated Silver Coinage of Alexandria, Am. Num. Soc. Mus. Notes 20, 1975, 8-10, 19.

[25] Vgl. unten S. 48, 60 f.

[26] Nach P. Tebt. I p. 586 aus der Regierungszeit des Epiphanes oder Philometor.

[27] Vielleicht 2. Viertel des 2. Jhdts (so die Herausgeber des Papyrus in der Einleitung zu P. Tebt. 1087).

[28] Für die 17 Statere werden zusätzlich 2.400 oder 2.040 Dr. ἀλλαγή gerechnet, so daß pro Stater noch ca. 140 oder 120 Dr. ἀλλαγή hinzukommen.

[29] Da T. Reekmans so hohe Staterpreise erst für die Zeit nach 130/28 für möglich hielt, datierte er P. Petr. II 39 (d) = III 118, P. Tebt. III 2, 1087 und O. Tait I 314 in die Zeit nach 130/28 (Studia Hell. 7, 1951, 103).

130/27 haben wir oben die Ratio 1 : 600 kennengelernt. Diese Ratio paßt gut zu den hohen Staterpreisen der ersten Hälfte des 2. Jahrhunderts.[30]

Einen Hinweis auf besonders hohe Staterpreise in der ersten Hälfte des 2. Jahrhunderts geben aber auch die außergewöhnlich hohen ἐπίτιμα in Verträgen dieser Zeit. Aussagekräftig sind vor allem die Strafgelder in Pacht- und Zessionsverträgen, deren Höhe nur innerhalb bestimmter Grenzen variiert, die bezeichnenderweise sowohl im dritten als auch im ersten Jahrhundert die gleichen sind. Deutlich aus dem Rahmen fällt die Zeit der Verteuerung des Silbergeldes zwischen ca. 220 und 160. In dieser Zeit steigen die Strafgelder stark an und dieser Anstieg muß durch die Verteuerung des Silbergeldes bedingt sein. Denn in Gegensatz zu Preisen und Löhnen, die auf Bronzegeld bezogen sind, bleiben die Strafgelder auf Silbergeld bezogen, auch wenn sie in Termini der Bronzewährung ausgedrückt werden. So geben diese Strafgelder Anhaltspunkte zur Bestimmung der Größenordnung der Verteuerung des Silbergeldes.

Die Situation ist nun bei Pacht- und Zessionsverträgen etwas vereinfacht dargestellt folgende.[31] Bei den Pachtverträgen betragen die Strafgelder, die bei Verweigerung der Gewährleistung (βεβαίωϲιϲ) durch den Verpächter zu zahlen sind, im dritten Jahrhundert in der Regel 500 Drachmen, ab 215/4 sind 1.000 Drachmen überliefert. Für die späte Zeit kennen wir nur wenige Belege. Aus dem Jahr 103 haben wir, wenn man die Ratio 1 : 300 zugrundelegt, ein ἐπίτιμον von 600 Silberdrachmen, aus dem Jahr 51 bei Zugrundelegung der gleichen Ratio ein Strafgeld von 400 Silberdrachmen.

Bei den Zessionsverträgen kennen wir einige Belege aus dem ersten Jahrhundert mit 500 Drachmen. In der Zeit zwischen 160 und 100 kommen sowohl bei Pacht- als auch Zessionsverträgen geringere Summen vor, aber

---

30 Vielleicht gab es, zumindest kurzfristig, in der ersten Hälfte des 2. Jahrhunderts sogar noch höhere Staterpreise. Einen Hinweis darauf könnte P. Lond. II 222, p. 7 bieten. Dieser Papyrus ist der Schrift nach in das 2. Jahrhundert datiert. Die Passage, die die Angabe des ἐπίτιμον enthält, ist leider teilweise zerstört:

[τά]λαντα τριάκ[οντα καὶ ἑ]-
τέραϲ εἰϲ τὸ βαϲιλικ[ὸν δραχμὰϲ] (besser: βαϲιλικ[ὸν ἀργ(υ.) δρ(αχμὰϲ)]
διακοϲίαϲ καὶ μηθὲν ἧ[ϲϲον εἶναι τὰ]
ὡμολογημένα κύρια (Z. 25-28)

Wenn die Ergänzungen richtig sind (man sieht freilich kaum, wie man anders ergänzen könnte), dann erhalten wir hier die sonst nicht überlieferte Ratio 1 : 900. Vgl. dazu unten S. 61.

(30 x 6.000 = 180.000; 180.000 : 200 = 900)

31 Vgl. die Listen unten S. 199 ff.

sowohl im 3. als auch im 1. Jahrhundert orientieren sich die Strafgelder an 500 Silberdrachmen.

Strafgelder (in Silberdrachmen)

		in Pachtverträgen	in Zessionen
3. Jhdt.	vor 215/4	ca. 500 Dr.	—
	ab 215/4	1.000 Dr.	—
1. Jhdt.		[400 - 600 Dr.]	500 Dr.

Damit hat man die überdurchschnittlich hohen Strafgelder aus der Zeit nach 210 zu vergleichen:

I.	**203/2** (Pacht)	**4.000** (ἀργυρίου δρ.) Oxy.	BGU VI 1266, 38 + XIV 2386, 2[32] (Größe des Pachtobjekts unbekannt)
II.	**201** (Zession)	**2.000** (χαλκοῦ δρ.) Tebt.	P. Tebt. III 1, 820, 12. 32 (ϲταθμόϲ)
III.	**171** (Pacht)	**12.000** (χαλκοῦ δρ.) Oxyrhyncha	P. Tebt. III 1, 819, 11. 38 (5 Aruren)

Zum Vergleich heranziehen kann man auch noch P. Ryl. IV 583, auch wenn das ἐπίτιμον hier die Vertragsverletzung des Pächter und nicht die des Verpächters ahndet:

IV.	**170** (Pacht)	**12.000** (ἀργ. δρ.) Philadelpheia	P. Ryl. IV 583, 19. 68 (6 Aruren Weingarten)

An diese vier Belege lassen sich ein paar Beobachtungen knüpfen. Beim zweiten und dritten Beleg ist die Strafsumme als Bronzegeld bezeichnet, was, wie der Vergleich mit Beleg I und IV zeigt, Bronzegeld im Silberstandard bedeutet. Daraus ergibt sich umgekehrt, daß auch das Silbergeld im ersten und vierten Beleg auf die Bronzedrachme im Silberstandard bezogen ist und der Terminus Silberdrachme (ἀργυρίου δραχμή) nicht das Staterviertel bedeutet. Wir haben also in allen vier Belegen den gleichen Drachmenbegriff vorauszusetzen.

Zu diesen vier Belegen läßt sich noch eine weitere Strafsumme stellen, die zwar nicht vollständig erhalten ist, die man aber doch mit großer Wahrscheinlichkeit ergänzen kann: BGU XIV 2389, 36 (Pachtvertrag über 10 Aruren aus

[32] In diesem Papyrus findet sich auch ein besonders hoher Strafpreis für Olyra: 20 Dr. pro Artabe (vgl. unten S. 186).

dem Jahr 172). Die Angabe des ἐπίτιμον in diesem Vertrag darf man angesichts des eben Gesagten höchstwahrscheinlich zu χα̣[λ]κ̣οῦ νομίϲματ[οϲ τάλαντα ἑκατὸν] | εἴκοϲι ergänzen; an den König ist das ἴϲον zu zahlen. Der Betrag von [1]20 Talenten = 720.000 Dr. ist das Sechzigfache der 12.000 Silberdrachmen in den Verträgen P. Tebt. III 819 und P. Ryl. IV 583, welche aus derselben Zeit stammen. Damit scheint dieser Papyrus das Pendant dieser Strafsumme in Rechendrachmen zu überliefern.

In diesen vier bzw. fünf Belegen haben wir nun für die Zeit 203-201 Strafgelder von 4.000 bzw. 2.000 Dr., denen für den Zeitraum 172/0 Strafgelder von 12.000 Dr. gegenüberstehen. In dem Verhältnis von 2.000 bzw. 4.000 Dr. gegenüber 12.000 Dr. spiegelt sich der Wertverlust, den in diesem Zeitraum die Drachme im Silberstandard (zu 60 Rechendrachmen) gegenüber dem Staterviertel erlitten hat.[33]

---

33 Vgl. unten S. 60 f.

2. Die demotischen Papyri

Die Beobachtungen, die sich anhand der griechischen Papyri ergaben, müssen auch auf die demotischen Quellen anwendbar sein. Im Folgenden ist daher versucht, die an den griechischen Papyri gewonnenen Ergebnisse auf die demotischen zu übertragen. Ein solcher Versuch kann jemandem, der nicht Demotist ist, nur bis zu einem bestimmten Grad gelingen. So wurde zwar versucht, die demotischen Papyri möglichst ausgiebig zu nutzen, aber eine vollständige Dokumentation des verfügbaren Materials muß bei den Schwierigkeiten, die bei der Behandlung von demotischen Papyri auftauchen, Demotisten überlassen bleiben. An dieser Stelle danke ich herzlich H.-J. Thissen und K.-Th. Zauzich, die Lesungen überprüft, Hinweise gegeben und mich vor Irrtümern bewahrt haben.

In demotischen Texten treten bei Geldangaben folgende Termini auf:[1]

Kerker (krkr) = Talent = 6.000 Drachmen
Deben (dbn, tbn) = 20 Drachmen
Stater (sttr) = 4 Drachmen
Kite (qd, ḳt)= 2 Drachmen
Obolos (db'.t) = 1/6 Drachme

Bronzegeld wird durch ḥmt, "Bronze", bezeichnet, daneben kann aber auch Hedsch (ḥḏ, ḥt), "Silber", Bronzegeld bezeichnen. Der Gebrauch des Wortes ḥḏ ähnelt also dem von ἀργύριον, das ebenfalls oft einfach nur "Geld" bedeutet, unabhängig davon, ob es sich im konkreten Fall um Silber- oder Bronzemünzen handelt. Zu beachten ist freilich, daß ἀργύριον Geld (Silber- oder Bronzegeld) im Silberstandard bezeichnet.

Wenn man im Demotischen ausdrücken will, daß man tatsächlich Geld in Silber meint, sagt man ḥḏ sp-2, "Silber zweimal", bzw. ḥḏ ḥḏ, "Silber Sil-

[1] Vgl. M. Lichtheim, Demotic Ostraca from Medinet Habu (1957), S. 1-5; zuletzt P. W. Pestman, The Archive of the Theban Choachytes (Second Century B. C.). A Survey of the Demotic and Greek Papyri contained in the Archive (Studia Demotica II), Leuven 1993, S. 347 ff.

ber" im Sinn von "Silbergeld". In diesem Fall ist tatsächlich Silber als Münzmetall gemeint.[2]

Häufig wird in demotischen Papyri eine Summe nur durch ḥḏ definiert, ohne daß angegeben wird, worauf sich eigentlich ḥḏ bezieht. In solchen Fällen hat man entweder dbn oder qd zu ergänzen.

a) Ḥḏ im 3. Jahrhundert zur Zeit des Silberstandards

Im 3. Jahrhundert bezieht sich ḥḏ entweder auf Kite oder Deben im Silberstandard, also auf 2 oder 20 Drachmen im Silberstandard. Wenn nach ḥḏ die Zahl ausgeschrieben ist, so läßt sich aus dem Geschlecht der Zahl erkennen, ob Deben oder Kite gemeint sind. Folgt die Zahl im Femininum, so sind Kite gemeint, folgt sie im Maskulinum, Deben. Zur Illustration zwei Beispiele.

ḥḏ = 1 Kite:

In zahlreichen Quittungen über Salzsteuer wird die Summe von ḥḏ 1/4 quittiert; die griechische Subskription wiederholt diese Summe als 3 Obolen. Unter ḥḏ ist hier also die Kite zu verstehen: 1/4 Kite = 1/2 Dr. = 3 Obolen.[3] Das ist einer der im dritten Jahrhundert gut belegten Tarife für Salzsteuer.[4]

ḥḏ = 1 Deben:

Als Beispiel mag ein Beleg aus dem ausgehenden 3. Jahrhundert dienen, der Heiratsvertrag P. Köln ägypt. I 7 (205 v. Chr.), wo in Z. 3 der Ehemann die Zahlung folgender Summe verspricht:

ḥt 1 qd 2 n pr-ḥt Ptḥ wtḥ r ḥt 1 qt 1 5/6 1/10 1/30 1/60 1/60 r ḥt [1 qt 2 n pr-ḥt Ptḥ wtḥ ʿn]

1 (Deben) Silber, 2 Kite vom Schatzhaus des Ptah, vollwertig, macht 1 (Deben) Silber, 1 Kite, 5/6 1/10 1/30 1/60 1/60, macht 1 (Deben) Silber [2 Kite vom Schatzhaus des Ptah, vollwertig, wiederum].

Die Erwähnung von Kite zeigt, daß mit ḥḏ ein Deben gemeint ist. Die Summe beträgt 20 + 4 = 24 Silberdr.

---

[2] P. W. Pestman, A note concerning the reading ḥḏ sp-2, Enchoria 2, 1977, 33. Vgl. jedoch die Einschränkung unten S. 36.

[3] Belege und weitere Lit. bei D. Devauchelle, Ḥḏ: deben ou kite?, Enchoria 14, 1986, 157.

[4] Zur Salzsteuer zuletzt J. C. Shelton, P. Brook. 32, S. 55 ff.; ferner C. J. Martin, Enchoria 14, 1986, 164-167.

Der Vertrag stammt bereits aus einer Zeit (205 v. Chr.), in der der Wert der Tetradrachme (Stater) den von vier nominellen Drachmen im Silberstandard weit überstiegen haben muß. Man könnte also fragen, ob die 24 Silberdrachmen (*ḥt 1 qd 2*) echte Silberdrachmen im Sinn von Staterviertein sind oder einfache Silberdrachmen (im Wert von 60 Rechendr.), ob den 24 Silberdrachmen also 6 Tetradrachmen entsprochen haben oder nur 24 x 60 = 1.440 Rechendr.[5]

Diese Frage stellt sich nun wie bei den griechischen Papyri auch bei den demotischen Angaben im Silberstandard aus dem 2. und 1. Jahrhundert.

b) Ḥḏ im 2. und 1. Jahrhundert

α) Ḥḏ in Verbindung mit Drachmen im Silberstandard: ḥḏ sp-2 1 = 1 Deben (20 Silberdrachmen) = 1 Tetradrachme (4 Staterviertel)?

In der ersten Hälfte des 2. Jahrhunderts, als Silbergeld kaum mehr als normales Zahlungsmittel verwendet wurde, bedeuten in den griechischen Papyri ἀργυρίου δραχμαί häufig nicht mehr echte Silberdrachmen (im Sinne von Staterviertein), sondern Einheiten in Bronzegeld von 60, später wohl auch 120 Rechendrachmen. Der Terminus ἀργύριον ist zweideutig geworden. Es scheint, daß auch dem Terminus ḥḏ sp-2, "echtes Silber", manchmal Drachmen im Silberstandard zugrundeliegen, die keine Staterviertel sind. Der Heiratsvertrag P. dem. Berlin 13593 (Lüddeckens, Ägypt. Heiratsverträge, Nr. 28) aus dem Jahr 198 legt diese Vermutung nahe. Hier scheinen hinter ḥḏ sp-2 1 nicht 20 Silberdrachmen im Sinne von Staterviertein, sondern 20 einfache Drachmen im Silberstandard zu stehen.

In diesem Papyrus taucht im 5. Abschnitt der Mitgiftliste (Z. 5) folgende Eintragung auf:

ḥḏ sp-2 1 (r) sttr 5.t r ḥḏ 1 ʿn

1 (Deben) in echtem Silber = 5 Statere = 1 (Deben) in Silber wiederum.

Daneben wird Schmuck und Kleidung genannt, deren Wert zusammen *ḥmt 86 qd 8,* "86 (Deben) Bronze und 8 Kite", beträgt. Zu dieser Summe wird der bereits zitierte Deben in echtem Silber hinzugezählt (Z. 6):

---

[5] Da die Zahlung aus dem Schatzhaus des Ptah erfolgen soll, wird hier wohl echtes Silber gemeint sein. Der Papyrus zeigt, daß in der Zeit, da staatliches Silbergeld nur mehr schwer zu bekommen war, offenbar die Tempel einsprangen (vgl. dazu H.-J. Thissen zu P. Köln ägypt. I 7, S. 79).

ḥḏ 1 ḥmt 86 qd 8

tmt ḥḏ sp-2 ḥmt 87 qd 8 r sttr 439 r ḥḏ 87 qd 8 'n[6]

1 (Deben) Silber (plus) 86 (Deben) Bronze und 8 Kite,

Summe des Stücks in echtem Silber und des Kupfergeldes: 87 (Deben) und 8 Kite = 439 Statere[7] *= 87 (Deben) Silber und 8 Kite wiederum.*

Aus der Addition wird deutlich, daß ein Deben in echtem Silber (ḥḏ sp-2) und ein Deben Bronze (ḥmt) gleichwertig sind. Die gesamte Rechnung ist also im Silberstandard abgefaßt, die Drachmen sind Silberdrachmen, aber Bronze- und Silbergeld wird unterschieden.

Fraglich bleibt, welche Silberdrachmen gemeint sind. Es ist sehr unwahrscheinlich, daß man in dieser Zeit (198 v. Chr.) für Summen in Bronzegeld das Viertel eines Staters zur Rechengrundlage machte. Anzunehmen ist eher, daß auch hier wie sonst überall, mit den Silberdrachmen "einfache" Silberdrachmen gemeint sind, also im Jahr 198 Sechziger. Ein wichtiges Argument, das für diese Vermutung spricht, ist auch, daß nur unter dieser Voraussetzung die in dieser Liste enthaltene Wertangabe für den Schleier (i͗n-šn) zu den anderen demotischen Belegen für den Wert dieses Kleidungsstücks paßt.[8] Dann entsprechen aber dem *ḥḏ sp-2* nicht fünf Tetradrachmen, sondern weitaus weniger. Vermutlich ist hier mit einem *ḥḏ sp-2* eine einzige Tetradrachme gemeint, die einzige Silbermünze, die in ptolemäischer Zeit von Bedeutung war. Man hätte ihr dann in dieser Mitgiftliste den Wert von 20 Silberdrachmen, 20 x 60 = 1.200 Rechendr., unterlegt, was der Größenordnung entspräche, in der sich in dieser Zeit der Wert der Tetradrachme bewegt haben könnte (s. S. 43 ff. und 59 ff.).

Damit ergäbe sich aus diesem Papyrus die Gleichung

1 Tetradrachme (Stater) = ḥḏ sp-2 1 = 1 Deben = sttr 5.

Auch wenn es sich hier (zumindest vorerst) nur um eine Vermutung handelt, die man nicht beweisen kann, so gibt es doch Gründe für die Annahme, daß tatsächlich über längere Zeit hinweg als Schema gegolten hat, daß dem Wert einer Tetradrachme zwanzig Silberdrachmen (Sechziger und später

---

[6] Zur Lesung s. E. Lüddeckens, Ägyptische Eheverträge (=Ägyptologische Abhandlungen 1), Wiesbaden 1960, S. 208 f., Anm. 400.

[7] 87 x 5 = 435; 435 + 4 = sttr 439.

[8] Der Wert des i͗n-šn beträgt ḥḏ 30, wobei ḥḏ = sttr 5, also ein Deben. Handelte es sich bei den 30 Deben um 30 x 20 Staterviertel, würde der Wert des i͗n-šn die sonst überlieferten Wertangaben für den i͗n-šn in exorbitanter Weise übersteigen. Der Wert des i͗n-šn ist bei Annahme von 600 "einfachen" Silberdrachmen (600 x 60 = 36.000 Rechendrachmen) noch immer sehr hoch. Vgl. die Wertangaben für den i͗n-šn unten S. 41 ff.

Hundertzwanziger) entsprachen. Die Gründe für diese Vermutung sollen unten S. 43 ff. ausgebreitet werden, hier sei nur so viel gesagt, daß es sich dabei nicht um einen wirklichen Preis der Tetradrachme gehandelt haben kann, den man genau in dieser Höhe in der Bank einfordern konnte, sondern nur um ein metrologisches Schema, dem aber der reale Wert der Tetradrachme ungefähr entsprach. Der Preis der Tetradrachme unterlag Schwankungen, wie wir aus den griechischen Papyri sahen.

In der Zeit, in der die Silberdrachme 60 Rechendrachmen galt, kommen wir nach diesem Schema auf einen Wert der Tetradrachme von 1.200 Rechendrachmen (20 x 60 = 1.200), in der Zeit, wo der Hundertzwanziger als Silberdrachme galt (ab 183/2), auf 2.400 Rechendrachmen. Vgl. dazu oben S. 25 f. das Verhältnis zwischen Staterviertel und Rechendrachme von 1 : 600 (später 1 : 300).[9]

Hier sei als ein weiterer Beleg für den Terminus ḥḏ sp-2 der Lieferkauf über 14 Artaben Weizen, Pestman, Recueil 5 (Memphis, 109/8) angeschlossen, der jünger ist und aus der Epoche nach 130/27 stammt. In dieser Zeit war, wie die griechischen Papyri zeigen, die Tetradrachme (in Silber) bereits wieder als normales Zahlungsmittel verfügbar.

In dem Lieferkauf über 14 Artaben Weizen beträgt das Strafgeld (Z. 19 f.):

ḥḏ sp-2 tbn 2 r ḥḏ sttr 10.t

2 Deben in echtem Silber, macht 10 Statere Silber

Wieder ist zu fragen, ob mit 2 Deben = sttr 10 wirklich 10 Tetradrachmen in Silber gemeint sind, ob also Drachme hier im Sinn eines Staterviertels aufzufassen ist. Den Strafpreis für Weizen kann man in dieser Zeit mit etwa einer Tetradrachme pro Artabe ansetzen (vgl. unten S. 185 f.). Da hier immerhin 14 Artaben involviert sind und das ἐπίτιμον sonst extrem gering wä-

---

9 Daß man auch noch in späterer Zeit die Tetradrachme in 20 Silberdrachmen teilte, scheint die Abrechnung BGU XIV 2428 (1. Jhdt. v. Chr.) zu zeigen (vgl. unten S. 82). Die Tetradrachme ist in diesem Papyrus 1.900 Rechendrachmen wert. Die Abrechnung lautet auf Rechendrachmen, in einem Abschnitt der Abrechnung wird jedoch mit ἀργυρίου δραχμαί gerechnet. Aus dem Verlauf der Rechnung ist zu erkennen, daß der Wert dieser ἀργυρίου δραχμαί 95 Rechendrachmen beträgt, also ein Zwanzigstel der Tetradrachme von 1.900 Rechendrachmen.

Diese Rechenweise kann nur in einer Zeit entstanden sein, wo 20 Silberdrachmen (im Sinne eines Sechzigers oder Hundertzwanzigers) tatsächlich den Wert einer Tetradrachme ergaben. Wenn wir nach dieser Zeit suchen, so kommt hierfür nur das ausgehende 3. Jahrhundert und die erste Hälfte des 2. Jahrhunderts in Frage.

re, ist hier offenbar wirklich ein Stater ("sttr 1") mit einer Tetradrachme gleichzusetzen.

An unseren beiden Beispielen scheint sich also zu zeigen, daß der Ausdruck *ḥḏ sp-2 (tbn)* nicht immer in gleicher Weise verwendet worden ist, daß also manchmal der mit sttr verbundene Drachmenbegriff das Staterviertel meinte, manchmal aber nur die einfache Drachme im Silberstandard. Die Unschärfe, die wir in den griechischen Papyri beim Ausdruck ἀργυρίου δραχμή feststellten, scheint somit auch im Demotischen vorhanden zu sein. Echte Silberdrachmen im Sinne von Staterviertel scheinen sowohl im Griechischen als auch im Demotischen erst wieder ab der zweiten Hälfte des 2. Jahrhunderts verstärkt aufzutreten.

β) Ḥḏ in Verbindung mit dem Bronzestandard

T. Reekmans hat gezeigt, daß Geldangaben nach ca. 210 auch in den demotischen Papyri meist auf Rechendrachmen bezogen sind.[10] In Oberägypten scheint man den Wechsel zum Bronzestandard zumindest nach 186 allgemein vollzogen zu haben.[11]

Einem Deben entsprechen in dieser Rechenweise 20 Rechendrachmen und einem Kerker (Talent) 300 Deben = 6.000 Rechendrachmen.

So beträgt z. B. der Strafpreis für Weizen in P. L. Bat. XXII 5, 20 (= P. dem. Rein. I 5; 106 v. Chr.) ḥḏ 75, was als 75 x 20 = 1.500 Rechendrachmen aufzufassen ist. Wir erhalten so einen Strafpreis, der den Strafpreisen der griechischen Urkunden jener Zeit etwa entspricht (vgl. unten S. 186).[12]

Ebenso paßt der Weizenpreis in Botti, Testi demotici I 4 recto II a 2 (Theben, 111 v. Chr.) nur dann zu den Weizenpreisen, die in zeitgenössischen griechischen Papyri erhalten sind, wenn wir ḥḏ 78 als 78 x 20 = 1.560 Rechendrachmen interpretieren (vgl. unten S. 182).[13]

---

[10] W. Clarysse und E. Lanciers, Currency and the Dating of Demotic and Greek Papyri from the Ptolemaic Period, Anc. Soc. 20, 1989, 117-132, haben auf diese Tatsache erneut nachdrücklich hingewiesen.

[11] Anc. Soc. 20, 1989, S. 119.

[12] In Z. 25 dieses Papyrus werden zudem ḥḏ 1.500 ausdrücklich mit krkr 5 gleichgesetzt (1.500 x 20 = 30.000 Dr.; 30.000 Dr. = 5 Tal.).

[13] Weitere Beispiele für 1 Deben = 20 Rechendrachmen:

Es gibt also keinen Zweifel, daß "ḥḏ = sttr 5" 20 Rechendrachmen bezeichen kann. Daneben gibt es aber Fälle, wo diese Definition zu Schwierigkeiten führt. Davon soll im Folgenden die Rede sein.

Eine Urkundengattung, an der die Entwicklung der Währungsverhältnisse gut abgelesen werden kann, sind die in großer Zahl edierten demotischen Heiratsverträge, die vor allem aus Oberägypten stammen.

Einen wichtigen Bestandteil dieser Heiratsverträge bildet eine Liste von Gütern, die der Braut in die Ehe mitgegeben werden. Diese Listen ähneln sich sehr, so daß die Möglichkeit besteht, einzelne Güter und die damit verbundenen Wertangaben zu vergleichen. Im Folgenden sei dieser Vergleich am Beispiel des ỉn-šn (als Schleier, Brautschleier oder Schärpe interpretiert) durchgeführt.[14] Der Preis von Kleidungsstücken variiert natürlich stärker als Preise von Gütern des täglichen Bedarfs, dennoch muß sich auch an den Wertangaben für den ỉn-šn die allgemeine Geldentwicklung ablesen lassen.

In dem Getreidedarlehen P. Loeb 55 (128/7) beträgt der Strafpreis für die Artabe Weizen "tn 100 ḥmt" (Z. 13), "je 100 <Deben> Bronze". 100 Deben = 2.000 Rechendrachmen ist der in dieser Zeit übliche Strafpreis (s. unten S. 185). Derselbe Strafpreis von 100 Deben findet sich auch in P. Louvre dem. 2436 b. (= Pestman, Survey, Nr. 65, 103 v. Chr.; vgl. unten S. 186).

In den beiden demotischen Papyri P. Chicago Field Museum 31323 (N. J. Reich, Mizraim 2, 1936, 41) und P. Turin Suppl. 6086 (= Botti, Archivio Nr. 26) (109 bzw. 108 v. Chr.) beträgt der Strafpreis für eine Artabe Weizen "ḥḏ 60 = sttr 300". Wenn man ḥḏ mit 20 Rechendrachmen gleichsetzt, ergibt sich ein Strafpreis von 1.200 Dr. Die in jener Zeit in griechischen Urkunden bezeugten Strafpreise betragen 2.000 oder 3.000 Dr., die normalen Weizenpreise liegen zwischen 1.000 und 1.500 Dr.

[14] In diesem Sinn hat bereits M. Lichtheim die Wertangaben für den ỉn-šn zu nutzen versucht (Demotic Ostraca from Medinet Habu, 1957, S. 3). Für ỉn-šn schlägt M. Smith, The Mortuary Texts of Papyrus BM 10507 (= Catalogue of the Demotic Papyri in the British Museum III), London 1987, S. 94, Anm. 404, die Lesung inw vor. Zu diesem Kleidungsstück vgl. ferner E. Lüddeckens, Ägyptische Eheverträge (=Ägyptologische Abhandlungen 1), Wiesbaden 1960, S. 289-291; P. W. Pestman, Marriage and Matrimonial Property in Ancient Egypt (P. L. Bat. 9), Leiden 1961, S. 95; F. de Cenival, Pap. Lille III, S. 6.

	Zählung nach: Lüddeckens[15]	Pestman[16]	Wert des i͗n-šn	
1. P. Hauswaldt 4 247-221 Edfu, Hirt	Urk. 16	A 18	qd 6 (12 Silberdr.)	(ḥḏ = sttr 5)
2. Pestman, Recueil 7 226 Theben, Grieche	Urk. 18	A 19	ḥḏ 1 qd 6 (32 Silberdr.)	ḥḏ = sttr 5
3. P. Hauswaldt 6 219 Edfu, Blemmyer	Urk. 23	A 23	qd 6 (12 Silberdr.)	(ḥḏ = sttr 5)
4. P. dem.Berlin 13593 198 Elephantine, Mann (aus) ʿfnṯ (ἀφωντεύϲ)	Urk. 28	A 28	ḥḏ 30 (600 Silberdr.)[17]	ḥḏ = sttr 5
5. P. Brit. Mus. 10593 172 Siut, Vorlesepriester	Urk. 33	B 5	ḥḏ 50 ḥmt	—
6. P. Tor. Amenothes 1 171 Theben, Vorlesepriester	Urk. 35	A 31	ḥḏ 50	ḥḏ = sttr 5
7. P. Bibl. Nat. 236[18] (Z. 5) 169 Theben, Steinschmuckarbeiter	—	A 32	ḥḏ 50[19] ḥḏ 10	ḥḏ = sttr 5
8. P. dem. Ryl. 37 vor der Mitte od. Mitte 2. Jh.[20] Gebelen, —	Urk. 44	A 37	ḥḏ 55	ḥḏ = sttr 5
9. P. Tur. 6076 162, Djeme, Pastophoros	—	A 33	ḥḏ 175 ḥḏ 30	
10. P. dem. Ryl. 16 152 Gebelen, Blemmyer	Urk. 36	A 34	ḥḏ 200 ḥḏ 100	ḥḏ = sttr 5
11. P. Tur. 6111 118 Theben, Hirt	—	A 38	ḥḏ 300	

[15] E. Lüddeckens, Ägyptische Eheverträge (=Ägyptologische Abhandlungen 1), Wiesbaden 1960.

[16] P. W. Pestman, Marriage and Matrimonial Property in Ancient Egypt (P. L. Bat. 9), Leiden 1961.

[17] Dieser Vertrag muß noch im Silberstandard gerechnet worden sein (s. oben S. 36 f.). Der Betrag von 600 Silberdrachmen erscheint unglaublich hoch. Zu berücksichtigen ist aber, daß offenbar erst 20 solcher Silberdrachmen den Wert einer Tetradrachme ergeben, dem Betrag von 600 Silberdrachmen also nur 30 Tetradrachmen entsprechen, was freilich noch immer sehr viel ist.

[18] ed. G. Vittmann, Enchoria 11, 1982, 77.

[19] Der Wert des i͗n-šn ist ergänzt, die Ergänzung aber durch die Endsumme gesichert.

[20] U. Kaplony-Heckel, Die demotischen Gebelen-Urkunden der Heidelberger Papyrus-Sammlung, Heidelberg 1964, S. 11; Anm. 12. Pestman datiert den Vertrag (A 37) in Marriage and Matrimonial Property "176-135".

12. P. dem. Strasb. 56 117 Theben, Pastophoros	Urk. 38	A 39	ḥḏ 300	ḥḏ = sttr 5
13. P. dem. Ryl. 20 116 Gebelen[21], Veteran	Urk. 39	A 40	ḥḏ 600 ḥḏ 150	ḥḏ = sttr 5
14. P. dem. Heid. 1 115-100 Gebelen, —	—	—	ḥḏ 500	ḥḏ = sttr 5
15. P. dem. Ryl. 22 115-108 Gebelen, Vorlesepriester	Urk. 40	A 41	ḥḏ 200	ḥḏ = sttr 5
16. P. dem. Frankf. 110 Theben, Vorlesepriester	Urk. 41	A 42	ḥḏ 350	ḥḏ = sttr 5
17. P. Tur. 6082 108 Deir el Med., Hirt	—	A 43	ḥḏ 300	
18. P. dem. Ryl. 27 107/101 Gebelen, Grieche	Urk. 42	A 44	ḥḏ 300	ḥḏ = sttr 5
19. P. dem. Ryl. 38 103-91, Gebelen, —	Urk. 43	A 46	ḥḏ 600	(ḥḏ = sttr 5)[22]
20. P. dem. Straßb. 43 99 Gebelen, Grieche	Urk. 45	A 45	ḥḏ 230	ḥḏ = sttr 5
21. P. dem. Adler 14 97 Gebelen, Sänger der Hathor	Urk. 46	A 47	ḥḏ 500	ḥḏ = sttr 5
22. P. dem. Heid. 701 93/92 Gebelen, Hirt	Urk. 48	A 48	ḥḏ 500	ḥḏ = sttr 5[23]
23. P. dem. Adler 21 92 Gebelen, Hirt	Urk. 47	A 49	ḥḏ 1.200	ḥḏ = sttr 5[24]
24. P. dem. Ryl. 28 91 Gebelen, Hirt	Urk. 49	A 50	ḥḏ 900	ḥḏ = sttr 5
25. P. dem. Ryl. 30 89 Gebelen, Hirt	Urk. 50	A 52	ḥḏ 500	ḥḏ = sttr 2[25]
26. P. Cair. 50149 60 Theben, Pastophoros[27]	Urk. 53	A 53	ḥḏ 300	ḥḏ = sttr 5[26]

[21] "der Mann, der empfängt Verpflegung unter den Männern des Lochos".

[22] Die Summe der Frauensachen (Z. x+4) beträgt ḥḏ 935 = krkr 3 ḥḏ 35. Wenn krkr 1 = 6.000 Rechendrachmen, dann ḥḏ 1 = 20 Rechendrachmen.

[23] In Z. 6 allerdings ḥḏ 500 = sttr 1.000 (Summe des Wertes der Frauensachen).

[24] Daneben aber auch ḥḏ = sttr 2 (die Summe des Wertes der Frauensachen beträgt Z. 8: ḥḏ 1.965 = sttr 3.930).

[25] Z. 5: ḥḏ 100 = sttr 200; Z. 8-9: ḥḏ 785 = sttr 1570 (Summe des Wertes der Frauensachen).

[26] In Z. 9 werden ḥḏ 300 geglichen mit krkr 1.

[27] Ein Beleg für den Schleier findet sich auch in Urk. 11 Z Lüddeckens (= P. Heid. Aeg. Nr. 11, Z. 7; spätptol., Karara [südlich von El Hibeh]). Wert des ỉn-šn: ḥḏ 50.

Wahrscheinlich liegt den Geldangaben ab Nr. 5 (P. Brit. Mus. 10593) die Rechnung mit Rechendrachmen zugrunde. Man nimmt an (so zuletzt W. Clarysse und E. Lanciers[28]), daß hier mit ḥḏ = sttr 5 generell der Wert von 20 Rechendrachmen gemeint ist. Wenn man dies nun auch in Nr. 5-8 voraussetzt, so ist freilich in diesen Verträgen der Wert des ỉn-šn gegenüber den Belegen des 3. Jahrhunderts bemerkenswert niedrig. Andererseits tut sich zwischen diesen Angaben und denen nach 130/27 eine große Lücke auf, die nicht mit der Entwicklung der Währung in dieser Zeit in Einklang steht. Es ergibt sich also der Verdacht, daß zumindest in Nr. 5-8 mit ḥḏ etwas anderes gemeint ist als in den Angaben nach 130/27.

Dieser Verdacht verstärkt sich noch dadurch, daß in Nr. 6 (P. Tor. Amenothes 1; 171 v. Chr.) der Wert für Schmuck von zwei Kite echtem Silber nur ḥḏ 25 beträgt (Z. 6):

w῾ gswr w῾.wj gḽṯ sp-2 ḳt 2 [r ḥḏ] 25

ein gswr-Ring (und) ein Paar gḽṯ-Ringe (im Wert von) 2 Kite echtem Silber, macht ḥḏ 25

Ḥḏ wird in diesem Papyrus definiert als Wert von 5 Stateren. Wenn wir hier den Stater mit vier Rechendrachmen ansetzen, dann würden den ḥḏ 25 nur 500 Rechendrachmen entsprechen. Dieser Wert stünde für den Wert von 2 Kite echtem Silber, also für den Wert einer Tetradrachme. 500 Rechendrachmen liegen aber weit unter dem in dieser Zeit (171 v. Chr.) anzunehmenden Preis für die Tetradrachme (s. S. 6 ff., 30 ff.). Es ergibt sich also auch hier der Verdacht, daß ein Stater hier mehr als vier Rechendrachmen gilt.

Es wird sich zeigen, daß man bei diesen und anderen Urkunden zu plausiblen Ergebnissen kommt, wenn man den Stater (sttr) statt zu vier Rechendrachmen, zu 20 Rechendrachmen rechnet, dem Begriff Drachme also einen Wert von 5 Rechendrachmen unterstellt.

Diese Vermutung mag überraschend sein, aber wir haben bereits oben (S. 37) vermutet, daß in der ersten Hälfte des 2. Jahrhunderts der Deben im Sinn von 20 Silberdrachmen einer Tetradrachme gleichgesetzt werden konnte, daß also in diesen Fällen der Rechnung im Silberstandard fünf nominelle Silberdrachmen auf das Staterviertel kamen. Dieses Verhältnis, nach dem fünf nominelle Silberdrachmen ein Staterviertel, also eine 'echte' Silberdrachme,

---

[28] Currency and the Dating of Demotic and Greek Papyri from the Ptolemaic Period, Anc. Soc. 20, 1989, 117-132.

ergeben, scheint auf die Rechnung mit Rechendrachmen übertragen worden zu sein. In Analogie zum Wert der Tetradrachme scheint in diesen Fällen sttr 1 nicht 4 Rechendrachmen zu bedeuten, sondern 4 x 5 = 20 Rechendrachmen. Diese Übertragung der Verhältnisse im Silberstandard auf die Rechnung in Rechendrachmen scheint sonderbar zu sein, zu bedenken ist aber, daß auch schon die Verwendung des Terminus sttr in der Rechnung mit Rechendrachmen eine solche Übertragung darstellt.

In dem erwähnten Heiratsvertrag P. Tor. Amenothes 1 (171 v. Chr.) entsprechen unter dieser Voraussetzung den zwei Kite echten Silbers im Wert von ḥḏ 25 nicht mehr 500 Rechendrachmen, sondern 2.500 Rechendrachmen; das ist ein für das Jahr 171 sehr plausibler Wert für die Tetradrachme.[29] Damit wäre der Wert des ỉn-šn in diesem Papyrus nicht mit ḥḏ 50 = 1.000 Rechendrachmen anzugeben, sondern mit 5.000 Rechendrachmen.[30]

Es scheint, daß die Einheit ḥḏ = sttr 5 = 100 Rechendrachmen auch in einigen griechischen Urkunden als εἰκοϲίδραχμον oder δραχμὴ εἰκοϲίδραχμοϲ wiederkehrt. Aus dem ausgehenden 2. Jahrhundert ist in einigen griechischen Papyri aus Tebtunis ein sonderbar geringer Adärationspreis für Weizen überliefert, über den zuletzt J. C. Shelton in einer Anmerkung zu P. Tebt. IV 1104, 2 gehandelt hat. Der Adärationspreis beträgt 20 Drachmen pro Artabe. Die Drachmen werden durch χα(λκοῦ) als Bronzedrachmen charakterisiert. Dieser Weizenpreis von 20 Drachmen ist in einigen Belegen nicht nur durch χα(λκοῦ), sondern durch χα(λκοῦ) κ(δραχμ.) definiert, bzw. einmal wohl auch durch χα(λκοῦ) (δρ.) κ(δρ.)[31], was J. C. Shelton sicherlich richtig zu χα(λκοῦ) (εἰκοϲιδράχμων) bzw. χα(λκοῦ) (δραχ-

---

[29] Vgl. oben S. 30 ff.

[30] Entsprechendes mag dann auch zumindest für die Heiratsverträge Nr. 5-8 gegolten haben.

In dem Lieferkauf P. dem. Amien 2 aus dem Jahr 138 v. Chr. (ed. D. Devauchelle, Enchoria 14, 1986, 61-65) ist der Strafpreis für Wein mit ḥḏ 30 je *tnf* festgelegt (Z. 12). Es ist vielleicht nicht allzu gewagt anzunehmen, daß das Weinmaß *tnf*, "Maß", mit dem in den griechischen Papyri fast ausschließlich gebräuchlichen Weinmaß Metretes bzw. Keramion identisch ist (zur Verwendung des Maßes μετρητήϲ im Demotischen vgl. BGU VII 1544). Wenn wir nun in diesem Papyrus ḥḏ mit 5 Stateren = 100 Rechendrachmen gleichsetzen, so gelangen wir genau zu dem Strafpreis, den wir in der Zeit vor 130 pro Metretes/Keramion erwarten dürfen, nämlich 3.000 Rechendrachmen (vgl. unten S. 189).

[31] P. Tebt. I 94, 23 f.

μῶν) (εἰκοσιδράχμων) aufgelöst hat.[32] Shelton nahm an, daß in all diesen Urkunden die Einheit, die den mit χα(λκοῦ) eingeführten Preisangaben zugrundeliegt, nicht einfach Rechendrachmen sind, sondern eine Einheit von jeweils zwanzig solcher Rechendrachmen, und hat diese Erscheinung als Übertragung des demotischen Debenbegriffs auf das Griechische aufgefaßt. Damit ergäbe sich an diesen Stellen ein Weizenpreis von 20 x 20 = 400 Dr. pro Artabe.

Dieser Preis ist aber noch immer zu niedrig. In der Zeit nach 130/27 erwarten wir einen Weizenpreis von 800 Dr. und mehr.[33] Da es sich um einen Adärationspreis handelt, müßte er mit den höchsten Marktpreisen vergleichbar sein und eher über den Marktpreisen liegen. Es liegt nahe, das Äquivalent zu diesem εἰκοσίδραχμον in dem Begriff ḥḏ (dbn) zu suchen, dem 5 Statere = 100 Rechendr. zu entsprechen scheinen. Danach wäre mit dem Weizenpreis von 20 Drachmen ein Preis von 2.000 Rechendr. gemeint. Das ist in dieser Zeit ein gehobener Marktpreis, der auch als Strafpreis begegnet, also genau das, was man als Adärationspreis erwarten würde.

Ein weiterer Hinweis auf die Gleichung

ḥḏ 1 = sttr 5 = 100 Rechendrachmen

läßt sich vielleicht aus den demotischen ἐπίτιμα gewinnen. Die in den griechischen Urkunden belegten ἐπίτιμα waren, wenn sie in Bronzegeld gerechnet wurden, in der Zeit der Verteuerung des Silbergeldes besonders hoch. Extrem hohe Beispiele stammten aus der Zeit nach 183, aus den Siebziger Jahren (s. oben S. 32 f.).

---

32 Es handelt sich um folgende Stellen:
P. Tebt. I 94, 22 (ca. 112) (ἀρτ.) ρ, (ὧν) χα(λκοῦ) (εἰκοσιδράχμων) Σ (ἀρτ.) ι.
P. Tebt. IV 1104, 2 (spätes 2. Jhdt.) χα(λκοῦ) ξ (ἀρτ.) γ.
P. Tebt. III 2, 832, 3 (2. Jhdt.) χα(λκοῦ) ρλ ς ∟ ("130 <Dr.> = 6,5 <Art.>").
Stellen mit κ(δρ.) nur mit Artaben-, ohne Geldbetrag:
P. Tebt. I 68, 60 (117/6) χα(λκοῦ) (εἰκοσιδράχμων) λθ γ′ ίβ′.
P. Tebt. I 94, 23 f. (ca. 112) χα(λκοῦ) (δραχμῶν) (εἰκοσιδράχμων) ι.
P. Tebt. I 93, 59 (ca. 112) χα(λκοῦ) (εἰκοσιδράχμων) ια ∟ .
P. Tebt. I 93, 69 χα(λκοῦ) (εἰκοσιδράχμων) ε.
P. Tebt. I 70, 6 (111/110) χα(λκοῦ) (εἰκοσιδράχμων) (ἀρτάβαι?) λθ γ′ ίβ′.
P. Tebt. I 70, 63 χα(λκοῦ) (εἰκοσιδράχμων) λθ γ′ ίβ′.
In P. Tebt. I 160 descr. (120/111) stehen nur χα(λκοῦ) (δραχμαί), aber auch hier müssen χα(λκοῦ) κ(δρ.) gemeint sein: χα(λκοῦ) (δραχμαὶ) ὧν σῖ(τος). Vgl. P. Tebt. I 67, 66 (118/7) χα(λκοῦ) ὧ[ν] cῖ(τος) λθ γ′ [ίβ′.

33 Den niedrigsten Weizenpreis in dieser Epoche bietet P. Tebt. I 224 verso (108 v. Chr.) mit 720 Dr. (vgl. unten S. 182).

Diese Erscheinung muß sich auch bei den ἐπίτιμα der demotischen Papyri wiederfinden. In den demotischen Verträgen kennen wir aus Oberägypten nach 130/27 vor allem zwei Kategorien von Strafgeldern, 3.000 Deben (= krkr 10) und 600 Deben (= krkr 2).[34]

Unsere Beispiele für Strafgelder aus der ersten Hälfte des 2. Jahrhunderts sind dagegen geringer:

181	ḥḏ 200 = sttr 1.000 Memphis	Pestman, Recueil 1, 8 Teilung
176	ḥḏ 1.000 = sttr 5.000 Theben	Pestman, Recueil 9, 6 Erbteilung
175/4	ḥḏ 200 = sttr 1.000 Philadelphia	P. Loeb 62 + P. dem. Berlin 15558[35] Darlehen

Auch wenn man auf Grund dreier Belege kaum verallgemeinern kann, wird man doch sagen müssen, daß sich hier die Tendenz der griechischen Papyri scheinbar nicht nachweisen läßt. Wir erhalten aber ein plausibles Bild, wenn wir annehmen, daß in diesen drei Belegen ḥḏ mit 100 statt 20 Rechendrachmen zu rechnen ist. Es ergibt sich dann:

Zeit	Strafgeld	in Staterviertel: Ratio[36]		
		1 : 600	1 : 400	1 : 300
181, 175/4	ḥḏ 200 = 20.000 Rechendr.	33 1/3		
176	ḥḏ 1.000 = 100.000 Rechendr.	166 2/3		
nach 130/27	ḥḏ 600 = 12.000 Rechendr.		30	40
	ḥḏ 3.000 = 60.000 Rechendr.		150	200

Die Gleichung

ḥḏ 1 = 20 x 5 = 100 Rechendrachmen

vermuteten wir vor allem in Urkunden aus der Zeit vor 130/27. Wahrscheinlich verlor sie nach 130/27 an Bedeutung. In den oberägyptischen Heiratsverträgen wird vermutlich zumindest nach 130/27 das ḥḏ allgemein mit 20 Rechendrachmen gerechnet.[37]

[34] Vgl. unten die Liste S. 203 f.

[35] K.-Th. Zauzich, Die Bestätigung einer Rekonstruktion (PLoeb 62 + PBerlin 15558), Festschrift Berliner Ägypt. Museum, Berlin 1974, S. 335-340.

[36] Zu den Rationes vgl. oben S. 25-27.

[37] Die Preise für den ỉn-šn weisen in diese Richtung. In Nr. 19 (P. dem. Ryl. 38; Gebelen, 103-91 v. Chr.) und Nr. 26 (P. Cair. 50149; Theben, 60 v. Chr.) werden zudem ḥḏ

Damit kommen wir zum Ende. Unsere Überlegungen könnte man auf folgende Weise zusammenfassen. Für die Zeit vor 130/27 schien in einigen Heiratsverträgen vorauszusetzen zu sein, daß

ḥḏ = sttr 5 = 20 x 5 = 100 Rechendrachmen.

---

300 einem Kerker geglichen (300 x 20 = 6.000). Vgl. auch den Heiratsvertrag P. Cair. 50129 (Hawara, 86 v. Chr.; Pestman, Marriage and Matrimonial Property, S. 35, no. B 7; Lüddeckens, Eheverträge Nr. 51), in dem 500 Deben in der griechischen Subscriptio mit einem Tal. 4.000 Dr. wiedergegeben werden, also ein Deben ganz eindeutig 20 Rechendrachmen bezeichnet [500 x 20 = 10.000].

Mit ḥḏ 50 ist der Wert des ỉn-šn in dem Heiratsvertrag P. Heid. ägypt. 11 (= Urk. 11 Z Lüddeckens) sonderbar gering, wenn dieser Vertrag tatsächlich spätptolemäisch ist. Der Vertrag stammt nicht wie die anderen Heiratsverträge aus Oberägypten, sondern aus Karara (südlich von El Hibeh). Vielleicht haben wir hier wie in den oben (S. 44 f.) erwähnten griechischen Tebtunis Papyri noch nach 130/28 die Rechnung mit ḥḏ = 100 Rechendrachmen.

Eine sonderbare Erscheinung finden wir in drei Heiratsverträgen aus Gebelen (93/2-89), die alle vom selben Notar Peteharsemtheus stammen.

In Heiratsverträgen gilt sonst, daß

ḥḏ = sttr 5,

doch diese drei Heiratsverträgen bilden eine Ausnahme. In P. dem. Heid. 701 (oben Nr. 22; 93/92 v. Chr.), P. dem. Adler 21 (Nr. 23; 92 v. Chr.) und P. dem. Ryl. 30 (Nr. 25; 89 v. Chr.) wird in der Summe der Frauensachen ḥḏ sonderbarerweise mit sttr 2 gleichgesetzt.

Besonders eigentümlich ist die Situation in P. dem. Adler 21 und P. dem. Heid. 701, wo sich neben dieser Definition auch die übliche Gleichung ḥḏ = sttr 5 finden.

Wenn wir nun annehmen, daß in diesen beiden Papyri sttr in beiden Gleichungen konstant ist, ergibt sich die Frage, wie man diese beiden unterschiedlichen Größen des ḥḏ auseinanderhalten konnte. Wenn wir weiter annehmen, daß ḥḏ = sttr 5 = 20 Rechendrachmen und ḥḏ = sttr 2 = 8 Rechendrachmen, dann ergibt sich zudem die Eigentümlichkeit, daß die Einheit zu 8 Rechendrachmen überhaupt nicht zu den Nominalen nach 130/28 paßt. Nach 130/27 gilt das kleinste Nominal 5 Rechendrachmen und das nächstgrößere 10 Rechendrachmen (vgl. S. 96 und 5).

Die Heiratsverträge stammen, wie gesagt, alle drei vom Notar Peteharsemtheus, dessen Verträge sich durch besonders große Fehlerhaftigkeit auszeichnen (vgl. K.-Th. Zauzich, Die ägyptische Schreibertradition in Aufbau, Sprache und Schrift der demotischen Kaufverträge aus ptolemäischer Zeit [Ägyptol. Abhandl. 19], Wiesbaden 1968, Anm. 486-496 und 792-795). Es handelt sich also möglicherweise bei der in diesen Verträgen festgestellten Sonderbarkeit um eine Eigenheit des Schreibers, der man nicht allzu große Bedeutung beimessen darf.

Wenn man aber doch nach einer Erklärung für diese Erscheinung suchen will, könnte man vermuten, daß in den beiden Definitionen (ḥḏ = sttr 5 und ḥḏ = sttr 2) die Größe von ḥḏ konstant ist und die Größe von sttr variiert. Unter dieser Voraussetzung kommen in der Definition ḥḏ = sttr 5 einem sttr die traditionellen 4 Rechendrachmen zu, in der Definition ḥḏ = sttr 2 jedoch 10 Rechendrachmen.

Die zweite Definition könnte man wieder als Übertragung aus dem Silberstandard interpretieren. Denn nach 130/27 hätte man eine Tetradrachme in Silber (sttr) auch zu 10 Silberdrachmen (zu 120 Rechendrachmen) rechnen können (vgl. oben zu S. 23 ff. zur Ratio 1 : 300).

Der Frage, wie weit diese Gleichung verbreitet war und welche Bedeutung die konkurrierende Gleichung

ḥḏ = sttr 5 = 20 Rechendrachmen

hatte, kann hier nicht nachgegangen werden. Nach 130/27 schien in der Regel jedoch ḥḏ = sttr 5 zwanzig Rechendrachmen zu bedeuten. Offen bleibt die Frage, ob sich in dieser Zeit noch Belege für die Gleichung ḥḏ = sttr 5 = 100 Rechendrachmen finden lassen. Daß sie nicht ganz außer Übung kam, darauf schienen die oben S. 44 f. genannten griechischen Papyri aus Tebtunis zu deuten.[38]

Ferner nahmen wir an, daß es sich bei diesen beiden Rechenweisen um eine Übertragung zweier Begriffe der Silberdrachme auf die Rechnung in Rechendrachmen handelte. Als Drachme im Silberstandard galt einerseits die Bronzemünze, die die Bronzedrachme des 3. Jahrhunderts fortsetzte, also bis 183/2 die Münze zu 60 Rechendrachmen und ab 183/2 die Münze zu 120 Rechendrachmen. Daneben gab es als Recheneinheit die "echte" Silberdrachme, das Viertel des Silberstaters. Es schien, daß es in der ersten Hälfte des 2. Jahrhunderts das Schema gab, nach dem ein Stater 20 "einfachen" Silberdrachmen, also einem Deben, gleichgesetzt wurde.

Damit ergeben sich für die erste Hälfte des 2. Jahrhunderts folgende Schemata:

bis 183/2

Tetradrachme (Stater)	1					
ḥḏ (= 100 Rechendr.)	12	1				
Silberdrachme (netto ohne Agio)	20	1 2/3	1			
Obolos	24	2	1,2	1		
ḥḏ (= 20 Rechendr.)	60	5	3	2,5	1	
Rechendrachme	1.200	100	60	50	20	1

38 Wenn man als Möglichkeit akzeptiert, daß "ḥḏ = sttr 5" teilweise als 100 Rechendrachmen gerechnet werden konnte, teilweise jedoch als 20 Rechendrachmen, dann bleibt zu klären, wie man in den demotischen Texten die Gefahr einer Verwechslung dieser beiden Rechenweisen vermied. Nach unserer Hypothese wäre ḥḏ in der Rechnung mit Rechendrachmen in der Zeit nach 183/2 gleichzeitig als 1/24 (100 Rechendr.) und 1/120 (20 Rechendr.) der Tetradrachme aufgetreten. Daß ein solches Nebeneinander nicht unmöglich zu sein braucht, mag eine Parallele aus byzantinischer Zeit illustrieren. Im 6. Jahrhundert bezeichnet ein κεράτιον ein Vierundzwanzigstel des Solidus, ein κεράτιον λιτόν jedoch ein Hundertzwanzigstel (K. Maresch, Nomisma und Nomismatia, Köln 1994, S. 47).

nach 183/2

Tetradrachme (Stater)	1				
Silberdrachme (netto ohne Agio)	20	1			
ḥḏ (= 100 Rechendr.) = Obolos[39]	24	1,2	1		
ḥḏ (= 20 Rechendr.)	120	6	5	1	
Rechendrachme	2.400	120	100	20	1

Wichtig an diesem metrologischen Schema ist die Einheit des "Staterzwanzigstels", die Einheit der nominellen (einfachen) Silberdrachme. Sie beträgt netto (ohne Agio) bis 183/2 60 Rechendrachmen, nach 183/2 120 Rechendrachmen. Der Wert der einfachen Silberdrachme brutto richtet sich nach dem Marktpreis des Staters. Im Jahrzehnt nach 180 lag der Preis des Stater über 2.400 Rechendrachmen. Ein Staterzwanzigstel, das sich an diesem Marktpreis orientierte, kam also auf mehr als 120 Rechendrachmen. In der Zeit nach 155/4, als in Alexandria wieder Tetradrachmen geprägt wurden, lag aber der Staterpreis dauerhaft unter 2.400 Rechendrachmen, und in der Zeit nach 130/27, wo der Stater wieder zum normalen Zahlungsmittel geworden war und wir Staterpreise in größerer Zahl überliefert haben, bewegte sich der Preis des Stater zwischen etwa 2.000 und 1.500 Rechendrachmen. Diesen Schwankungen des Marktpreises entspräche als ein Staterzwanzigstel eine Silberdrachme im Wert von 100 bis 75 Rechendrachmen. Tatsächlich scheint man mit solchen Werten gerechnet zu haben. In dem griechischen Papyrus BGU XIV 2428 (1. Jhdt. v. Chr.) kostet die Tetradrachme 1.900 Rechendrachmen, die ἀργυρίου δραχμή hat den Wert von 95 Rechendrachmen,

---

39 In dem Darlehensvertrag P. Loeb 62 + P. dem. Berlin 15558 (Philadelphia, 175/4; K.-Th. Zauzich, Die Bestätigung einer Rekonstruktion [P Loeb 62 + P Berlin 15558], Festschrift zum 150jährigen Bestehen des Berliner ägyptischen Museums, Berlin 1974, S. 335-340) erhält Herieus von Pnepheros als Darlehen 70 ḥḏ in Bronze (*ḥḏ 70 ḥmt*; Z. 9), "zu je 24 1/2 (Obolen) auf 2 Kite, macht 350 Statere, macht 70 ḥḏ wiederum."

Die Drachmen im Silberstandard, die diesen Stateren zugrundelagen, müssen im Jahr 175/4 Hundertzwanziger gewesen sein. Auf eine Einheit dieser ḥḏ 70 in Bronze müssen 20 x 120 = 2.400 Rechendrachmen gekommen sein. Hinzu tritt nun als präzisierender Vermerk, daß 24 1/2 Obolen auf 2 Kite gerechnet werden sollen. Wir fassen die zwei Kite als eine Tetradrachme zu dem nominellen Wert von 2.400 Rechendrachmen auf. Wenn die Tetradrachme nicht zu 24 Obolen, sondern zu 24 1/2 Obolen zu rechnen ist, so beträgt offenbar der Wert der Tetradrachme (= ḥḏ) nicht 2.400 Rechendrachmen (= 24 Obolen), sondern 2.450 Rechendrachmen. Nach dieser Interpretation ergeben sich also als Wert des ḥḏ = Tetradrachme in diesem Darlehensvertrag vom Jahr 175/4 2.450 Rechendrachmen.

Mit diesem Wert der Tetradrachme läßt sich der vergleichen, den wir aus P. Tor. Amenothes 1 (171 v. Chr.) gewonnen haben: 2.500 Rechendrachmen (vgl. oben S. 44).

entspricht also genau einem Zwanzigstel von 1.900 Rechendr. (vgl. unten S. 82 ff.).

Wir vermuten also, daß der Wert der Silberdrachme brutto (inclusive Agio) sich am Marktpreis orientierte und entsprechend schwankte:

Staterpreis	Wert der Silberdr. als 1/20 der Tetradr.
2.000 Rechendr.	100 Rechendr.[40]
1.900 Rechendr.	95 Rechendr.
1.800 Rechendr.	90 Rechendr.
1.600 Rechendr.	80 Rechendr.
1.500 Rechendr.	75 Rechendr.

Spätestens in der Zeit nach 130/27 dürfte man dazu übergegangen sein, die Silberdrachme netto (ohne Agio, in den griechischen Papyri einfach als χαλκοῦ δραχμή [= Bronzedrachme im Silberstandard] bezeichnet) wieder mit 60 Rechendrachmen (statt 120 Rechendr.) zu rechnen (vgl. unten S. 85 ff.).

Addendum:
Ein Beispiel für die Gleichung ḥḏ 1 = 20 Rechendrachmen aus der Zeit vor 130/27

Die Papyri, die wir als eindeutige Belege für die Gleichung

ḥḏ 1 = 20 Rechendrachmen

angeführt haben (oben S. 39 f.), stammten alle aus der Zeit nach 130/27. An dieser Epochengrenze liegt P. Loeb 55 aus dem Jahr 128/7. Einen Beleg für die Zeit vor 130/27 bietet die Zahlungsschrift P. Mich. 4244/4a (= Lüddeckens Eheverträge Nr. 6 Z = Pestman, Marriage and Marriage Property, no. C 10a): 153 oder 142 v. Chr., Heliopolis im Faijum.[41]

Als Summe der Frauensachen gibt der Papyrus krkr 4 ḥḏ 50. Das sind, wenn man krkr 1 mit ḥḏ 300 gleichsetzt, ḥḏ 1.250. In dem Katalog der Frauensachen beläuft sich die

40 Vgl. P. Tebt. IV 1104, 2; P. Tebt. III 2, 832, 3 (oben S. 44 f.): 1 Dr. (χαλκοῦ δρ.) = 100 Rechendr.

41 Das Datum — es handelt sich um ein 28. Jahr — ist unvollständig erhalten. Erkennbar ist nur, daß nach Ptolemaios und Kleopatra, den Kindern des Ptolemaios und der Kleopatra datiert wird; die Titulatur ist verloren. Pestman, Chronologie, S. 53, setzt das 28. Jahr in die Zeit des Ptolemaios VI. (154/53 v. Chr.), Lüddeckens, Eheverträge, Anm. 709, in die des Ptolemaios VIII. (143/2 v. Chr.). Eine Datierung in das 28. Jahr des Ptolemaios XII. kommt nicht in Frage, da zu dieser Zeit nicht mehr nach Ptolemaios und Kleopatra gemeinsam, sondern nur mehr nach Ptolemaios allein datiert wird.

Summe der erhaltenen Angaben auf ḥḏ 1.190. In einem Fall ist die Wertangabe verloren. Es handelt sich um einen Ring, als dessen Wert man die noch fehlenden ḥḏ 60 ergänzen kann.

Diese Wertangabe ist besonders wertvoll, da sie mit einer Gewichtsangabe verbunden ist (Z. 7 f.):

hlḳ ḥt 1 ḳt 2 [swn.t=f ḥt 60 - - -]

Ring (aus) Silber, einen, (an Gewicht) Kite 2 [sein Wert: Hedsch 60]

Das Gewicht Kite 2 (= 4 Gewichtsdrachmen) wird geglichen mit ḥḏ 60 = 60 x 20 = 1.200 Rechendrachmen. Damit erhalten wir für das Staterviertel die Ratio 1 : 300, die wir sonst erst aus der Zeit nach 130/27 kennen, vorausgesetzt freilich, daß die Lesung ḳt 2[richtig ist und hier nicht etwa ḳt 1[steht. H.-J. Thissen, der so freundlich war, die Stelle anhand eines Photos zu kontrollieren, teilte mit, daß die Lesung ḳt 2[auf Grund einer Beschädigung am oberen Ende der Haste nicht sicher und ḳt 1[nicht auszuschließen ist. Wenn wir ḳt 1 lesen müssen, erhalten wir die Ratio 1 : 600.[42]

---

[42] Für die Zusendung des Photos danke ich L. Koenen und T. Gagos.

III. Papyrologische Beiträge zu einem Rekonstruktionsversuch der historischen Entwicklung

Im vorhergehenden Abschnitt wurde für die Zeit nach 223/2 versucht, die Bedeutung der Termini und das ihnen zugrundeliegende metrologische Schema zu rekonstruieren. In dem nun folgenden Teil soll die historische Entwicklung soweit als möglich zumindest in ihren Grundlinien dargestellt werden.

1. Das dritte Jahrhundert: Die Zeit des Silberstandards

Bei den Bronzemünzen den 3. Jahrhunderts läßt sich mehrfach eine Verringerung des Münzfußes feststellen. Nach W. Weiser galt bis 256 die Bronzemünze zu 30 Gewichtsdrachmen[1] als Bronzedrachme.[2] Im Jahr 256 wurde das Gewicht der Bronzedrachme von 30 Gewichtsdrachmen auf 20 Gewichtsdrachmen gesenkt. Die alte Bronzedrachme im Gewicht von 30 Dr. hatte ab nun den Wert von 1 1/2 neuen Bronzedrachmen. Auch die Teilwerte der alten Drachme liefen weiter um und wurden entsprechend aufgewertet.[3]

Eine zweite Reduktion des Münzfußes des Bronzegeldes fand 223/2 statt.[4] Auch nach dieser Standardveränderung blieb das alte Bronzegeld kursgütig und wurde in seinem Wert dem neuen Standard angepaßt, also wiederum aufgewertet.

Man könnte erwarten, daß diese Reduktionen des Münzfußes in den Papyri Spuren hinterlassen haben. Auch wenn von ihnen nirgends *expressis verbis* die Rede zu sein scheint, so gibt es doch Indizien, die auf diese Veränderungen weisen. Von ihnen sei im Folgenden die Rede.

---

[1] geprägt seit 266/5; 30 Gewichtsdrachmen = 106,8 g (1 Gewichtsdrachme = 3,56 g).

[2] Weiser, Katalog ptol. Bronzemünzen, S. 20 ff., 30.

[3] Weiser, Katalog ptol. Bronzemünzen, S. 40.

[4] Vgl. dazu unten S. 55.

a) Die Reduktion im Jahr 256

Durch den Wechsel vom ersten zum zweiten Standard verringerte sich das Gewicht der Bronzedrachme von 30 auf 20 Gewichtsdrachmen, also um ein Drittel.[5] Diese Veränderung läßt sich aus den Papyri nicht direkt belegen, es gibt aber einige Erscheinungen, die damit in Beziehung stehen könnten. Man könnte vermuten, daß diese Gewichtsreduktion zumindest vorübergehend eine Erhöhung der Preise bewirkt hat. Für die Zeit um 250 sind nun tatsächlich überdurchschnittlich hohe Weizenpreise überliefert (Preis pro Artabe):[6]

256	P. Mich. Zen. 28, 11	2,85 Dr.[7]
ca. 250?	P. Lond. VII 1996, 41	3 Dr.
ca. 249	P. Lond. VII 2002, 28 f.	2,85 Dr.
Mitte 3. Jh.	P. Sorb. 33, 15 f.	3 Dr.

Daneben finden sich aber auch Getreidepreise in der üblichen Höhe:

256?	SB XIV 11659, 4 (= P. Cair. Zen. IV 59666)	1 Dr. 1 Ob.
254	P. Cair. Zen. III 59499, 5	1,5 Dr.
	Z. 7	1,33 Dr.
254	P. Lond. VII 1974, 38	1 Dr. 1 Ob.
250	P. Col. Zen. I 54, 16	1,33 Dr.
Mitte 3. Jh.	P. Petrie III 47 (a) 3	1,5 Dr.
Mitte 3. Jh.	P. Cair. Zen. IV 59698, 5	1,5 Dr.

Die Situation ist also nicht eindeutig. Da die alten Münzen weiter verwendet, aber neu bewertet wurden, mußte der Lohnempfänger bei der Umstellung auf den neuen Standard bei nominell gleichbleibendem Lohn den Eindruck haben, daß sein Lohn um ein Drittel schrumpfte. Die Reduktion mag bei Lohnempfängern nicht populär gewesen sein.[8]

---

[5] Die Reduktion steht in zeitlichem Zusammenhang mit dem Zweiten Syrischen Krieg, der bereits 258/7 im Gange war (nach einem demotischen Ostrakon befindet sich Ptolemaios zu dieser Zeit in Daphnae; vgl. J. K. Winnicki, Der Zweite Syrische Krieg, Journ. Jur. Pap. 21, 1991, 87-104). Der Krieg ist vor dem Juli 253 beendet worden (W. Clarysse, A Royal Visit to Memphis and the End of the Second Syrian War, Studia Hell. 24, 1980, 85-89.

[6] Die Weizenpreise des 3. Jahrhunderts sind unten S. 181 zusammengestellt.

[7] εἰϲ ζ (sc. ἀρτάβαϲ) τοῦ χρυϲοῦ (ein χρυϲοῦϲ = 20 Dr.; vgl. unten S. 107).

[8] Vielleicht ist es mehr als ein zufälliges Zusammentreffen, daß offenbar im Jahr 254/3 die Salzsteuer ermäßigt wurde. Diese Steuer ist im 3. Jahrhundert die wichtigste Steuer, die in Geld zu bezahlen war. Sie betraf fast die gesamte Bevölkerung. Ab 254/3 hatten Männer in der Regel 1 Dr. zu zahlen statt bisher 1,5 Drachmen und Frauen 3 Ob. statt bisher 1 Dr. Wenn die Standardreduktion für die Bevölkerung zumindest kurzfristig eine Belastung

Wahrscheinlich darf man eine eigenartige Erscheinung in P. Lond. VII 1963 mit dieser Standardreduktion in Verbindung bringen. Der Papyrus ist auf den Daisios des 30. Jahres des Ptolemaios II. datiert. Da ein makedonischer Monatsname im Datum verwendet wird, mag das makedonische Jahr oder, was hier auf dasselbe hinausliefe, das Finanzjahr gemeint sein. Damit wäre der Papyrus nach den Tafeln bei P. W. Pestman[9] in die Zeit zwischen 20. Juli und 18. August 256 zu datieren. Wenn man das ägyptische Jahr zugrundelegte, käme man auf die Zeit zwischen 9. Juli und 7. August 255.

Es handelt sich bei diesem Papyrus um eine Quittung des Panakestor, des Vorgängers des Zenon in der Verwaltung der Dorea des Dioiketes Apollonios. Panakestor quittiert für den Monat Daisios des 30. Jahres den Empfang von 300 Drachmen Gehalt (ὀψώνιον) κατὰ τὸ παρὰ Ἀπολλωνίου ϲύμβολον. Ausgestellt ist die Quittung in Form einer Doppelurkunde παρὰ Ποϲειδωνίου τοῦ ἐμ Μέμφει τραπεζίτου (Z. 7 f. = 18-20). Sonderbar an dieser Quittung ist, daß in der Innenschrift die Summe mit (δρ.) τ (300 Dr.) angegeben ist (Z. 12), in der Außenschrift jedoch mit δραχμὰϲ διακοϲίαϲ (200 Dr., Z. 26). Nach der Anmerkung des Herausgebers zu Z. 26 scheint διακοϲίαϲ von Panakestor selbst geschrieben zu sein, ebenso das unmittelbar darauf folgende ὁ̣μ̣ο̣λ̣ογεῖ Πανακέϲτωρ ἔχειν κατὰ τὸ ϲύμβολον τοῦτο (Z. 27-29). Möglicherweise sind die Buchstaben δι von διακοϲίαϲ nachträglich über τ (= 300) geschrieben. Es scheint also, daß Panakestor das ausgehändigte Geld nicht als 300 Drachmen, sondern nur als 200 Drachmen akzeptierte. Die strittige Differenz beträgt ein Drittel und es liegt nahe, diese Diskrepanz mit der Umwertung des Bronzegeldes, die zu dieser Zeit stattgefunden haben muß, in Zusammenhang zu bringen. Da der Wert der Bronzemünzen um ein Drittel heraufgesetzt wurde, entsprechen tatsächlich 300 neue Bronzemünzen 200 alten. Wahrscheinlich rechnete der Bankier bereits in neuen Bronzedrachmen, während Panakestor noch nach dem Standard der alten bezahlt werden wollte, bzw. eine Erhöhung seines ὀψώνιον verlangte, die die Reduktion des Standards wettgemacht hätte. Vielleicht war er auch nur verärgert, daß sein Gehalt nicht in Silber ausgezahlt wurde.

---

dargestellt hätte, könnte man vermuten, daß die Ermäßigung der Salzsteuer von seiten der Regierung als ein positives Signal gedacht war (vgl. J. C. Shelton, ZPE 20, 1976, 35-39 und zuletzt P. Brook. 32, S. 55 ff.; P. L. Bat. XXVI 42, S. 35 ff.).

[9] P. W. Pestman, A Guide to the Zenon Archive, P. L. Bat. XXI A, Leiden 1981, S. 229-31.

Wenn diese Erklärung richtig ist, dann liefert P. Lond. VII 1963 einen *Terminus ante quem* für die Währungsreform und man kann annehmen, daß die Reform im Jahr 256 stattfand.

Auch wenn die Reduktion von 256 vorübergehend Unmut verursacht haben sollte, so hat sie doch zumindest langfristig keine Erhöhung des Preisniveaus bewirkt. Der Grund liegt darin, daß weiterhin gewährleistet war, daß vier Bronzedrachmen (plus ἀλλαγή) in eine Silbertetradrachme eingewechselt werden konnten.

b) Die Reduktion im Jahr 223/2

Die Münzen zeigen, daß diese Reduktion des Münzfußes noch unter Ptolemaios III. durchgeführt wurde. Das Gewicht der Bronzedrachme sank nun von 20 auf 18 oder vielleicht sogar 15 Gewichtsdrachmen.[10]

Auch für diese Reduktion gibt es kein direktes Zeugnis in den Papyri, aber SB XVIII 14013[11], eine Übereinkunft zur Tilgung einer Schuld, scheint sie bereits vorauszusetzen. Der Papyrus stammt vom 30. Apellaios des 25. Jahres des Ptolemaios III. Die Datierung ist durch die ausführliche Datumsformel gesichert. Nach den Tabellen bei Pestman entspricht dieses Datum bei Zugrundelegung des makedonischen und ägyptischen Jahres dem 21. Pharmuthi bzw. **5. Juni 222**.

Ungewöhnlich an dieser Übereinkunft ist eine sehr ausführliche Passage über die Beschaffenheit des Geldes, mit der die Rückzahlung des Darlehens erfolgen soll. Leider ist diese Partie nur teilweise erhalten, aber der Umstand, daß so minutiöse Vereinbarungen getroffen werden, spricht bereits für einen vorausgegangenen Wechsel in den Währungsverhältnissen. Die Rückgabe eines Darlehens soll erfolgen πρὸϲ τὸν ἀρχαῖον νομιϲ[θέντα ϲταθμὸν (Z. 14 f.). Wenn nicht in Silber zurückgezahlt wird, sondern in Bronze, dann soll der Wert (τιμή) des Silbergeldes [?πρὸϲ χαλκοὺϲ ⟦ ̣] ̣ ̣ ̣ ̣ ̣⟧ ἀρχαίουϲ (Z. 16) berechnet werden, also wohl im alten Standard des Bronzegeldes. Schließlich wird noch der Wert des Silbergeldes (Stater) definiert, und zwar

---

[10] W. Weiser vermutet in seinem Katalog ptolemäischer Bronzemünzen, S. 58, daß die in dieser Zeit ausgegebene Münze von 15 Gewichtsdr. als Fünfziger einzustufen sei, was als Standard für die Drachme (den Sechziger) 18 Gewichtsdrachmen ergäbe. Falls diese Münze jedoch als neue Drachme zu interpretieren wäre, wäre das Gewicht der Drachme von 20 auf 15 Gewichtsdrachmen herabgesetzt worden. Die kleineren Nominale waren jedoch auf jeden Fall schwerer und folgten nicht einem 15 Drachmen-Standard.

[11] Zu diesem Papyrus siehe ausführlicher unten S. 70.

doppelt, einmal offenbar durch einen Betrag in Bronzedrachmen, der aber in einer Lücke des Papyrus verloren ist, und alternativ dazu durch die Festlegung, daß auch der Preis des Staters beim Bankier von Krokodilopolis bei der Rückzahlung in Bronze statt Silber maßgeblich sein kann.

Wenn die Ergänzung richtig ist und hier tatsächlich auf ἀρχαῖοι [χαλκοί] Bezug genommen wird, dann müssen damit die Bronzedrachmen vor der zweiten Reduktion gemeint sein. Wenn es auch durch den schlechten Erhaltungszustand des Papyrus nicht ganz sicher ist, daß hier wirklich auf die Reduktion des Bronzestandards angespielt wird, so geht aus dem Papyrus doch deutlich hervor, daß zur Zeit seiner Abfassung der Preis des Silbergeldes bereits gestiegen war.

Der Umstand, daß es hier notwendig wird, den Stater zu definieren, wobei alternativ auch auf den zum Zeitpunkt der Rückzahlung geltenden Marktpreis Bezug genommen wird, zeigt, daß in dieser Zeit Stater und Drachme nicht mehr in festem Wechselkurs zueinander stehen. So ist dieser Papyrus gleichzeitig auch unser frühestes Zeugnis für die Verteuerung der Tetradrachme und die sogenannte Inflation unter Philopator. Diese Teuerung zeigt sich in den Papyri in höheren Getreidepreisen und höheren Strafpreisen für Getreide.[12] Außerdem besitzen wir ab 215/4 Belege eines verdoppelten ἐπίτιμον bei Pachtverträgen.[13]

Der Grund für diese Verteuerung liegt wohl darin, daß wahrscheinlich im Jahr 223/2 der Wert des Silberstaters von vier auf acht Drachmen hinaufgesetzt wurde. Indizien, die in diese Richtung weisen, sind unten S. **73** ff. gesammelt.[14]

Die Aufwertung des Silbergeldes ist eine Folge der Verknappung des Silbergeldes, die wir in den Papyri vor allem daran erkennen, daß nun keine Zahlungen in Silbergeld mehr vorkommen. So finden sich in dem großen Vertragsregister P. Tebt. III 1, 815 vom Jahr 223/2[15] nur mehr Summen in Bronzegeld. Die Verknappung des Silbergeldes wirkte sich dahingehend aus, daß in der Folge nicht mehr gewährleistet war, daß die Tetradrachme in Silber

---

[12] T. Reekmans, Studia Hell. 7, 1951, 61. Vgl. auch E. Lanciers, Ägyptisches Brot (k'k') in UPZ I 149 und die wirtschaftliche Lage zur Zeit Ptolemaios' IV. Philopator, ZPE 82, 1990, 89-92.

[13] Vgl. die Listen S. 199.

[14] T. Reekmans, Studia Hell. 7, 1951, 67, vermutete, daß unter Ptolemaios IV. in der Zeit zwischen 221 und 216 der Wert des Bronzegeldes verdoppelt wurde.

[15] Zur Datierung s. F. Uebel, Kleruchen, S. 125, Anm. 1.

(cτατήρ) gegen einen festen, immer gleichbleibenden Betrag in Bronzedrachmen eingetauscht werden konnte. Die Tetradrachme unterlag ab nun einem Kaufpreis (τιμή), der schwankte. Wie weit diese Entwicklung ging, zeigt ein Papyrus, der wahrscheinlich aus der Zeit des Philopator stammt: UPZ I 149. In Zeile 32 liest man dort:

ἀργυρ⟨ί⟩ου στατῆραν (γίν.) ις (πεντώβ.) (ἡμιωβ.).[16]

Zur Zeit der Abfassung dieses Papyrus hatte man also 16 Bronzedrachmen und 5,5 Obolen für einen Stater zu bezahlen.

Diese zu Ende des 3. Jahrhunderts feststellbare Teuerung betrifft jedoch offenbar nur die Preise, die auf den Silberstandard bezogen blieben. In ihnen drückt sich die Verteuerung des Silbergeldes mehr oder weniger aus. Das Phänomen der Teuerung verschwindet in den Papyri, sobald man vom Wert des Silbergeldes absieht und das Bronzegeld zum alleinigen Maßstab macht.

[16] Zur Datierung s. F. Heichelheim, Wirtschaftl. Schwankungen, S. 22; Reekmans, Studia Hell. 7, 1951, 63, n. 1.

2. Die Bronzewährung von 223/2 - 30 v. Chr.

a) Die Zeit von 223/2 bis 168

Im ausgehenden dritten Jahrhundert werden auf eine Bronzedrachme im Silberstandard 60 Rechendrachmen gerechnet,[1] wobei jedoch dieses Verhältnis nicht dem tatsächlichen Gewichtsverhältnis zwischen Silber- und Bronzegeld entspricht: das Gewicht der "Silberdrachme" (geprägt in Bronze) sinkt von ursprünglich 30 Gewichtsdrachmen Bronze auf 20 Gewichtsdrachmen (ab 256 v. Chr.) und befindet sich zu Ende des Jahrhunderts bei 15 Gewichtsdrachmen.[2] Die ptolemäische Bronzewährung ist von Anfang an als Binnenwährung konzipiert und leichter, als es dem tatsächlichen Wertverhältnis der Metalle Silber und Bronze entsprach. Bis 223/2 scheint dennoch die Relation zwischen Bronzedrachme im Silberstandard und Stater gleichgeblieben sein: vier Bronzedrachmen und ein geringes Agio von etwa 10% ergeben den Wert des Stater.

Im Jahr 223/2 scheint der Preis des Stater gestiegen zu sein. Wahrscheinlich wurde bereits zu diesem Zeitpunkt der Preis des Stater von vier auf acht Drachmen angehoben (s. unten S. 73 ff.). Das früheste Indiz für die Verteuerung des Staters bot SB XVIII 14013 (5. Juni 222), ein weiteres die seit 216/5 zu beobachtende Verdoppelung der Strafpreise für Weizen[3] und die seit 215/4 belegbare Erhöhung des ἐπίτιμον in Pachtverträgen.[4] Wenn man aus den Angaben in P. Köln VI 269 (26. Juni 214 oder 25. Juni 213) Rückschlüsse auf den Wert des Stater ziehen darf, dann hätte sich zu diesem Zeitpunkt der Wert des Stater bereits verfünffacht.[5] Einen Beleg für die Vervierfachung des Preises des Stater bietet die bereits erwähnte, leider nicht genau zu datierende Abrechnung UPZ I 149, 32 (1 Stater = 16 Dr. 5,5 Ob.). Mit der Verteuerung des Staters war das Währungssystem, wie es von Ptole-

---

[1] Vgl. oben S. 22.

[2] Vgl. Weiser, Katalog ptol. Bronzemünzen, S. 64.

[3] Siehe S. 184. In den Jahren vor 216/5 sind keine Weizenpreise überliefert. Es könnte also eine Preiserhöhung auch schon früher eingetreten sein. Vgl. unten S. 74 f. zu P. Hib. I 90.

[4] Siehe unten S. 199.

[5] Diesem Papyrus ist möglicherweise zu entnehmen, daß der Stater zu 1.200 Rechendrachmen (20 Silberdr. zu 60 Rechendrachmen) gerechnet wurde (s. S. 72 f.).

maios II. konzipiert worden war, unter dem vierten Ptolemäer zusammengebrochen.

Bis zum Ende der Ptolemäerzeit sollte nun der Stater nicht mehr in ein starres Verhältnis zum Bronzegeld treten. Das Bronzegeld steht zwar auch in der Folge in einem theoretischen Wertverhältnis zum Stater, in der Praxis mußte aber der Stater gekauft werden und der Kaufpreis unterlag Schwankungen, wie die in den Papyri erhaltenen Preisangaben zeigen. So gibt es seit dem ausgehenden 3. Jahrhundert in Ägypten zwei Währungen nebeneinander, die Bronzewährung und die Silberwährung.

Der Zusammenbruch der Silberwährung brachte es mit sich, daß man nun anfing, in Rechendrachmen zu rechnen. Die in ihrem Verhältnis zum Bronzegeld nicht mehr starr festgelegte Silberdrachme war im täglichen Leben ein problematischer Bezugspunkt geworden.

Es sei hier noch einmal auf das bereits S. 57 erwähnte Phänomen zurückgekommen, daß wir in der Regierungszeit des Ptolemaios IV. Hinweise auf eine Teuerung besitzen, daß aber später entsprechend hohe Preise in den Papyri nicht mehr nachzuweisen sind und das Preisniveau offenbar wieder auf die Zeit vor dieser Teuerung zurückkehrte. Es scheint, daß sich die Verteuerung des Silbergeldes anfangs noch in den auf Bronzegeld bezogenen Preisen ausdrückte, die Teuerung aber schwand, sobald man vom Wert des Silbergeldes ganz absah und das Bronzegeld zum alleinigen Maßstab machte. Scheinbar hat sich die Bronzewährung nicht sofort vollständig von der Silberwährung gelöst.

Wahrscheinlich hat man im Jahr 223/2 festgesetzt, daß nun auf einen Stater acht, statt bisher vier Bronzedrachmen im Silberstandard zu rechnen seien, später dann 16 statt acht (vgl. unten S. 73 ff.). Oben sahen wir, daß im 2. und 1. Jahrhundert der Terminus Silberdrachme zweifache Bedeutung hatte und im metrologischen Schema sowohl das Staterviertel als auch das Staterzwanzigstel bedeuten konnte. Diese Spaltung des Begriffs scheint nach 223/2 nicht sofort eingetreten zu sein. Wohl sprach man zuerst offenbar von acht neuen Silberdrachmen bzw. vier alten, wenn man einen Stater meinte, aber so etwas wie Staterviertel als eigene Recheneinheit hat es ursprünglich wohl nicht gegeben. So erklärt sich offenbar der äußerst geringe Preis für das Mnaiaion in BGU VII 1532 (s. unten S. 103), der sich wohl dadurch ergab, daß man nach der Verteuerung des Staters von vier auf acht Silberdrachmen die Goldmünze zu acht Gewichtsdrachmen Gold nicht mehr als ein

Mnaiaion (100 Drachmen im Silberstandard) gerechnet hat, sondern als zwei Mnaiaia (200 neue Dr.) und später möglicherweise als vier (400 Dr.), als der Stater statt acht bereits 16 Silberdrachmen wert war.

Irgendwann nach 223/2 hat man dann jedoch die Bronzewährung von der Silberwährung gelöst und den Terminus Drachme im Silberstandard gespalten. Nun bestand der Stater wieder aus vier Silberdrachmen (Staterviertеln) und die acht Gewichtsdrachmen Gold wurden wieder als Mnaiaion (= 100 Silberdrachmen [Staterviertel] = 25 Statere) bezeichnet. Als einfache (nominelle) Drachme im Silberstandard galt aber in der Bronzewährung weiterhin die Bronzemünze zu 60 Rechendrachmen. Diese einfache Silberdrachme zu 60 Rechendrachmen war nun von der echten Silberdrachme (Staterviertel) zu scheiden.

Wenn diese Spaltung des Terminus Drachme in die nominelle Silberdrachme und das Staterviertel erst einige Zeit nach der Verteuerung des Staters eingetreten ist, dann erklärt das auch die Verzögerung, mit der der allgemeine Übergang zur Rechnung in Rechendrachmen erfolgt ist. Die Verwirrung, die dadurch eintreten mußte, daß man nun zwischen nomineller Silberdrachme und echter Silberdrachme (Staterviertel) unterscheiden mußte, macht es verständlich, daß man jetzt allgemein geneigt war, das Rechenwesen auf eine neue Grundlage zu stellen, auf die Rechnung mit Rechendrachmen.

Die Zeit von 223/2 bis 168 ist die turbulenteste der ptolemäischen Geldgeschichte und die Entwicklung der Währung ist aus den Papyri nur sehr mangelhaft zu erkennen. W. Weiser hat versucht, die Entwicklung der Bronzewährung dieser Zeit zu rekonstruieren.[6] Er entwirft folgendes Bild. Der Standard des Bronzegeldes verfiel zu Ende des 2. Jahrhunderts rasch. Der Sechziger war ab 223/2 möglicherweise nur noch 15 Gewichtsdrachmen (Gdr.) schwer,[7] ab ca. 202 10 Gdr., ab ca. 197 nur noch 7,5 Gdr. In der Zeit von etwa 193 bis 183/2 lag das Gewicht des Sechzigers dann wieder bei 10 Gdr.

---

6 Wie bereits oben dargelegt, wird W. Weiser die Entwicklung der ptolemäischen Bronzewährung in Kürze in einer umfangreichen Monographie unter numismatischem Gesichtpunkt darstellen, hier sei vorerst nur auf seinen Katalog ptol. Bronzemünzen, S. 58-76, verwiesen.

7 Vgl. oben S. 55. Die kleinen Nominale scheinen weiter dem 20-Drachmen-Standard gefolgt zu sein. Etwa 204 wurden dann alle Bronzemünzen auf den 15-Drachmen-Standard umgestellt.

Eine radikale Veränderung in der Bronzewährung fand 183/2 statt. Ihr folgte, wie sich aus den Papyri feststellen läßt, ein starker Anstieg der Preise und Löhne. Damals wurde der Standard der Münzen zwar angehoben, der Wert der Nominale jedoch verdoppelt. Der Sechziger wurde zum Hundertzwanziger und wog 13 1/3 Gewichtsdrachmen.[8] Damals muß sich der Richtpreis für den Stater, der bisher 20 x 60 = 1.200 Rechendrachmen betrug, auf 20 x 120 = 2.400 Rechendrachmen erhöht haben.[9] Das Gewicht des Hundertzwanziger sank in der Folge rasch von 13 1/3 Gewichtsdrachmen auf 7,5 Gewichtsdr. Unter der Vormundschaft des Eulaios (176-170) scheint dann die Münze von 7,5 Gdr. wieder als Sechziger zu figurieren.[10]

Zur leichteren Orientierung sei hier eine Tabelle eingeschoben, an der die Entwicklung des Wertes des Bronzegeldes, wie sie W. Weiser rekonstruiert hat, abzulesen ist:

vor 183/2	10 Gewichtsdr. Bronze = 60 Rechendr.
183/2	13 1/3 Gewichtsdr. Bronze = 120 Rechendr., danach Verfall des Standards auf 7,5 Gdr. = 120 Rechendr.
um 176 – 170	7,5 Gewichtsdr. Bronze = 60 Rechendr.
168 – 130/27	7,5 Gewichtsdr. Bronze = 60 Rechendr.
ab 130/27	7,5 Gewichtsdr. Bronze = 120 Rechendr.

Genau datierbare Hinweise auf den Preis des Stater sind aus dieser Epoche kaum vorhanden. Oben wurde vermutet, daß sich in dieser Zeit ein metrologisches Schema etablierte, das die Größenordnung vermittelt, in der sich der Staterpreis bewegte. Bis 183/2 orientierte sich wahrscheinlich der Preis des Staters an 20 x 60 = 1.200 Rechendr.,[11] nach 183/2 an 20 x 120 = 2.400 Rechendr.[12]

Einen Anhaltspunkt für den Staterpreis der Zeit nach 183/2 bietet P. Tor. Amenothes 1 (171 v. Chr.), der oben (S. 43 f.) behandelt wurde. In diesem

---

[8] Weiser, Katalog ptol. Bronzemünzen, S. 76-85.

[9] Vgl. dazu oben S. 48 f.

[10] Weiser, Katalog ptol. Bronzemünzen, S. 86-93.

[11] Vgl. S. 37 f., 48 f.

[12] Wahrscheinlich lag der Preis des Staters in der Zeit des Standardverfalls nach 183 kurzfristig auch bedeutend über 2.400 Rechendrachmen (vgl. oben S. 31, Anm. 30, zu P. Lond. II 222, p. 7).

Papyrus scheint die Gleichung

1 Stater = ḥḏ 25 = 2.500 Rechendr.

zu gelten.[13]

In der Zeit nach 183/2 stiegen die Preise und Löhne (ausgedrückt in Rechendrachmen) auf Grund der Standardänderung beim Bronzegeld stark. In der Folge kam es zu einem weiteren Preisschub, wobei jedoch die Papyri bis jetzt nicht erkennen lassen, wann er eingetreten ist. T. Reekmans hat eine zweite Verdoppelung der Preise und Löhne in das Jahr 173 v. Chr. datiert. Die Münzen lassen jedoch zu diesem Zeitpunkt keine Veränderungen erkennen, die einen solchen Preisschub hätten auslösen können. Reekmans Datierung stützt sich auf einen einzigen, recht zweifelhaften Beleg, den Heiratsvertrag P. Gießen I 2 (= Scholl, Corpus der ptol. Sklaventexte I 55; 17. Mesore des 8. Jahres = 16. Sept. 173). In diesem Heiratsvertrag umfaßt die Mitgift 95 Talente und eine Sklavin mit Kind im Säuglingsalter. In Zusammenhang mit dieser Sklavin wird ein Betrag von 5 Talenten genannt, ohne daß deutlich wird, was damit gemeint ist. Vermutlich handelt es sich dabei um den Schätzwert der Sklavin.[14] T. Reekmans faßte die fünf Talente als peculium auf und meinte, daß es sich bei Mitgift und peculium nur um einen "inflated amount" handeln könne, der Papyrus also die Münzreform, die er in dieser Zeit erwartete, bereits voraussetze.[15] Nun kann freilich die Höhe einer Mitgift beträchtlich variieren, so daß daraus kaum auf eine Währungsreform geschlossen werden kann, und bei den fünf Talenten scheint es sich eher um die Wertangabe der Sklavin als um das peculium zu handeln, wobei der Schätzwert eher niedrig angesetzt zu sein scheint.[16] P. Gießen 2 ist also

---

[13] Vgl. auch den Staterpreis von 2.450 Rechendrachmen, den wir aus P. Loeb 62 + P. dem. Berlin 15558 (175/4 v. Chr.) erschlossen haben (s. oben S. 49, Anm. 39).

Wenn wir den Sechziger in dieser Zeit mit 7,5 Gewichtsdr. ansetzen, dann entsprechen einem Stater zum Preis von 2.400 Rechendr. 300 Gewichtsdr., auf das "Staterviertel" kommen also 75 Gewichtsdr. Das seit pharaonischer Zeit geltende Wertverhältnis zwischen Silber und Bronze von 1 : 60 scheint dieser Staterpreis etwas zu überschreiten. Da aber die Bronzemünzen immer etwas leichter ausgeprägt wurden, als es ihrem in der Theorie gültigen Standard entsprochen hätte, ist anzunehmen, daß mit diesem Staterpreis das Gewichtsverhältnis von 1: 60 intendiert war (vgl. dazu die in Kürze erscheinende Monographie von W. Weiser).

[14] Zu dieser Auffassung neigt R. Scholl in seinem Kommentar, S. 225 f.

[15] Studia Hell. 5, 1948, 25.

[16] Vgl. die Tabelle der Sklavenpreise bei Scholl, Corpus der ptol. Sklaventexte I, S. 213. Das peculium ist in ptolemäischen Papyri bisher nicht belegbar.

wohl kaum als Terminus ante quem eines weiteren Preisschubs zu verwenden.

Ein Preisschub mag etwas später im Zusammenhang mit den Wirren um Antiochos IV. Epiphanes (170/69-68) eingetreten sein. Die Papyri zeigen, daß zumindest nach 168 das Preisniveau bedeutend höher war als nach 183/2.[17]

b) Die Zeit von 168 bis 130/27

Das Auftreten des Antiochos in Ägypten blieb eine Episode, die durch das Eingreifen der Römer 168 beendet wurde. Sein Versuch, eine neue Währung zu schaffen, scheiterte. Scheinbar stellte man 168 wieder die Verhältnisse her, wie sie unter Eulaios geherrscht hatten. Der Sechziger war nun also wieder 7,5 Gdr. schwer, der Einhundertzwanziger 15 Gdr.[18]

Wie in dieser Zeit die nominelle Silberdrachme (Bronzedrachme im Silberstandard) definiert wurde, ist nicht sicher zu bestimmen. Nach 183/2 schien man die nominelle Silberdrachme als ein Zwanzigstel des Staters (zu netto 2.400 Rechendr.) mit 120 Rechendrachmen gerechnet zu haben. Nach 130/27 betrug der Preis des Staters in der Theorie 1.200 Rechendrachmen, in der Praxis lag er darüber. Die Silberdrachme als ein Zwanzigstel des Staters kam damit nach 130/27 netto auf 60 Rechendrachmen.[19] In der Epoche von 168 bis 130/27 ist der Preis des Staters durch die neu einsetzende Silberprägung gesunken. Der alte Richtpreis von 2.400 Rechendrachmen wurde offenbar dauerhaft unterschritten.[20] Vielleicht hat man bereits in dieser Zeit den Sechziger als Bronzedr. im Silberstandard bezeichnet.

Ein Indiz für diese Vermutung kann man aus den auf Papyrus überlieferten Landpreisen gewinnen. Die Geldbeträge lauten hier auf χαλκοῦ δραχμαί, womit Bronzedrachmen im Silberstandard gemeint sind. In der Zeit nach

---

[17] Antiochos sah für sein Ägypten einschließendes Großreich eine neue Bronzewährung vor, in der die Bronzemünze zu 25 Gdr. wahrscheinlich als "echte" Silberdrachme (Staterviertel) gedacht war (Weiser, Katalog ptol. Bronzemünzen, S. 94). W. Weiser vermutet, daß sie 600 Rechendrachmen galt und so den schon vorher vorauszusetzenden Staterpreis von 2.400 Rechendrachmen fortsetzte. Unter dieser Annahme wären die umlaufenden ägyptischen Nominale ihrem Wert nach etwa verdreifacht worden (die Bronzemünze von 7,5 Gdr. wäre möglicherweise aus einem Sechziger zu einem Hundertachtziger geworden).

[18] Weiser, Katalog ptol. Bronzemünzen, S. 99.

[19] Vgl. unten S. 85 ff.

[20] Was aber nicht daran hinderte, diesen Richtpreis von 2.400 Dr. bei der Formulierung der Fiskalmult beizubehalten (s. oben S. 25-27).

130/27, in der die größere Teil unserer Immobilienpreise überliefert ist, scheint damit der Sechziger gemeint sein (vgl. unten S. 85 ff.). Da die nach 130/27 überlieferten Landpreise nicht höher zu sein scheinen als die vor 130/27, könnte man vermuten, daß auch schon vor 130/27 der Sechziger als χαλκοῦ δραχμή bezeichnet wurde.[21] Möglicherweise konnte man aber in dieser Zeit des Übergangs zwischen 168 und 130/27 sowohl noch den Hundertzwanziger als auch bereits wieder den Sechziger als Bronzedrachme im Silberstandard bezeichnen.

Ein Hinweis auf die Bronzedrachme im Silberstandard könnte in dem Papyrus UPZ I 77 verborgen zu sein, der Aufzeichnungen von Träumen enthält, die Ptolemaios, κάτοχος im Serapeum von Memphis, niedergeschrieben hat. Die Traumaufzeichnung vom 14. Juni 161 lautet folgendermaßen (Col. II 1-17):

Πτολεμαίου
ἐνύπνειον
Παχὼν ιε.
παρέcτηcάν
μοι δύο ἄνθρωποι
λέγοντες πρὸc ἐμέ·
"Πτολεμαῖοc,
λαβὲ τοὺ̣c̣ χαλκοὺc
τοῦ αἵματοc." ἀρει-
θμοῦcεί μοι χαλκοὺc (δραχμιαίουc) ρ
καὶ Ταγῆτει τῇ δυδί-
μῃ χαλκοὺc cτατηρει-
ήουc μαρc̣ε̣ίπειον
πλῆρηc. λέγουcει αὐτῇ·
"εἰδοῦ, τοὺc χαλκοὺc τοῦ
αἵματοc." ἔλεγον αὐτοῖc·
"πλήω μου ἔχει χαλκούc."

10 Oder χαλκούc, (δραχμὰc) ρ, 12 f. cτατηριείουc 13 μαρcίπιον 14 πλῆρεc

[21] Vgl. auch oben (S. 31) die ἐπίτιμα in Pachtverträgen der Jahre 172 bis 170, denen man — allerdings nur mit großer Vorsicht — entnehmen könnte, daß auch schon in dieser Zeit die Bronzedr. im Silberstandard zu 60 Rechenbronzedr. gerechnet werden konnte.

Der Traum des Ptolemaios vom 15. Pachon.
Zwei Männer traten an mich heran und sagten mir: "Ptolemaios, nimm das Bronzegeld für das Blut!" Sie zählen mir 100 Bronzedrachmen [χαλκοὶ (δραχμιαῖοι)] *hin und meiner Zwillingsschwester Thauês bronzene Vierdrachmenstücke* (?, χαλκοὶ ϲτατηριεῖοι), *einen Beutel voll. Sie sagen ihr: "Siehe, das Bronzegeld für das Blut!" Ich sprach zu ihnen: "Sie hat mehr Bronzegeld als ich."*

Die Traumerzählung wirkt unvollständig, sie ist aber vollständig erhalten; auf dem Papyrus beginnt mit Z. 18 bereits der nächste Traum. Was mit den χαλκοὶ τοῦ αἵματοϲ genau gemeint ist, bleibt unklar, ist aber für unseren Zusammenhang nicht wesentlich. Ptolemaios erhält 100 Bronzedrachmen, χαλκοὶ (δραχμιαῖοι).[22] Wieviel Geld die Zwillingsschwester bekommen hat, wird nicht gesagt. Man erfährt nur, daß es sich um einen Beutel mit χαλκοὶ ϲτατηριεῖοι handelte, der aber schon rein optisch größer gewirkt haben muß als die 100 Bronzedrachmen, die Ptolemaios fein säuberlich vorgezählt wurden.

U. Wilcken hat im Kommentar zu dieser Stelle vermutet, daß die beiden Beträge in zwei unterschiedlichen Nominalen ausgezahlt wurden, im einen Fall in einfachen Bronzedrachmen, im anderen in bronzenen Vierdrachmenmünzen. Wenn man dieser Interpretation folgt, könnte man die Bronzedrachme mit dem Sechziger identifizieren, der nach W. Weiser in dieser Zeit 7,5 Gewichtsdrachmen wiegt. Das Vierdrachmenstück müßte dann 30 Gewichtsdrachmen schwer gewesen sein. Bronzemünzen mit diesem Gewicht waren jene Münzen des 3. Jahrhunderts, die bis 256 als Drachme galten. Diese Münzen könnten Ptolemaios vor Augen geschwebt haben. Freilich sind sie bisher noch in keinem Münzfund dieser Zeit aufgetaucht und scheinen nach 197 nicht mehr normales Zahlungsmittel gewesen zu sein.[23] Das schließt aber nicht aus, daß sie zur Zeit des Ptolemaios bekannt gewesen sind und vielleicht gegebenenfalls als Zahlungsmittel verwendet wurden.

---

[22] Daß das Drachmenzeichen hier mit δραχμιαῖοϲ aufzulösen sei, hat schon U. Wilcken erwogen. Der analoge Ausdruck χαλκοὶ ϲτατηριεῖοι legt das nahe. Außerdem ist in den Papyri nie von χαλκοὶ δραχμαί die Rede, sondern immer nur von χαλκοῦ δραχμαί. Wilcken hat sich dann allerdings in seiner Edition dazu entschlossen, (δρ.) ρ als Apposition zu χαλκοὺϲ auszufassen und zu (δραχμὰϲ) ρ aufzulösen.

Da hier nicht das Adjektiv χαλκοῦϲ gemeint sein kann, sondern das Substantiv χαλκοί, "Bronzegeld", muß χαλκοὺϲ und nicht χαλκοῦϲ akzentuiert werden (vgl. R. Kassel, XAΛKOI = 'Geld', ZPE 50, 1983, 50 = Kleine Schriften, Berlin-New York 1991, S. 433).

[23] Hinweis von W. Weiser.

Möglicherweise ließe sich für den Ausdruck χαλκοὶ ϲτατηριεῖοι aber auch eine etwas andere Erklärung finden. Der Ausdruck scheint kein üblicher Terminus gewesen zu sein, denn er ist offenbar nur an dieser Stelle belegt. Auch wenn es naheliegt, dem Adjektiv ϲτατηριεῖοϲ die Bedeutung "im Wert von vier Drachmen" zu unterlegen, so könnte damit wohl auch gemeint sein "bezogen auf den Stater", also auf Geld in Silber. Eine δραχμὴ ϲτατηριεία wäre dann eine "Staterdrachme", also das, was wir als "Staterviertel" bezeichnet haben. So könnte man alternativ zum ersten Erklärungsversuch überlegen, ob bei der ungleichen Behandlung der Zwillinge die Kluft zwischen Bronze- und Silberwährung eine Rolle spielte, ob hier also nicht zwei unterschiedliche Münzsorten gemeint sind, sondern im einen Fall einfache Bronzemünzen im Silberstandard (also der Sechziger oder gegebenenfalls der Hundertzwanziger), im anderen Fall aber eine Recheneinheit, die als Viertel eines Silberstaters gelten konnte.

Da nun die Interpretation dieser Stelle unsicher bleibt, läßt sie sich leider nicht für die Rekonstruktion der Währungsverhältnisse dieser Zeit verwenden.[24]

c) Die Zeit ab 130/27

In der Zeit von 130/27 wurde der Münzfuß des Bronzegeldes halbiert.[25] Die Münze zu 7,5 Gewichtsdr., die bisher 60 Rechendr. wert war, gilt nun 120 Rechendr. In der Folge verdoppelten sich Preise und Löhne, bezogen

---

[24] Möglicherweise könnten zwei Summen in dem Vergleich BGU VI 1249 (Syene, 148/7) auf den Hundertzwanziger als Drachme im Silberstandard deuten. In diesem Papyrus wird als Strafe für ὕβριϲ und πληγαί bestimmt (Z. 7):

[χ]αλκοῦ ταλά[ν]των δύ̣ο̣ καὶ ἀργυρί[ο]υ δραχμῶν [ἑκατ]όν.

Man könnte vermuten, daß die beiden Geldbeträge nach dem Muster von Epitimon und Fiskalmult (oben S. 24 f.) zu interpretieren sind, und könnte annehmen, daß die Summe in Kupfergeld den Geschädigten zukommt und die zweite Summe in ἀργυρίου δραχμαί dem König zusteht, und daß außerdem wie bei den Vertragsstrafen beide Summen als gleichwertig angesehen werden dürfen. Unter dieser Voraussetzung könnte man hier auf die Ratio zwischen Rechendrachme und Silberdrachme schließen. Es kämen dann 120 Rechendrachmen auf eine ἀργυρίου δραχμή (12.000 : 100 = 120 : 1).

[25] T. Reekmans, Studia Hell. 7, 1951, 104, Anm. 1, setzt die Standardreduktion in die Zeit zwischen 130 und 128. Als letztes Zeugnis des alten Standards interpretiert er UPZ II 206 vom 9. März 130. In die Zeit nach der Reduktion scheint P. Loeb 55 aus dem Jahr 128/7 zu fallen, wo bereits ein erhöhter Strafpreis für Weizen vorliegt (s. unten S. 185). Da dieser demotische Papyrus aus dem Jahr 128/7 stammt, kann man das Jahr 127 als Zeitpunkt der Standardänderung nicht ausschließen.

auf die Rechendrachme. Es gibt keinen Hinweis darauf, daß der Preis des Staters gestiegen wäre. Langfristig blieb das Preisniveau des Staters auf jeden Fall bestehen.

Oben (S. 63) wurde erwogen, daß man vielleicht schon nach 168 wieder unter dem Sechziger die Bronzedrachme im Silberstandard verstehen konnte. Für die Zeit nach 130/27 scheint es, daß man nun auf jeden Fall unter der Bronzedrachme im Silberstandard den Sechziger verstehen muß. Denn die auf χαλκοῦ δραχμαί lautenden Immobilienpreise dieser Zeit lassen sich am ehesten verstehen, wenn man annimmt, daß sie auf Sechziger bezogen sind (s. unten S. 85 ff.).

Als Wert der Silberdrachme brutto (Bronzedr. im Silberstandard + Agio) scheint man ein Zwanzigstel des Staterpreises betrachtet zu haben. Da wir in dieser Zeit mit einem Schwanken des Staterpreises zwischen 2.000 und etwa 1.500 Rechendrachmen (vgl. unten S. 196 ff.) rechnen müssen, lag der Wert der Silberdrachme zwischen 100 und 75 Rechendrachmen (vgl. oben S. 49 f.).[26]

d) Die Reform unter Kleopatra VII.

Der Übergang zu den Verhältnissen der römischen Zeit vollzog sich unter Kleopatra VII. (51-30 v. Chr.). Nachdem das Silbergeld bisher gleichbleibend mit sehr hohem Feingehalt geprägt wurde, wurde 53/2 der Feingehalt

[26] Nicht zu verwechseln mit dieser ἀργυρίου δραχμή ist die den Zahlungen an den Staat häufig zugrundeliegende χαλκοῦ πρὸϲ ἀργύριον δραχμή, die auch χαλκοῦ οὗ ἀλλαγὴ δραχμή genannt wurde. Sie wird mit dem alten Agio des 3. Jahrhunderts von etwa 10% gerechnet, wobei in der Regel Spesen von 5%, später 10% hinzugerechnet werden, so daß sich ein Aufgeld von 15%, später 20% ergibt (s. unten S. 89 ff.).

In P. L. Bat. XXII 14 und 15 (110 bzw. 109 v. Chr.) findet sich ein Strafpreis für Weizen von 3.000 Rechendrachmen pro Artabe, was einen für diese Zeit normalen Strafpreis darstellt. Ungewöhnlich ist jedoch, daß hier auch eine Fiskalmult festgelegt wird, und zwar pro Artabe 60 Silberdrachmen. Wenn wir annehmen, daß die Höhe der Fiskalmult der Höhe des Strafpreises entspricht (s. oben S. 24 f.), dann erhalten wir das Verhältnis 1 : 50. Man hätte dann hier als "Silberdrachme" die Einheit von 50 Rechendr. aufgefaßt.

In P. L. Bat. XXII 14 lautet die Fiskalmult freilich auf ἱερὰϲ ἀργυρίου τοῦ παλαιοῦ νομίϲματοϲ δραχ[μὰϲ ἑξήκοντα] (Z. 26; ergänzt nach Z. 41 ἀρ[γ(υρίου)] (δραχμαὶ) ξ), in P. L. Bat. XXII 15, 23 f. auf ἱερὰ[ϲ ἀργυρίου] τοῦ Πτολεμαικοῦ νομίϲματοϲ δραχμὰϲ ἑξήκοντα, was so klingt, als würde man hier echtes Silbergeld meinen. Wenn man die Formulierung der Fiskalmult wörtlich nähme, gelangte man zu einer Summe, die so hoch ist, daß sie zum Weizenpreis in keinem Verhältnis stünde. Daher wird man eher annehmen müssen, daß der Zusatz τοῦ παλαιοῦ νομίϲματοϲ nicht wörtlich aufzufassen ist und daß eine alte Formel gedankenlos und irreführend übernommen wurde.

drastisch reduziert.[27] Andererseits wurde unter Kleopatra der Münzfuß des Bronzegeldes leicht erhöht. Der Wert der Silber- und Bronzemünzen wurde also angenähert.

Der Münzfuß beim Bronzegeld wurde in der Weise angehoben, daß 15 Gewichtsdrachmen nicht mehr 240 Rechendrachmen gelten, sondern nur mehr 200. 240 Rechendrachmen wiegen nun 18 Gewichtsdrachmen. Somit wiegt der Achziger 6 Gewichtsdr., der Vierziger 3 Gewichtsdr.[28]

Die alten Nominale wurden uminterpretiert:

240 Rechendrachmen zu 200,
120 Rechendrachmen zu 100,
100 Rechendrachmen zu 80.

Achziger und Vierziger wurden mit Wertzeichen geprägt (Π = 80 Rechendr., M = 40 Rechendr.) und galten offenbar zwei Obolen bzw. einen Obolos. Damit kommen auf sechs Obolen (Silberdrachme netto) 240 Rechendr. Auf die Silberdrachme in der alten Ratio 1 : 300 kommen 22,5 Gewichtsdr. Bronze.

Auch in römischer Zeit gilt, wenn in Rechendrachmen gerechnet wird, der Obolos als Vierziger und die Bronzedrachme zu sechs Obolen als Zweihundertvierziger.[29] Bei der Berechnung von Steuern, die noch in ptolemäischen Rechendrachmen festgelegt sind, wird außerdem weiterhin die Drachme zu 300 Rechendrachmen gerechnet.[30] Die in römischer Zeit gültige Bewertung des Zweihundertvierzigers als Bronzedrachme im Silberstandard (sechs Obolen) muß auf ptolemäische Zeit zurückgehen. Wir haben vermutet, daß nach 130/27 in den Papyri noch allgemein der Sechziger als Bronzedrachme im Silberstandard galt und aus den Papyri scheint sich bisher noch nicht ablesen zu lassen, wann es üblich wurde, den Zweihundertvierziger als Bronzedrachme im Silberstandard zu betrachten. Wahrscheinlich hatte

[27] Das ptolemäische Silbergeld war gleichbleibend mit nahezu 100% Silber geprägt worden, erst 137/6 wurde der Feingehalt auf etwa 90% gesenkt, was aber in der Praxis keine Auswirkungen haben konnte. Vgl. dazu R. A. Hazzard, Num. Chron. 154, 1994, 60 f., der den Feingehalt der Tetradrachmen unter Kleopatra mit 33% angibt, während D. R. Walker, The Metrology of the Roman Silver Coinage, Part I, Oxford 1976, 142, bei den Tetradrachmen Kleopatras einen Feingehalt von durchschnittlich 45,72% errechnet.

[28] Weiser, Katalog ptol. Bronzemünzen, S. 111.

[29] Siehe unten S. 110 f.

[30] Siehe unten S. 115.

jedoch die drastische Reduzierung des Silbergehalts der Tetradrachme ab 53/2 und die Standardveränderung der Bronzemünzen unter Kleopatra zur Folge, daß man nun dazu überging, den Zweihundertvierziger als Bronzedrachme im Silberstandard (sechs Obolen) zu betrachten, wie wir es aus der römischen Zeit kennen. Vielleicht hatten diese Maßnahmen ganz bewußt das Ziel, den Zweihundertvierziger als Drachme im Silberstandard im Sinne eines Staterviertels (netto, ohne Agio) durchzusetzen und damit die Kluft zwischen Bronze- und Silberwährung zu schließen. In diesem Sinne wäre dann die Zeit unter Kleopatra eine Übergangszeit gewesen. Zwar wurde es erst unter Augustus wieder allgemein üblich, im Silberstandard zu rechnen, aber die Grundlagen dazu wären doch schon unter Kleopatra gelegt worden.[31]

---

[31] W. Weiser betrachtet in seinem Katalog ptol. Bronzemünzen bereits ab 130/27 den Zweihundertvierziger als Bronzedrachme (S. 100).

IV. Interpretationen einzelner Papyri. Detailfragen

1. Die Verteuerung des Silbergeldes im ausgehenden 3. Jahrhundert: SB XVIII 14013

Zu Ende der Regierungszeit des Ptolemaios III. Euergetes muß das Silbergeld gegenüber dem Bronzegeld im Wert gestiegen sein (vgl. oben S. 6 ff. und 55 ff.). Einen Hinweis gibt ein Papyrus aus dem Faijum, SB XVIII 14013, der vom 30. Apellaios des 25. Jahres des Ptolemaios III. stammt.[1] Die Datierung ist durch die ausführliche Datumsformel gesichert. Nach den Tabellen bei Pestman[2] entspricht der 30. Apellaios bei Zugrundelegung sowohl des makedonischen als auch des ägyptischen Jahres dem 21. Pharmuthi = 5. Juni 222.

Der Papyrus bezieht sich auf ein Darlehen, ist aber kein normaler Darlehensvertrag, sondern regelt nur die Rückzahlung eines Darlehens, denn die Vereinbarung enthält keinen Passus zur Anerkennung der Schuld (ὁμολογοῦϲιν ... ἔχειν o. ä.), sondern beginnt sofort mit der Rückgabeklausel (ὁμολογοῦϲιν ... ἀποδώϲειν), in der eine sehr ausführliche Passage über die Beschaffenheit des Geldes, mit der die Rückzahlung erfolgen soll, enthalten ist. Leider ist diese Partie nur teilweise erhalten, aber allein der Umstand, daß so minutiöse Vereinbarungen getroffen werden, spricht für einen vorausgegangenen Wechsel in den Währungsverhältnissen. Die entsprechende Passage lautet in der Edition:

8 [ὁμολογοῦϲιν - - -]
12 - - - - - - ἀποδώϲ̣ε̣ι̣[ν]
[ἀπὸ τοῦ προγεγρα]μ̣μένου μηνὸϲ ἐν ἔτεϲιν δυ`ϲ̣[ὶ]´
14 [ca. 14]αγον πρὸϲ τὸν ἀρχαῖον νομιϲ`θ̣´
[ca. 14] ̣υ̣ρ̣ουϲ δεκατρεῖϲ η ̣ην ̣ ̣
[ca. 15] ̣ ̣ ̣ ̣ ̣]] ἀρχαίουϲ ϲτατῆρα δε

[1] SB XVIII 14013 = P. Vindob. Gr. inv. 40588, herausgegeben von W. H. M. Liesker und A. M. Tromp, Zwei ptolemäische Papyri aus der Wiener Papyrussammlung, ZPE 66, 1986, 82-85 mit Tafel II b.

[2] P. W. Pestman, A Guide to the Zenon Archive, P. L. Bat. XXI A, Leiden 1981, S. 263.

[ca. 15] ̣ν ὅϲον ἂν ϲυ̣νκριθῆι ὑπὸ̣ τ̣ο̣[ῦ]
[. . . . . ἐν Κρο]κ̣οδίλων πόλει κατὰ τὸν κα-

Die Herausgeber vermuteten, daß die Schuldner in dieser Passage erklären, sie wollten geschuldete Waren innerhalb von zwei Jahren in Naturalien oder Geld zurückzahlen, und ergänzen in der Anmerkung zu Z. 12 - 18: ἀποδώϲ̣ε̣ι̣[ν] | [ἀπὸ τοῦ προγεγρα]μ̣μένου μηνὸϲ ἐν ἔτεϲιν δυ῾ϲ̣[ὶ]' | [οὓϲ - - - προϲήγ]αγον πρὸϲ τὸν ἀρχαῖον νομιϲθ̣(έντα) | [ἀριθμὸν (o. ä.) - - -] ̣υ̣ρουϲ δεκατρεῖϲ ἢ τ̣ὴν τ̣ι̣![μὴν αὐτῶν - - -] . . . . .]] ἀρχαίουϲ ϲτατῆρα δε | [- - - ἢ τοϲοῦτ]ο̣ν ὅϲον ἂν ϲυ̣νκριθῆι ὑπὸ̣ τ̣ο̣[ῦ] | [. . . . . ἐν Κρο]κ̣οδίλων πόλει - - -.

Tatsächlich scheint aber in Z. 14 - 18 nur die Beschaffenheit des Geldes beschrieben zu sein, mit dem die Tilgung der Schuld erfolgen sollte.

- - - - - - ἀποδώϲ̣ε̣ι̣[ν]
[ἀπὸ τοῦ προγεγρα]μ̣μένου μηνὸϲ ἐν ἔτεϲιν δυ῾ϲ̣[ὶ]'
[ca. 14]αγον πρὸϲ τὸν ἀρχαῖον νομιϲ-
[θέντα ϲταθμὸν ἀρ]γ̣υ̣ροῦϲ δεκατρεῖϲ ἢ τ̣ὴν τ̣ι-
[μὴν πρὸϲ χαλκοὺϲ [[̣] . . . . .]] ἀρχαίουϲ, ϲτατῆρα δὲ
[ἀνὰ (δραχμὰϲ) x ἢ τοϲοῦτ]ο̣ν ὅϲον ἂν ϲυ̣νκριθῆι ὑπὸ̣ τ̣ο̣[ῦ]
[τραπεζίτου ἐν Κρο]κ̣οδίλων πόλει κατὰ τὸν κα[ι]-
[ρὸν τῆϲ ἀποδόϲεωϲ]

[Sie kommen überein,] zurückzuzahlen in zwei Jahren vom vorgenannten Monat an gerechnet [- - -] 13 Silbermünzen nach dem alten [Standard] oder den Preis in altem [Bronzegeld], den Stater [zu x Drachmen] oder den Betrag (in Bronze), der vom [Bankier] in Krokodilopolis zum [Zeitpunkt der Rückgabe] festgelegt wird.

15 ϲταθμὸν oder ζυγὸν. — τιμή bezeichnet den "Preis" für das Silbergeld (vgl. z. B. P. Tebt. I 112, 110 f. 122; 116, 4; PSI Congr. XVII 22, 20; P. Oxy. IV 784 descr.)

16 πρὸϲ χαλκοὺϲ] . . . . .]] ἀρχαίουϲ: es soll also der alte Standard gewahrt bleiben.

17 ἀνὰ oder εἰϲ.

Wenn die Ergänzung zu [χαλκοὶ] ἀρχαῖοι (Z. 16) richtig ist und hier auf altes Bronzegeld Bezug genommen wird, dann müssen die Bronzedrachmen vor der zweiten Reduktion gemeint sein. Mit dieser Interpretation würde deutlich, warum es offenbar nachträglich nach Gewährung des Darlehens nötig wurde, zusätzliche Vereinbarungen zur Tilgung zu treffen. Die Übereinkunft scheint durch die Münzreform veranlaßt zu sein, die unmittelbar davor stattgefunden haben muß.

Der Umstand, daß es hier notwendig wird, den Stater zu definieren, wobei alternativ auch auf den zum Zeitpunkt der Rückzahlung geltenden (Markt)-preis Bezug genommen wird, zeigt, daß sich in dieser Zeit der Wert des Stater bereits verändert hat. So ist dieser Papyrus auch unser frühestes Zeugnis für die Verteuerung der Tetradrachme und die sogenannte Inflation unter Philopator (s. oben S. 55 f.).

Die Verknappung des Silbergeldes in jener Zeit bewirkte, daß der Preis des Staters nun den Gesetzen des Marktes unterlag und Angebot und Nachfrage seinen Preis offenbar zumindest mitzubestimmen begannen. Wenn bisher vier Bronzedrachmen (und etwa 10% Agio) einen Stater ergaben, so löste man sich nun von diesem metrologischen Schema. Wie weit diese Entwicklung ging, zeigt ein Papyrus, der wohl aus der Zeit des Philopator stammt: UPZ I 149.[3] In Zeile 32 liest man:

ἀργυρ⟨ί⟩ου στατῆραν (γίν.) ις (πεντώβ.) (ἡμιωβ.).

Zur Zeit der Abfassung dieses Papyrus hatte man also bereits 16 Dr. und 5,5 Obolen für einen Stater zu bezahlen.

Leider gibt es keine genau datierbaren Belege für die Verteuerung des Silbergeldes zu Ende des 3. Jahrhunderts. Immerhin könnte man aber Geldbeträge in P. Köln VI 269 (vom Juni 214 oder 213[4]) in diesem Sinne interpretieren und hier heranziehen.

In diesem kleinen Brieffragment finden sich am Ende des Briefes folgende Angaben über Steuern (Z. 6-8):

[νι]τ̣ρικῆϲ (τάλ.) α (δρ.) Αυ̣νη κβ (δυόβ.)
[τ]ε̣τάρτηϲ ΑρϘδ δ
[ ] ̣λ̣β (πεντώβολον)̣

für die Natronsteuer:	*1 Tal. 1.458 Dr.;*	*22 Dr. 2 Ob.*
für die Tetarte:	*1.194 Dr.;*	*4 Dr.*
[		*]32 (?) Dr. 5 Ob.*

[3] Zur Datierung s. Heichelheim, Wirtschaftl. Schwankungen, S. 22; Reekmans, Studia Hell. 7, 1951, 63, n. 1.

[4] Aus dem Jahr 214, wenn mit dem 9. Jahr des Papyrus das Finanzjahr gemeint ist, aus dem Jahr 213, wenn das Regierungsjahr vorauszusetzen ist.

Aus den kärglichen Resten dieses Briefes ist sonst nichts über diese Zahlungen zu erfahren, so daß man nur Vermutungen anstellen kann. Es erscheint jedoch zumindest denkbar, daß die Beträge hinter νι]ṭρικῆϲ und τ]ε̣τάρτηϲ sowohl im Bronzestandard als auch im Silberstandard fixiert wurden, also identisch sind. Denn die beiden Beträge hinter νιτρική (1 Tal. 1.458 Dr. und 22 Dr. 2 Ob.) stehen im Verhältnis 334 : 1, die Beträge hinter τετάρτη (1.194 Dr. und 4 Dr.) im Verhältnis 300 : 1.[5] Die etwa 10% Unterschied in den beiden Rationes würden verständlich, wenn man annimmt, daß die eine Steuer πρὸϲ ἀργύριον verpachtet war, die andere Steuer πρὸϲ χαλκόν.[6] Nun wissen wir, daß die νιτρική tatsächlich πρὸϲ ἀργύριον verpachtet war, von der τετάρτη könnte man vermuten, daß sie hier πρὸϲ χαλκόν gerechnet wurde. Wenn hier nun der Stater zu 1.200 Rechendrachmen gerechnet wurde, so bedeutete das bei der gleichzeitig vorauszusetzenden Ratio

1 nominelle Silberdrachme = 60 Rechendrachmen,[7]

daß auf den Stater 20 nominelle Silberdrachmen kamen, bzw. auf das Staterviertel 5 nominelle Silberdrachmen. Diese Ratio kann nicht mit Sicherheit aus unserem bescheidenen Papyrusfragment abgeleitet werden, sie muß aber spätestens zu Beginn des 2. Jahrhunderts üblich gewesen sein.[8]

Sonderbar ist, daß in SB XVIII 14013 die Summe in Silbergeld nicht in der üblichen Weise ausgedrückt wird. Die entsprechende Passage lautete (Z. 14-16):

πρὸϲ τὸν ἀρχαῖον νομιϲ-
[θέντα ϲταθμὸν ἀρ]γ̣υρ̣οῦϲ δεκατρεῖϲ ἢ τ̣ὴν τ̣ι̣-
[μὴν πρὸϲ χαλκοὺϲ ⟦ ̣ ⟧ . . . . . ⟧ ἀρχαίουϲ

13 Silbermünzen nach dem alten [Standard] oder den Preis in altem [Bronzegeld]

---

[5] Genaugenommen im Verhältnis 1 : 298,5, aber diese geringe Differenz wird man vernachlässigen dürfen. Nach unserer Vermutung wäre die Summe von 1.194 Kupferdrachmen einem Stater gleichgesetzt worden, obwohl eigentlich erst 1.200 Kupferdrachmen einem Stater gleichkämen. Die Papyri zeigen auch sonst, daß man bei Umrechnungen nur Annäherungen anstrebte und so verschwindend kleine Ungenauigkeiten in Kauf nahm.

[6] Vgl. dazu unten S. 89 ff.

[7] Dazu s. S. 22.

[8] Siehe S. 43 ff. Vgl. auch oben S. 36-38 zu P. dem. Berlin 13593 (198 v. Chr.; 20 Silberdr. = 1 Tetradrachme?).

Es ist hier von ἀργυροῖ δεκατρεῖϲ die Rede, womit offenbar 13 Silberstatere gemeint sind. Der Terminus Silberdrachme (ἀργυρίου δραχμή) scheint vermieden zu sein. Dies ist sonderbar, wäre aber verständlich, wenn sich kurz vor der Abfassung unseres Papyrus die Bedeutung des Terminus ἀργυρίου δραχμή geändert hätte. Ein Indiz dafür, daß das tatsächlich der Fall gewesen ist, bietet Wilcken, Chr. 340 (= P. Eleph. 14), ebenfalls aus dem Jahr 223/2.

In diesem Papyrus, einer Auktionsordnung für Erbpachten, wird festgesetzt, daß das Erbstandsgeld bei ersteigerten Priestereinkünften (γέρα) zu einem Viertel in Gold oder Silber bezahlt werden soll: τὸ δ̣¯ μέροϲ χρυ(ϲί-ου) ἢ [ἀ]ργυρίου τοῦ καινοῦ νομ[ί]ϲματοϲ (Z. 8). Da es beim Silbergeld Statere aus einer älteren Epoche gab, denen jüngere gegenüberstanden, die durch Beizeichen von den älteren zu unterscheiden waren, könnte man vermuten, daß der Staat Bezahlung in den neueren Stateren, mit dem ἀργύριον τοῦ καινοῦ νομίϲματοϲ, forderte. Es gab aber zwischen den jüngeren und älteren Stateren keinerlei Qualitäts- oder Gewichtsunterschiede, so daß es sonderbar wäre, wenn der Staat sein eigenes älteres, in der Qualtität nicht schlechteres Silbergeld nicht mehr hätte annehmen wollen. Wir schlagen daher eine andere Interpretation dieser Stelle vor. Wir vermuten auf Grund der beiden Stellen in SB XVIII 14013 und Wilcken, Chr. 340, daß der Wert des Stater nicht erst zwischen 221 und 216,[9] sondern bereits 223/2 von vier auf acht Silberdrachmen heraufgesetzt worden ist. So erklärte sich in SB 14013 die Vermeidung des Terminus ἀργυρίου δραχμή und in Wilcken, Chr. 340 (= P. Eleph. 14) der präzisierende Zusatz ἀργυρίου τοῦ καινοῦ νομίϲματοϲ. Dieser Zusatz taucht auch in dem Pachtangebot P. Eleph. 20, 15 ff. auf. Dort werden geboten (δραχμὰϲ) χιλίαϲ ὀγδοήκοντα, ὧν τὸ τέταρτον μέροϲ χ̣ρ̣υ̣ϲ̣ί̣ο̣υ̣ ἢ ἀργυρίου καινοῦ νομίϲματοϲ (δραχμὰϲ) διακοϲίαϲ ἑβδομήκοντα. Der Papyrus läßt sich nicht genau datieren, gehört aber auch in die Zeit von P. Eleph. 14.[10] Dem Argyrûs πρὸϲ τὸν καινὸν νομιϲ[θέντα ϲταθμόν] scheint also das ἀργύριον καινοῦ νομίϲματοϲ zu entsprechen, womit das neubewertete Silbergeld (1 Stater = 8 Dr. statt früher 4 Dr.) gemeint wäre.

Ein weiteres Indiz dafür, daß der Staterpreis bereits 223/2 erhöht worden ist, liefert möglicherweise der Pachtvertrag P. Hib. I 90 vom Gorpiaios des

---

9 Vgl. oben S. 56.

10 Vgl. P. Eleph. 20 Einl.

25. Jahres (= Febr./März 222). In diesem Pachtvertrag tauchen vielleicht zum ersten Mal verdoppelte Strafpreise für Weizen und Olyra auf. Diese Strafpreise betrugen bisher in Pachtverträgen und Getreidedarlehen vier Drachmen für eine Artabe Weizen und zwei Drachmen für eine Artabe Olyra. Unter Ptolemaios IV. sind verdoppelte Strafpreise überliefert: ab 216/5 10 Drachmen für Weizen, ab 215/4 vier Drachmen für Olyra.[11] Bereits T. Reekmans hat aus dieser Verdoppelung auf eine Veränderung in der ptolemäischen Währung geschlossen.[12]

Dieser verdoppelte Strafpreis taucht nun möglicherweise zum ersten Mal bereits in P. Hib. I 90 auf. Allerdings ist die betreffende Passage nicht eindeutig zu lesen, sie lautet (Z. 14): τ̣ι̣μ̣ὴ̣ν̣ τῆϲ ἀρτάβηϲ ἑκάϲ[τηϲ τῶν ὀ]λ̣υ-ρῶν δραχμὰϲ τέϲϲαρεϲ τοῦ δὲ πυροῦ δ̣ρ̣α̣[χμ]ὰ̣ϲ π̣έ̣ν̣τ̣[ε]. Deutlich lesbar ist der Strafpreis für Olyra. Er beträgt vier Drachmen. Da der Preis von Weizen und Olyra normalerweise im Verhältnis 5 : 2 steht,[13] erwartet man, daß auch der Weizenpreis erhöht ist und nicht δ̣ρ̣α̣[χμ]ὰ̣ϲ π̣έ̣ν̣τ̣[ε], sondern δ̣ρ̣α̣[χμ]ὰ̣ϲ δ̣έ̣κ̣[α] zu lesen ist, wie das ab 215/4 gut belegt ist.[14]

So scheinen sich unter den Papyri des Jahres 223/2 drei finden zu lassen, aus denen Indizien zu gewinnen sind, die auf eine Veränderung in der Silberwährung deuten:

SB XVIII 14013: Erwähnung eines ἀρχαῖοϲ [ϲταθμόϲ] bei Silbergeld.

Wilcken, Chr. 340: Erwähnung von ἀργύριον καινοῦ νομίϲματοϲ.

P. Hib. I 90: Verdoppelung des Strafpreises zumindest für Olyra, vielleicht auch für Weizen.

---

[11] Vgl. unten S. 184 und 186.

[12] Er vermutete, daß zwischen 221 und 216 der Wert des Bronzegeldes verdoppelt wurde (Studia Hell. 7, 1951, 67).

[13] Vgl. unten S. 183.

[14] Daß man hier δρα[χμ]ὰϲ δέκ[α] lesen sollte, vermutete bereits F. Oertel, Zeitschr. Sav. Stift. Rom. Abt. 51, 1931, 577, Anm. 3. Eine entsprechende Angabe für Olyra neben Weizen findet sich in dem Pachtvertrag BGU X 1944, 12 f. (214/3): [τιμὴν τῆϲ ἀρ]τάβηϲ ἑκάϲτηϲ τῶν πυρῶν δραχμὰϲ δέ[κα, τῶν δὲ ὀλυρῶν τῆϲ ἀρτάβηϲ ἑκάϲτηϲ δραχμ]ὰϲ τέϲϲ̣α̣ρ̣αϲ (die Ergänzungen sind durch die gleichlautende Außenschrift, Z. 34 f., weitgehend gesichert).

Allerdings ließe sich in P. Hib. I 90, 15 statt ὀ]λυρῶν auch]πυρῶν lesen und T. Reekmans vermutete, daß tatsächlich]πυρῶν gelesen werden sollte und daß das nachfolgende τοῦ δὲ πυροῦ vom Schreiber irrtümlich eingesetzt worden wäre und hier in Wirklichkeit τοῦ δὲ ἀχύρου gemeint sei (Chr. d'Ég. 27, 1952, 407 f. und Studia Hell. 7, 1951, 61, Anm. 3).

Zum Vergleich würde man gern die Strafpreise im Pachtvertrag P. Tebt. III 1, 815, fr. 3 Recto (5. Febr. 222) heranziehen. Die betreffende Passage (Z. 14) ist aber leider so schlecht erhalten, daß aus ihr keine Schlüsse gezogen werden können.

Da der Stater weiterhin in althergebrachter Qualität geprägt wurde und äußerlich keine Änderung eintrat, kann nur der Wert des Silbergeldes geändert worden sein. Wir vermuten, daß die unter Philopator zu beobachtende Verteuerung des Silbergeldes im Jahr 223/2 ihren Anfang genommen hat. Wahrscheinlich wurde in diesem Jahr nicht nur der Standard der Bronzedrachme verändert, sondern auch der Wert des Stater von vier auf acht Drachmen erhöht.

Zu fragen wäre auch noch, ob sich in P. Eleph. 14 und 20 der Zusatz τοῦ καινοῦ νομίϲματοϲ nur auf ἀργυρίου bezieht oder auch auf χρυϲίου. Wenn das Zweite zutrifft, wäre der Wert der Goldmünze im Gewicht von acht Gewichtsdrachmen (Mnaiaion) von bisher 100 Silberdrachmen (= eine μνᾶ, daher der Name Mnaiaion) auf 200 neue Silberdrachmen hinaufgesetzt worden, wodurch zwei "neue" Mnaiaia entstanden wären. Das neue Mnaiaion (χρυϲίον τοῦ καινοῦ νομίϲματοϲ) wäre also nur vier Gewichtsdrachmen schwer gewesen und die Münze zu acht Gewichtsdrachmen (das alte Mnaiaion) hätte nun zwei μναιαῖα gegolten. Für die Vermutung, daß man den Terminus Mnaiaion in dieser Zeit tatsächlich in dieser Weise verwenden konnte, spricht der erstaunlich geringe Wert des μναιαῖον in BGU VII 1532 aus der Zeit von etwa 210-204 oder 193-187 (s. unten S. 99 ff.).

Die Erhöhung des Wertes des Silberstaters ist durch Mangel an Silbergeld notwendig geworden. Daß Silbergeld zu dieser Zeit im normalen Zahlungsverkehr kaum mehr eine Rolle spielte, zeigt das umfangreiche Vertragsregister P. Tebt. III 1, 815, das ebenfalls wie SB XVIII 14013 aus aus dem Jahr 223/2 stammt.[15] In ihm werden nur mehr Summen in Bronzedrachmen erwähnt.

Von Bedeutung ist in unserem Zusammenhang, daß auch in dem langen Vertragsregister aus Theogenis CPR XVIII nur mehr Summen in Bronzedrachmen vorkommen. Dieses Register stammt aus dem 16. Jahr eines ungenannten Herrschers, den man mit Ptolemaios III. oder IV. identifizieren könnte.[16] In der Edition wird das Register in die Zeit des Ptolemaios III. gesetzt und in das Jahr 231 datiert. Wenn diese Datierung richtig ist, bedeutete dies, daß im Faijum bereits etwa 9 Jahre vor unserem SB XVIII 14013 Silbergeld bei größeren Zahlungen keine Rolle mehr spielte. Das wäre für unsere Überlegungen bedeutungsvoll. Nun ist allerdings die Datierung des Registers unter Ptolemaios III. nicht so sicher, wie es auf den ersten Blick er-

---

[15] Zur Datierung dieses Registers vgl. Uebel, Die Kleruchen, S. 125, Anm. 1, zum Charakter des Registers vgl. B. Kramer, CPR XVIII, S. 18 f.

[16] Vgl. CPR XVIII, S. 90.

scheinen mag, ja es gibt Argumente, die gegen sie zu sprechen scheinen. Daher soll im Folgenden auf die Frage der Datierung dieses Registers eingegangen werden. Möglicherweise ist das Register nicht in das Jahr 231 zu datieren, sondern in das Jahr 206.

Für die Datierung unter Ptolemaios III. spricht, daß ein gewisser Attinâs, Sohn des Kalliphanes, der in CPR XVIII 30, 130 genannt wird, offenbar auch in P. Petrie[2] Wills 16 (236/5) belegt ist.

In P. Petrie[2] Wills 16 taucht er als Testamentszeuge auf, das Signalement lautet Z. 90 f.: ’Ατṭ[ινᾶϲ Κα]λλιφάνουϲ Αἴνịοϲ τῆϲ ἐπιγονῆϲ .. | ὡ[ϲ (ἐτῶν) ..], εὐμεγέθη[ϲ μελίχρ]ωϲ̣ οὐ̣λαὶ πλείουϲ μετώπωι.

In CPR XVIII 30 erscheint er als ϲυγγραφοφύλαξ ’Αττιν̣ᾶϲ Καλλιφάνουϲ Αἴνιοϲ τῆϲ ἐπιγον̣[ῆϲ] (Z. 130)

In demselben Vertrag folgt dann in Z. 137-138 sein Signalement: [’Ατ]ṭι̣νᾶϲ ὡϲ (ἐτῶν) μ εὐμεγέθηϲ μελ̣ίχρωϲ ϲ̣[τρο]γ̣γυ̣λ̣[οπρ(όϲωποϲ)] ἀναφάλανθοϲ οὐλαὶ μετώπωι πλ̣είουϲ.

Es kann also kaum ein Zweifel bestehen, daß in beiden Verträgen die Person des Attinâs identisch ist. In CPR XVIII wird sein Alter mit 40 Jahren angegeben. Wenn das 16. Jahr in CPR XVIII mit 207/6 zu identifizieren wäre, dann wäre Attinâs in P. Petrie[2] Wills 16 (aus dem Jahr 236/5) erst etwa 11 Jahre alt gewesen. Da es unwahrscheinlich ist, daß jemand bereits im Alter von 11 Jahren als Testamentszeuge auftritt, wurde eine Spätdatierung von CPR XVIII ausgeschlossen.

Es ist sicherlich sehr verständlich, daß die Frage der Datierung auf Grund dieser Beobachtung entschieden wurde. Bedenken muß man allerdings, daß Altersangaben in den Papyri oft recht ungenau sind und Attinâs in CPR XVIII tatsächlich älter als 40 Jahre hätte sein können. Die Altersangabe in CPR XVIII ist also streng genommen kein ganz sicheres Kriterium, dennoch würde man sie sicherlich gern als Datierungshilfe gelten lassen, wenn CPR XVIII gut in die Zeit des dritten Ptolemäers paßte.

Das ist nun fraglich. Es lassen sich einige Beobachtungen machen, die für eine Spätdatierung sprechen. Keine dieser Beobachtungen kann für sich allein den Spätansatz beweisen, alle zusammen scheinen aber doch einiges Gewicht zu haben, so daß man die Möglichkeit einer Spätdatierung zumindest nicht ausschließen sollte.

Eine Auffälligkeit ist nun, wie gesagt, daß in CPR XVIII nur mehr Summen in Bronzegeld vorkommen. Wenn bereits im Jahr 232/1 Silbergeld kaum mehr im Zahlungsverkehr vorkam, so wäre das zumindest bemerkenswert und man könnte sich darüber wundern, daß der Preis des Silbergeldes scheinbar erst 223/2 anstieg und wir die Folgen dieses Preisanstiegs erst unter Ptolemaios IV. sehen.

Auffällig ist ferner der außerordentlich hohe Weinpreis in 30, 124 (vier Bronzedrachmen pro Chus), der für die Zeit des Euergetes viel zu hoch ist und auf die sogenannte Inflationszeit unter Philopator weist.[17]

Weitere Beobachtungen hängen mit Fragen des Kalenders zusammen. Das Register enthält teilweise makedonische, teilweise ägyptische Monatsnamen. Das makedonische Jahr variiert in seiner Länge, je nachdem, ob ein Schaltmonat eingeschaltet wird oder nicht. Im Durchschnitt war es deutlich zu lang, so daß der makedonische Kalender im Lauf der Zeit gegenüber den ägyptischen Monaten immer weiter zurückblieb. Im Jahr 232/1 fiel der Monat Dystros noch ungefähr mit dem Pauni (Juli/Aug.) bzw. Pachon (Juni/Juli) zusammen, unter Ptolemaios IV. wurde der Dystros mit dem Monat Mesore (Sept./Okt.) geglichen. Der Umstand, daß sich im Jahr 232/1 andere makedonische Monate mit den ägyptischen überschneiden als 25 Jahre später, läßt sich als Datierungshilfe nützen.

Rolle I unseres Registers enthält Registrierungen, die im Monat Pharmuthi vorgenommen wurden. Registriert wurden in diesem Monat 21 Verträge, die aus unterschiedlichen Dörfern der Polemonos Meris stammen und nach einem makedonischen Monat datiert sind, welcher dem Pharmuthi vorausging. Erkennbar ist eine Beziehung zwischen der Herkunft der Verträge und dem Zeitraum, der zwischen Abfassung und Registrierung verstrichen ist. So sind die Verträge aus Theogenis, dem Ort, in dem das Register geführt wurde, jünger als die Verträge, die aus anderen Dörfern stammen.

Vertragsnr.	Herkunft der Verträge	Abfassungsdatum der Verträge
1-6	Theogenis	Hyperberetaios (1-2, 5) ,]aios (4), Dios (6), [ ] (3)
7-11	Samaria	Artemisios (7-10), Daisios? (11)
12-16	Oxyrhyncha	Dystros (13-14), Artemisios (12, 15), Daisios? (16)
17-18	Kalliphanus	Hyperberetaios (17-18)
19-21	Dikaiu Nesos	[ ] (19), Hyperberetaios (20-21)

Für unsere Zwecke reicht es, den Kalender von 232/1 und den von 207/6 in schematischer Form gegenüberzustellen. Für das Jahr 232/1 sei auf den detaillierten Kalender in CPR XVIII, S. 92-95, verwiesen. Aus der Zeit des Ptolemaios IV. sind in den Papyri keine echten makedonischen Daten mehr nachweisbar. In dieser Zeit scheint man in der Regel die makedonischen Monate mit den ägyptischen geglichen zu haben (vgl. P. Köln VI, S. 157 f.). Daher sind für das Jahr 207/6 die Gleichungen zwischen makedonischen und ägyptischen Monaten eingesetzt, die unter Ptolemaios IV. überliefert sind.[18] Der Monat Phar-

[17] Vgl. unten die Weinpreise S. 187.

[18] Ob im Jahr 207/6 die Monate tatsächlich in der angegebenen Weise geglichen wurden, läßt sich freilich nicht mit letzter Sicherheit sagen. Wenn es eine Verschiebung gegenüber den von uns vermuteten Gleichungen gegeben hätte, kann sie nicht mehr als einen Monat betragen haben. Es ist auch nicht ganz auszuschließen, daß auch unter Ptolemaios IV. teilweise noch das alte System der Schaltmonate beibehalten wurde. So könnte P. Cair. Zen. III 59374 aus einem 16. Jahr, wo der Monat Panemos Embolimos

muthi, in dem die Verträge registriert wurden, ist in der folgenden Tabelle fett geschrieben, die Monate, aus denen die Verträge stammen, kursiv.

Julian. Monat	Ägypt. Monat	Makedonisch 232/1 v. Chr.	Makedonisch 207/6 v. Chr.
VI/VII	Pachon	*Dystros*	Apellaios
VII/VIII	Pauni	Xandikos	Audnaios
VIII/IX	Epeiph	*Artemisios*	Peritios
IX/X	Mesore	*Daisios*	*Dystros*
X/XI	Thot	Panemos	Xandikos
XI/XII	Phaophi	Loios	*Artemisios*
XII/I	Hathyr	Gorpiaios	*Daisios*
I/II	Choiak	*Hyperberetaios*	Panemos
II/III	Tybi	Hyperb. Embol.	Loios
III/IV	Mecheir	*Dios*	Gorpiaios
IV/V	Phamenoth	Apellaios	*Hyperberetaios*
V/VI	**Pharmuthi**	Audnaios	*Dios*
VI/VII	Pachon	Peritios	Apellaios
VII/VIII	Pauni	Dystros	Audnaios
VIII/IX	Epeiph	Xandikos	Peritios

Es zeigt sich, daß im Jahr 207/6 die Monate, in denen die registrierten Verträge aufgesetzt wurden, viel näher am Monat der Registrierung (Pharmuthi) liegen als im Jahr 232/1. Für das Jahr 232/1 muß man annehmen, daß mit einer einzigen Ausnahme (Vertrag Nr. 6 vom Dios) zwischen dem Vertragsabschluß und der Registrierung mindestens etwa drei Monate liegen.[19] Das muß nicht unmöglich sein, ist aber doch auffällig. Sonderbar ist bei Annahme einer so großen zeitlichen Kluft zwischen Vertragsabschluß und Registrierung vor allem, daß ein Großteil der Verträge (sieben von achtzehn) aus dem Hyperberetaios stammt. Die Häufigkeit der Verträge, die aus dem Hyperberetaios stammen, würde sich zwanglos erklären, wenn wir in diesem Monat den sehen, der dem Pharmuthi unmittelbar vorausging. Das scheint im Jahr 206 der Fall gewesen zu sein.

Anschließen lassen sich ferner einige Anmerkungen, die das Verhältnis der Daten zum Jahrlauf in der Landwirtschaft betreffen. Auch hier passen die makedonischen Daten glatter in die Zeit von 207/6 als 232/1.

Vertrag Nr. 5: Als Liefertermin für Wein werden festgelegt fünf Monate ἀπὸ μηνὸϲ Ὑπερβερṭ[α]ίου, und zwar ἐκ τοῦ αὐτοῦ ἀμπελῶνοϲ (Z. 96 f.), also offenbar nach der

---

erwähnt wird, aus der Zeit des Ptolemaios IV. stammen (s. P. Lugd. Bat. XXI A, S. 218, Anm. 13).

[19] Daß im Jahr 232/1 der Schaltmonat Hyperberetaios Embolimos vorkam, ist durch P. Hamb. inv. 676 (Arch. f. Pap. 33, 1987, 19) gesichert.

Weinlese.[20] Das führt im Jahr 231 auf den Juni/Juli, im Jahr 206 auf den Sept./Okt. Der Termin für das Jahr 231 liegt sehr früh, ist aber vielleicht nicht ganz unmöglich.[21] Zum späten Termin ist die Weinlese auf jeden Fall abgeschlossen. Dem Sept./Okt. entspricht der Monat Mesore, der im Pachtvertrag Nr. 7 als Termin der Weinlieferung festgesetzt ist (Z. 135).

In den Pachtverträgen wird das ἐκφόριον zu folgenden Terminen gefordert:

Nr. 2	Peritios (Weizen)
Nr. 3	Peritios (Weizen)
Nr. 15	**Epeiph** (Weizen und Gerste?)
Nr. 19	Peritios (Weizen und Grünfutter)
Nr. 32	Peritios (—)

Der Peritios ist offenbar der normale Abgabetermin des ἐκφόριον. Man könnte vermuten, daß dem einmal als Abgabetermin genannten Epeiph der Monat Peritios entspricht. Tatsächlich ergibt sich in unserem Schema eine solche Übereinstimmung für das Jahr 206.[22]

Anschließen könnte man hier auch noch den Vertrag Nr. 24, wo ein Darlehen im Monat Artemisios gewährt wird. In Z. 32 f. liest man nach einer Lücke ἀπὸ μηνὸϲ Αἰγυ]πτίων Ἁθὺρ ἕωϲ Τῦβι τοῦ ις (ἔτουϲ) ἑκάϲτου μηνὸϲ τὸ ἐπιβάλλον. Die Rückgabe des Darlehens soll offenbar in drei monatlichen Raten von Hathyr bis Tybi erfolgen. Wenn der Vertrag aus dem Jahr 232 stammt, liegen zwischen Artemisios und Hathyr noch etwa drei Monate. Im Jahr 207 schließt Hathyr an den Artemisios unmittelbar an. In diesem Fall

---

20 Vgl. CPR XVIII, S. 139.

21 Die Nachrichten über Weinlese im Faijum gehen in ptolem. Zeit "von kurz nach Mitte Juli bis gegen 19. August, im 3. Jh. n. Chr. von etwa Anfang August (nach 27. Juli) bis gegen Anfang September" (M. Schnebel, Die Landwirtschaft im hellenistischen Ägypten, München 1925, S. 277). Vgl. z. B. auch P. L. Bat. XVII 4, 6 (167 od. 114 v. Chr.): Rückgabe eines Weindarlehens im Epeiph (Aug./Sept.) vom neuen Wein, ferner A. Jördens, Vertragliche Regelungen von Arbeiten im späten griechischsprachigen Ägypten (P. Heid. V), Heidelberg 1990, S. 317, Anm. 161.

22 Für den Zahlungstermin des ἐκφόριον gibt es in den auf Papyrus überlieferten Pachtverträgen zwar Gepflogenheiten, die nach Zeit und Ort variieren (J. Herrmann, Studien zur Bodenpacht, München 1958, S.107 f.), dennoch gab es feste Gewohnheiten. So nennen die Pachtverträge aus Tholthis (Oxyrhynchites) aus der Zeit von 218 bis 214/3 alle den Dystros als Zahlungstermin: SB XII 11061, 12 = P. Hamb. II 188 (218), BGU X 1943, 10 (215/4), P. Frankf. 2, 20 (215/4), BGU X 1944, 9. 30 (214/3; Tholthis?), BGU VI 1263, 17 (215/4), 1264, [18] (215/4), P. Frankf. 1, 17 (214/3), BGU X 1946, 9 (213/2). Vgl. auch BGU XIV 2384, 6 (215/4). Dystros ist vielleicht auch der Zahlungstermin in dem Getreidedarlehen BGU X 1969, [5]. [17] (Tholthis, 215/4); Rückgabe eines Olyra-Darlehens ebenfalls im Dystros in BGU XIV 2393, 11 (Tholthis, 215/4).

Für das Faijum vgl. ferner das Vertragsregister P. Tebt. III 1, 815 (223/2) mit einem Zahlungstermin für ἐκφόρια im Dystros (fr. 2 r 6) und einem im Xandikos = Epeiph (fr. 3 r 12), vgl. ferner den Zahlungstermin (allerdings für φόροϲ) in fr. 6 r 29 im Dystros = Epeiph.

betrüge die Laufzeit des Darlehens nur drei Monate und die Kürze der Ausdruckweise in der Abrede zur Rückgabe (ἑκάcτου μηνὸc τὸ ἐπιβάλλον) wäre weniger auffällig.[23]

Es zeigt sich also, daß manches für eine Spätdatierung des Registers spricht: ein außerordentlich hoher Weinpreis, Bezug aller Zahlungen auf Bronzegeld und das Verhältnis der makedonischen und ägyptischen Monate. Man sollte daher die Möglichkeit einer Spätdatierung zumindest nicht ausschließen.[24]

---

23 Vgl. dazu auch A. Jördens, Chr. d'Eg. 67, 1992, 351.

24 Vgl. zu diesem Register auch E. Van't Dack, Les triacontaroures du Corpus P. Raineri XVIII, Griechische Texte XIII, Journ. of Jur. Pap. 23, 1993, 163-167.

2. "EINFACHE" SILBERDRACHMEN UND "ECHTE" SILBERDRACHMEN (STATERVIERTEL): BGU XIV 2428

Aus Preisangaben demotischer Papyri schien sich zu ergeben, daß im 2. Jahrhunderts die Einheit, die definiert wird durch "sttr 5" (fünf Statere = 5 x 4 = 20 Drachmen), 100 Rechendrachmen bedeuten konnte und nicht 20.[1] In diesen Fällen muß "sttr" nicht als Einheit von vier Drachmen, sondern als Einheit von 20 Drachmen aufgefaßt worden sein.

Tatsächlich schienen sich die Verhältnisse des 2. und 1. Jahrhunderts am besten dadurch erklären zu lassen, daß man annimmt, in dieser Zeit hätte es die metrologische Festlegung gegeben, nach der ein Silberstater in 20 Drachmen geteilt wurde.

Es ergaben sich so zwei Richtpreise für den Stater (vgl. oben S. 48 f.):

bis 183/2: 1.200 Rechendr. = 20 x 60 Rechendr. bzw. 4 Staterviertel zu 300 Rechendr.
ab 183/2: 2.400 Rechendr. = 20 x 120 Rechendr. bzw. 4 Staterviertel zu 600 Rechendr.

Nach 168 lag der Preis des Staters dauerhaft unter 2.400 Rechendrachmen, dennoch scheint man bei der Festsetzung der Fiskalmult noch die alte Ratio von 1 : 600 angewandt zu haben. Nach 130/27 hat aber auch wieder das alte Verhältnis

1.200 Rechendr. = 20 x 60 Rechendr. bzw. 4 Staterviertel zu 300 Rechendr.

gegolten, auch wenn der tatsächliche Wert des Staters immer über 1.200 Rechendrachmen lag.

Die einfache Silberdrachme schien also netto (ohne Agio) als ein Zwanzigstel des theoretischen Wertes des Staters bestimmt gewesen zu sein und den Wert von 60 bzw. später auch 120 Rechendrachmen gehabt zu haben.

Es gibt einen Papyrus, auf dem gleichzeitig die beiden hier vorausgesetzten Drachmenbegriffe ("einfache" Silberdrachme und "Staterviertel") aufzutauchen scheinen: BGU XIV 2428.

---

[1] Siehe oben S. 43 ff.

Es handelt sich hierbei um eine Abrechnung aus dem Herakleopolites, die in das 1. Jahrhundert datiert wurde.[2] Unter den Empfängern von Geld befinden sich μαχαιροφόροι [τοῦ] Ἡρακ̣[λε]ι̣δ̣ο̣υ ἐγλογιϲτοῦ (Z. 18 f.), μαχαιροφόροι τ[οῦ] Ἡρακλείδου ν̣εωτέρου (Z. 25 f.), ὑπηρέται (Z. 21),[3] θυρωροί (Z. 28), Τρωγοδύται Κάϲτοροϲ (Z. 24). Andere Eintragungen haben einen mehr privaten Charakter: Aufwendungen für eine Geburtstagsfeier (Z. 37 ff.), für eine Kiste (κίϲτη, Z. 30), ein Sofa (δίεδρα, Z. 31).

Am Ende der ersten Columne (Z. 17) findet sich folgende Eintragung:

] ̣α Θέωνοϲ (δραχμαὶ) δ ʼΑϡ.

Mit den vier Drachmen muß ein Silberstater gemeint sein. Die Zahl ʼΑϡ, 1.900 Rechendrachmen, fassen wir als Staterpreis auf, für dessen Höhe es sowohl in den Papyri des 2. als auch des 1. Jahrhunderts Parallelen gibt.[4]

Nachdem in Col. I und II Ausgaben aufgeführt worden waren, die am Ende der Col. II zu 5 Tal. und 2.400 Dr. summiert werden (worunter offensichtlich Rechendr. zu verstehen sind), beginnt mit Col. III (Z. 34) eine neue Liste von Ausgaben, diesmal in ἀργ(υρίου) ⟨δραχμαί⟩ (Z. 35):

Col. III (Z. 34 -43):

	π ̣ ̣ ̣ ̣ ̣ ̣ δ ̣ ̣ ιομα ̣ ̣			
	ὑπὸ τὴν ε ̣ ̣ ̣ ιν ἀργ(υρίου)	λε	...	*35 Silberdr.*
36	καὶ ἐν τῆι ἑ̣ορτῆ̣ι	λε	*zum Fest*	*35*
	γενεϲίοιϲ αὐτῶι	νβ	*ihm zum Geburtstag*	*52*
	Ἡρακλείδηι ἑορτῆϲ	λζ	*dem Herakleides zum Fest*	*37*
	τιμὴν χηνὸϲ γεν̣ε̣ϲίοιϲ		*Preis für eine Gans zum Geburtstag*	
40	Ἡρακλείδηι νεωτέρωι	ιβ	*für den jungen Herakleides*	*12*
	γίνονται ἀργ(υρίου) (δρ.)	ροε	*Summe:*	*175 Silberdr.*
	ὧν χα(λκοῦ)	ϛρκε	*abzüglich*	*6.125 Bronzedr.*
	γίνεται (τάλ.) α	ʼΔφκε	*Rest:*	*10.525 (Bronzedr.)*

[2] Der Papyrus stammt aus Kartonage. Eintragungen auf der Rückseite sind in derselben Schrift geschrieben wie BGU XIV 2432-2434, die ebenfalls in das 1. Jahrhundert datiert worden sind.

[3] Zu dem Genetiv νομάρχου (Z. 23) darf man wahrscheinlich ebenfalls ὑπηρέται ergänzen.

[4] Siehe die Belege unten S. 196 ff., die zeigen, daß der Staterpreis auch sonst in der hier vorliegenden Form notiert wurde.

Die Ausgaben in Silberdrachmen betragen 35 + 35 + 52 + 37 + 12 Dr., was in der Summe 171 Dr. ergibt. Die Summe auf dem Papyrus weist hingegen 175 Silberdrachmen auf. Ob hier ein Rechenfehler vorliegt oder ein Posten von vier Dr. nicht verzeichnet, aber ausgegeben wurde, läßt sich natürlich nicht mehr erkennen, ist aber für unsere Überlegung von nur geringer Bedeutung. Der Wert der Silberdrachmen läßt sich zumindest annähernd bestimmen, da von den 175 Silberdrachmen ein Betrag in Rechendrachmen abgezogen wird und das Ergebnis dieser Subtraktion in Rechendrachmen verzeichnet wird.

Abzug (6.125 Rechendr.) und Rest (10.525 Rechendr.) ergeben zusammen 16.650 Rechendrachmen. Dieser Betrag muß den 175 (oder 171) Silberdrachmen entsprochen haben. Auf eine Silberdrachme kommen damit etwa 95 Rechendrachmen.[5]

Dieser Betrag ist mit dem Staterpreis von 1.900 Rechendrachmen zu vergleichen. Es kann kaum Zufall sein, daß ein Zwanzigstel von 1.900 Rechendrachmen 95 Rechendrachmen ergibt. Es scheint also, daß der Wert der ἀργυρίου δραχμή dieses Papyrus ein Zwanzigstel des Staters betrug.[6]

---

5 16.650 : 175 = 95,143
16.650 : 171 = 97, 368.

6 In Z. 39 kostet eine Gans 12 Silberdrachmen, das sind, wenn man die Silberdrachme mit 95 Rechendrachmen rechnet, 1.140 Rechendrachmen.

Vgl. dazu folgende Preise für Gänse:

P. Col. Zenon I 43, 16 (253) καὶ παρὰ cοῦ ἐλάβομεν εἰc τὴν ἑορτὴν χῆνα (δρ.) ε.

BGU VII 1501, 1-3 (ca. 210-204 oder 193-189 v. Chr. (?) nach T. Reekmans, Studia Hell. 7, 1951, 69, Anm. 2): 600 Rechendr. (χήν) und 200 Rechendr. (χηνίον).

P. Tebt. III 2, 1079, 118. 123 (3./2. Jhdt.): 200 Rechendrachmen.

SB XVI 12375, 45 und 126 (ca. 180 v. Chr., vgl. P. J. Sijpestijn, Chr. d'Ég. 54, 1979, 273 ff.): 1.200 Rechendrachmen.

P. Iand. VIII 146 X 4 (ca. 180 v. Chr. nach T. Reekmans, Studia Hell. 7, 1951, 83): 1.000 Rechendr. (vgl. zu diesem Papyrus auch unten S. 195, Anm. 1).

UPZ I 68, 4 (152 v. Chr.): 1.000 Rechendrachmen.

P. Tebt. III 2, 891, 16 (2. Jhdt.): 1.300 Rechendrachmen.

UPZ I 83, 14 (163-161): 2.000 Rechendrachmen.

3. Nach 130/27: Eine Drachme im Silberstandard = = 60 Rechendrachmen?

Im folgenden Abschnitt soll der Frage nachgegangen werden, was denn eigentlich nach 130/27 mit der χαλκοῦ δραχμή, auf die die Immobilienpreise dieser Zeit lauten, gemeint ist. Diese χαλκοῦ δραχμαί scheinen 60 Rechendrachmen zu gelten. Nach herkömmlicher Ansicht ist unter der Drachme im Silberstandard nach 130/27 eine Einheit von 480 Rechendrachmen zu verstehen. Eine solche Recheneinheit hat es aber nie gegeben.

a) Spätptolemäische Preise für Saatland

Aufschluß in dieser Frage ist am ehesten aus einem Vergleich der spätptolemäischen und römischen Preise für Saatland (ϲιτοφόροϲ γῆ) zu erwarten. Aus ptolemäischer Zeit stehen solche Preise vor allem aus dem oberägyptischen Pathyris zur Verfügung.

Die ptolemäischen Preise lauten auf χαλκοῦ δραχμαί oder χαλκοῦ τάλαντα, bei den römischen Preisangaben handelt es sich um Silberdrachmen. Die ptolemäischen Preise schwanken zwischen etwa 1.000 und 18.000 Dr. pro Arure.[1] Bei diesen Preisangaben in Bronzedrachmen kann sich nicht um Rechendrachmen handeln, die Landpreise wären sonst viel zu gering, denn eine Artabe Weizen kostet in dieser Zeit bereits etwa 1.000 bis 2.000 Rechendrachmen.[2] Mit den χαλκοῦ δραχμαί müssen Drachmen im Silberstandard gemeint sein.

Es können darunter aber auch keine "Staterviertel" (ohne Agio) zu verstehen sein, denn in römischer Zeit liegen die Landpreise bei nur etwa 200 bis 800 Silberdr. In dieser Zeit kostet eine Artabe Weizen ca. 5 bis 10 Silberdr. Damit betrug der Wert einer Arure Saatland in römischer Zeit etwa 40 bis 80 Artaben Weizen.

Wenn wir dieses Verhältnis auf die spätptolemäische Zeit übertragen, dann müßte in der Zeit nach 130/27 bei einem Weizenpreis von 1.000 bis 2.000 Rechendrachmen der Landpreis pro Arure bei 40.000 bis 160.000 Rechen-

---

[1] Siehe unten die Liste S. 206 ff. Ein besonders niedriger Preis von 500 Bronzedrachmen liegt in P. Straßb. II 81 (115 v. Chr.) vor.

[2] Siehe unten S. 182.

drachmen liegen. Tatsächlich liegt er bei ca. 1.000 bis 18.000 χαλκοῦ δραχμαί.

	Weizenpreis (pro Art.)	Preis einer Arure	
1. Jh. n. Chr.	ca. 5 - 10 Silberdr.	ca. 200 - 400 Silberdr.	Faktor: 40
		ca. 400 - 800 Silberdr.	Faktor: 80
130/27-30 v. Chr.	1.000 - 2.000 RechDr.	[40.000 - 80.000 RechDr.]	Faktor: 40
		[80.000-160.000 RechDr.]	Faktor: 80
		ca. 1.000 - 18.000 BrDr.	

So sind die spätptolemäischen Landpreise einerseits zu niedrig, um auf Rechendrachmen zu lauten, andererseits aber zu hoch, als daß sie sich auf Staterviertel beziehen könnten. Ihnen müssen "einfache" Drachmen im Silberstandard[3] zugrundeliegen. Wenn wir annehmen, daß mit diesen χαλκοῦ δραχμαί Sechziger gemeint sind, dann bewegten sich unsere Landpreise von 1.000 bis 18.000 χαλκοῦ δραχμαί zwischen 60.000 und 1 080.000 Rechendrachmen. Auf Grund der römischen Verhältnisse erwarten wir Preise von 40.000 bis 160.000 Rechendrachmen. Damit scheint sich für unseren ptolemäisch-römischen Preisvergleich unter der Voraussetzung, daß die χαλκοῦ δραχμή der ptolemäischen Landpreise der Sechziger sei, ein einigermaßen glattes Resultat zu ergeben.

Freilich ist einzuräumen, daß die ptolemäischen Landpreise in einer größeren Bandbreite überliefert sind als die römischen. Die höchsten ptolemäischen Landreise übersteigen die römischen unter der Voraussetzung, daß auch in ihnen die χαλκοῦ δραχμή als Sechziger zu verstehen ist. Gleichzeitig kann man aber das Vorhandensein dieser gehobenen ptolemäischen Landpreise als ein Indiz dafür ansehen, daß die χαλκοῦ δραχμή tatsächlich nur der Sechziger und nicht etwa der Hundertzwanziger sein kann. Denn wäre mit χαλκοῦ δραχμή der Hundertzwanziger gemeint, dann würden die römischen Preise von den höchsten ptolemäischen noch stärker übertroffen werden.

Dem Umstand, daß in ptolemäischer Zeit Bodenpreise in einer größeren Bandbreite überliefert sind als im 1. Jahrhundert nach Chr., wird man angesichts der Tatsache, daß die Zahl unserer Belege recht gering ist, keine allzu große Bedeutung beimessen dürfen. Ausreichend scheint die Zahl der Belege aber doch zu sein, um sich von der Dimension eine Vorstellung zu machen,

3 Siehe oben S. 16.

in der sich die Bodenpreise bewegten. Und nur darum geht es in der Frage, ob hinter unseren χαλκοῦ δραχμή der Sechziger steht.

Eine gewisse Vorstellung vom Preisniveau geben auch die in Zusammenhang mit Auktionen überlieferten Landpreise. Sie bewegen sich in ptolemäischer Zeit zwischen 644 und 1.500 χαλκοῦ πρὸς ἀργύριον δραχμαί[4] und liegen so am unteren Ende der Preise für Saatland.[5] Auch in römischer Zeit bewegen sich die Preise für konfisziertes Land am unteren Ende der Landpreise.[6] Damit wird man das normale spätptolemäische Preisniveau bei etwa 1.000 bis 2.000 Bronzedrachmen (Sechzigern) ansiedeln dürfen, also bei etwa 60 Artaben Weizen im Wert von 1.000 bis 2.000 Rechendrachmen.

b) Spätptolemäische Preise für Bauplätze (ψιλοὶ τόποι)

Wie sehr Bodenpreise nach oben hin offen sind und bis in welche Höhen sie steigen können, kann man aus den erhaltenen Preisangaben für Bauland lernen. Bauland ist sowohl in römischer als auch ptolemäischer Zeit viel teurer als Saatland. Wie heute spielt bei der Preisgestaltung die Lage eine große Rolle,[7] aber auch die Größe des Areals. Schon bei den Preisen für Saatland sieht man, daß kleinere Flächen teuerer sein können als größere. Noch stärker gilt das für ψιλοὶ τόποι. Gerade für winzige Flächen hat man überdurchschnittlich hohe Preise gefordert.

Da in römischer Zeit das Preisniveau der ψιλοὶ τόποι mindestens zehnmal höher ist als das von Saatland, wird man auch den hohen ptolemäischen Preisen für ψιλοὶ τόποι nicht die Rechendrachme zugrundelegen dürfen, sondern die Bronzedrachme im Silberstandard, also wohl auch hier den Sechziger.

Es fällt auf, daß die Preise nach 130/27 nicht höher sind als vor 130/27. Die Preissteigerung, die bei Gütern des täglichen Bedarfs so deutlich zu erkennen ist, scheint sich, wenn man auf Grund der wenigen Belege verallgemeinern darf, nicht auf die Preise für Bauland ausgewirkt zu haben. Der

[4] Bei den χαλκοῦ πρὸς ἀργύριον δραχμαί handelt es sich um χαλκοῦ δραχμαί, in die ein Agio eingerechnet wird (ab der 2. Hälfte des 2. Jhdts offenbar 20%, die Recheneinheit beträgt somit nicht 60 Rechendr., sondern 72 Rechendr.). Vgl unten s. S. 93 ff.

[5] Der Preis für acht Ellen βουνός von 2.000 χαλκοῦ πρὸς ἀργύριον δραχμαί (UPZ II 218, s. unten S. 207) ist nicht mit den Preisen für Saatland, sondern offenbar eher mit den Preisen für ψιλοὶ τόποι zu vergleichen.

[6] Drexhage, Preise, Mieten/Pachten, Kosten und Löhne, S. 130.

[7] Bauplätze sind in Theben oder Djeme teurer als in Pathyris.

Grund für diese unterschiedliche Entwicklung könnte darin liegen, daß die nach 130/27 zu beobachtende Verdoppelung des Preis- und Lohnniveaus eine Erscheinung der Bronzewährung ist, Immobilienpreise aber an die Silberwährung gebunden sind und der Preis des Staters nach 130/27 nicht stieg.

4. Agio und Gebühren bei Steuerzahlungen: χαλκοῦ πρὸς ἀργύριον, χαλκοῦ οὗ ἀλλαγή und χαλκοῦ ἰσονόμου δραχμαί

Bereits im 3. Jahrhundert war bei Steuern festgelegt, ob sie πρὸς ἀργύριον oder πρὸς χαλκόν zu bezahlen waren. Bei Steuern, die πρὸς ἀργύριον verpachtet waren, mußten im Falle der Bezahlung in Bronze statt Silber etwa 10 Prozent Agio (ἀλλαγή) bezahlt werden. Bei Steuern, die πρὸς χαλκόν verpachtet waren, galt die Zahlung in Bronze als vollwertig, ohne daß ein Agio fällig wurde.[1]

So heißt es in dem Revenue-Papyrus (259 v. Chr.) zur Pacht des Ölmonopols: πωλοῦμεν τὴν ὠνὴν (das Ölmonopol) πρὸς χαλκὸν καὶ λημψόμεθα εἰς τὸν στατῆρα ὀβολοὺς κδ (P. Rev. Laws [= SB Beiheft 1] 60, 13-15).[2] In diesem Fall reichten also als Äquivalent für vier Silberdrachmen 24 Bronzeobolen. Bei solchen Zahlungen konnte man auch sagen, daß man χαλκοῦ ἰσονόμου bezahlte.[3]

Wenn hingegen als Zahlungsbedingung festgesetzt wurde: χαλκοῦ εἰς κς (ἥμισυ), so waren anstelle eines Silberstaters 26,5 Bonzeobolen zu bezahlen und nicht nur die nach dem metrologischen Schema eigentlich vorgesehenen 24 Obolen. Es wurden also pro Stater 2,5 Bronzeobolen Agio verlangt, etwa 10%.[4] Bei Zahlungen in Bronze zahlte man in diesen Fällen χαλκοῦ πρὸς ἀργύριον.[5]

---

[1] Vgl. Wilcken, Grundzüge S. lxiii-lxiv.

[2] Vgl. auch P. Rev. Laws 40, 10; 76, 3-5.

[3] Frühe Belege für diese Ausdrucksweise sind: P. Bad. IV 82, 9 (237 v. Chr. nach Berichtigungsl. II 2, S. 183), O. Bodl. I 43, 4 (225 v. Chr.), P. Tebt. III 1, 815 fr. 2 r 19. 67; fr. 4 r 5. 19. 25. 53 (223/2 v. Chr., vgl. Uebel, Die Kleruchen, S. 125, Anm. 1), P. Petr. III 119 p. 303; 130 p. 321 (3. Jhdt.), P. Bon. 11 R r ii 7; R v i 5f. (Ende des 3. Jhdts.).

[4] Den Stater zu 26,5 Obolen zu rechnen, stellt den Normalfall dar, der manchmal leicht über- oder unterschritten wird. Für Belege vgl. die Liste bei Heichelheim, Wirtschaftl. Schwankungen, S. 26 und F. Oertel, Zeitschr. Sav. Stift. Rom. Abt. 51, 1931, 574 f. Vgl. auch SB XVI 12342-12344 und P. Lond. VII 1934, 9-10.

[5] Der älteste datierbare Beleg für den Ausdruck χαλκοῦ πρὸς ἀργύριον scheint P. Hib. I 70a, 10 (229/8) zu sein. Weitere frühe Belege sind P. Tebt. III 1, 814, 71 (227), III 2, 984, 7 (spätes 3. Jhdt.) und P. Eleph. 20, 31 (spätes 3. Jhdt.; vgl. oben S. 74).

Der Ausdruck πρὸς ἀργύριον als Gegensatz zu πρὸς χαλκόν ist hingegen schon viel früher belegt: P. Hib. I 112, 42. 55. [87] (ca. 260), P. Rev. Laws 24, 12 (259), PSI IV

Diese Unterscheidung war so lange sinnvoll, als man Bronzegeld problemlos in Silbergeld einwechseln konnte und für etwa 26,5 Obolen tatsächlich einen Silberstater bekam. Nun stieg zu Ende des 3. Jahrhunderts der Preis für den Stater stark an.[6] Wahrscheinlich wurde der Wert des Staters bereits 223/2 von vier auf acht Drachmen hinaufgesetzt (s. S. 74), zu Ende des Jahrhunderts scheint dann der Wert des Staters bereits 20 Drachmen betragen zu haben. Ab dem ausgehenden 3. Jahrhundert mußte Silbergeld mit Bronzegeld gekauft werden und sein Preis (τιμή) schwankte. Von nun an gab es bis zum Ende der Ptolemäerzeit kein festes Verhältnis zwischen Bronze- und Silbergeld mehr.

Unter diesen Voraussetzungen war es eigentlich anachronistisch, wenn der Staat bei Steuern, die auf Silber lauteten, aber in Kupfer bezahlt wurden, weiterhin das Agio von etwa 10% verlangte. Dennoch verlangte man auch im 2. und 1. Jahrhundert, wo Steuern, so weit wir sehen, so gut wie ausschließlich in Bronzegeld bezahlt wurden, weiterhin die üblichen 10% Agio für Zahlungen in χαλκοῦ πρὸϲ ἀργύριον.[7] Obwohl sich also die Verhältnisse grundlegend geändert hatten, unterschied man in der Finanzverwaltung weiterhin zwischen Steuern, die πρὸϲ ἀργύριον, und solchen, die πρὸϲ χαλκόν (χαλκοῦ ἰϲονόμου) zu bezahlen waren, oder, vorsichtiger ausgedrückt, man unterschied zumindest in der Buchhaltung, ob eine Summe in der Kategorie χαλκοῦ πρὸϲ ἀργύριον oder χαλκοῦ ἰϲονόμου verbucht wurde.[8]

Bevor wir nun genauer auf die Verhältnisse des 2. und 1. Jahrhunderts eingehen, seien zwei Belege aus dem Ende des 3. Jahrhunderts (UPZ I 112 und P. dem. Berlin III 13537) ausführlicher behandelt, da sie für das Verständnis der Verhältnisse der späteren Zeit von Bedeutung sind.

356, 7 (253/2), P. Col. III 55, 8 (250), P. Cair. Zen. III 59327, 112 (249), P. Hib. I 51, 2 (245), P. Mich. I 106, 9 (Zenon-Archiv), P. Lille I 31, 23 und 37, 6 (247-21), P. Petr. II 30 c 3 (3. Jhdt.),

[6] Siehe oben S. 70 ff.

[7] Die alte Formel des 3. Jahrhunderts χαλκοῦ εἰϲ κς (ἡμιωβ.) findet sich noch in UPZ I 114 I 33 (150 v. Chr.).

[8] Grundsätzlich hätte man nun, da nur mehr in Bronze bezahlt wurde, jede Steuerzahlung entweder in der Kategorie χαλκοῦ πρὸϲ ἀργύριον oder in der Kategorie χαλκοῦ ἰϲονόμου verbuchen können. So sind Zahlungen der Apomoira sowohl als χαλκοῦ ἰϲονόμου als auch

a) UPZ I 112 und P. dem. Berlin III 13537

UPZ I 112, eine Steuerpachtausschreibung für den Oxyrhynchites, datiert wahrscheinlich aus dem Jahr 203/2, stammt also bereits aus einer Zeit, in der der Preis des Silbergeldes stark gestiegen sein muß. Dennoch finden wir hier noch immer Bestimmungen, wie sie zumindest ähnlich vor der Verteuerung des Silbergeldes gegolten haben müssen (Z. v 16 - vi 3):

τῶν δὲ πρὸϲ ἀργύ[ρ]ιον ὠνῶν προϲδιαγράψουϲιν ἀλ⟨λ⟩αγὴν ὡϲ τῆϲ μνᾶϲ ι (διώβ.) [ἡμιωβ.)] καὶ καταγώγιον (τριώβ.) καὶ ⟨εἰϲ⟩ τιμὴν ϲπυρίδων καὶ τἆλλ[α] ἀνηλώμ̣ατα α (τριώβ.) (ἡμιωβ.) ὥϲτ' εἶναι ιβ (τριώβ.),

καὶ τῶν πρὸϲ χαλκὸν ἰϲόνομ̣[ον] ζυτηρᾶϲ μὲν χωρὶϲ τῆϲ ὑποκειμένηϲ εἰϲ τὴν ἐπιϲκευὴν δραχμῆϲ (μιᾶϲ) καὶ εἰϲ τὸ καταγώγιον ἄλλαϲ̣ β ὥϲτ' εἶναι γ,

τῶν δὲ λοιπῶν ὠνῶν τῶν πρ[ὸϲ χαλκὸν ἰϲόνομον] χωρὶϲ τῶν ἀπὸ τοῦ χειριϲμοῦ . . . . [. . . . .] καὶ εἰϲ τιμὴν ϲπυρίδων καὶ τἆλλ' ἀνηλ[ώματα . .].

Für die Pachten, die zur Kategorie πρὸϲ ἀργύριον (in Silber [zu zahlen]) gehören, werden (die Steuerpächter) ein Agio von 10 Dr. 2,[5] Obolen pro Mine zahlen, ferner ein Transportgeld von 3 Obolen[9] *und als Preis für die Körbe und andere Spesen 1 Dr. 3,5 Ob., so daß sich in der Summe 12 Dr. 3 Ob. ergeben,*

und für die Pachten, die zur Kategorie πρὸϲ χαλκὸν ἰϲόνομον (in Bronze ohne Aufgeld [zu zahlen]) gehören, werden sie zusätzlich zahlen

für die Biersteuer außer der Drachme für die Ausrüstung (ἐπιϲκευή) zwei Drachmen für das Transportgeld, so daß es in der Summe drei sind,

für die anderen Pachten aber, die zur [Kategorie πρὸϲ χαλκὸν ἰϲόνομον gehören], außer [ ] als Aufwendung für die Verwaltung und als Preis für die Körbe und andere Spesen [ ].

Die Steuerpachten werden eingeteilt in πρὸϲ ἀργύριον ὠναί und πρὸϲ χαλκὸν ἰϲόνομον ὠναί. Das Agio (ἀλλαγή) von 10 Dr. 2,5 Ob. pro Mine bei den πρὸϲ ἀργύριον ὠναί entspricht exakt dem im 3. Jhdt. allgemein

---

als χαλκοῦ πρὸϲ ἀργύριον verbucht worden, obwohl die Apomoira ursprünglich offenbar in Silber gefordert wurde (P. Rev. 24, 12; O. Bodl. I 43 p. 7; P. Köln V 220, 13 und 221).

[9] Das καταγώγιον von 3 Obolen pro Mine findet sich auch in Wilcken, Chr. 340, 11 (= P. Eleph. 14 = Meyer, Jur. Pap. 57 = Sel. Pap. II 233; 223/2).

üblichen Agio von 2,5 Obolen pro Stater.[10] Besonders interessant ist aber, daß in UPZ 112 auch noch kleine Summen für Spesen gefordert werden, die mit unserer ἀλλαγή nichts zu tun haben und in ähnlicher Weise sowohl für Steuern, die man πρὸϲ ἀργύριον, als auch für Steuern, die man πρὸϲ χαλκὸν ἰϲόνομον rechnete, fällig werden. Diese Spesen haben im 2. Jahrhundert eine relativ große Bedeutung erlangt.

Eine Rolle spielen diese Spesen offenbar auch in dem demotischen Papyrus P. dem. Berlin III 13537, der aus dem Jahr 217 stammt. In diesem Papyrus ist von Steuerrückständen die Rede. Besonders interessant ist dabei die Berechnung der i̓n-šn-Steuer ("Schleier(?)-Steuer") für 77 Frauen. Sie beträgt 1 Deben, 7 2/3 1/22 Kite und 1/2 1/4 Ob.

K.-Th. Zauzich hat im Kommentar zur Stelle gezeigt, daß pro Person 2,75 Ob. + 1/50 Ob. gerechnet wurden. Die Rechnung geht nur unter dieser Voraussetzung auf,[11] nur so erklärt sich, warum in der Gesamtsumme für die 77 Frauen neben Bruchteilen der Kite auch Teile des Obolos auftauchen.

Die Rechnung steht sicherlich noch im Silberstandard (auf den Obolos kommen also 10 Rechendr.). Sonderbar ist aber, daß in der Steuerquote ein so geringer Betrag wie 1/50 Ob. auftaucht, der so klein ist, daß es für ihn keine Münze gegeben hat. Diese sonderbare Quote ist wohl nur verständlich, wenn man annimmt, daß in ihr ein Anteil für Spesen enthalten ist. Wenn 1/50 Ob. Spesen auf 2,75 Obolen gerechnet worden wären, dann ergäben

---

[10] Wahrscheinlich findet man die gleiche Formulierung für das Agio auch in W. Chr. 340, wo man für Zahlungen in Bronze zu verlangen scheint τὴν εἰθιϲμένην ἀλλαγὴν ὡϲ τῆι μν(ᾶι) ι (διώβ.) (ἡμιωβ.) (Z. 9 im Wortlaut, den U. Wilcken im Kommentar zu UPZ I 112, v 16 - vi 3 vermutet hat).

[11] 1 Deben, 7 2/3 1/22 Kite und 1/2 1/4 Obole = 17 2/3 1/22 Kite und 1/2 1/4 Ob. = 212 12/22 3/4 Ob. = 213 1/4 4/100 Ob.

Die Quote von 2 3/4 1/50 Ob., multipliziert mit 77, ergibt:

Oboloi	multipliziert mit 77
2	154
1/2	38 1/2
1/4	19 1/4
1/50	1 54/100
	212 1/2 1/4 54/100 = 213 1/4 4/100

sich für 100 Drachmen Spesen in Höhe von 4 Obolen 3 Chalkoi,[12] die in ihrem Ausmaß mit den Spesenzahlungen in UPZ I 112 vergleichbar wären. Wie sich genau dieser sonderbar krumme Bertrag der ỉn-šn-Steuer zusammensetzte, läßt sich natürlich nicht mehr mit Sicherheit sagen. Worauf es hier nur ankam, war zu zeigen, daß dieser Betrag am einfachsten mit der Annahme erklärt wird, daß in ihm geringe Spesen eingerechnet sind.

b) Das Agio bei Zahlungen an den Staat im 2. und 1. Jahrhundert

Im 2. und 1. Jahrhundert vor Chr. ist es bei Zahlungen an den Staat weiterhin üblich anzugeben, ob eine Zahlung χαλκοῦ πρὸϲ ἀργύριον (wofür man nun auch χαλκοῦ οὗ ἀλλαγή sagt) oder χαλκοῦ ἰϲονόμου erfolgt ist. Belege sind unten S. 210 ff. zusammengestellt.

Zwischen den Ausdrücken χαλκοῦ πρὸϲ ἀργύριον und χαλκοῦ οὗ ἀλλαγή ist kein Bedeutungsunterschied feststellbar. Sie sind offenbar synonym gebraucht. Besonders deutlich ist dies in P. Coll. Youtie I 13, 10 f. 13 f. (170 v. Chr.), wo der Betrag der Enkyklionsteuer von 100 Dr. zweimal genannt wird und einmal mit dem einen und dann mit dem anderen Ausdruck versehen ist, ohne daß ein sachlicher Unterschied erkennbar ist. Beide Ausdrücke werden auch in P. Köln V 221 (ca. 190 v. Chr.) nebeneinander gebraucht.

Die drei Ausdrücke χαλκοῦ πρὸϲ ἀργύριον, χαλκοῦ οὗ ἀλλαγή und χαλκοῦ ἰϲονόμου werden sowohl bei Angaben in Drachmen im Silberstandard verwendet, als auch bei Angaben in Rechendrachmen.[13]

12

Für 2,75 Ob. an Spesen	1/50 Ob.
Für 5,5 Ob.	1/25 Ob.
Für 137,5 Ob. = 22,91 Dr.	1 Ob.
Für 91,64 Dr.	4 Ob.
Für 8,59 Dr.	3 Ch.
Für 100,23 Dr.	4 Ob. 3 Ch.

13 Rechendrachmen sind z. B. gemeint in P. Köln V 221 (Arsinoites, ca. 190 v. Chr.), wo 1 Metretes Wein 400 Dr. χαλκοῦ πρὸϲ ἀργύριον (bzw. χαλκοῦ οὗ ἀλλαγή) kostet bzw. 450 Dr. χαλκοῦ ἰϲονόμου.

Rechendrachmen müssen auch in P. L. Bat. XIX 6, 34 (Pathyris, 109 v. Chr.) gemeint sein, wo 10 Aruren als Garantie für 13,5 geschuldete Artaben Weizen gekauft werden. Der Preis der 10 Aruren beträgt 16.200 Dr. Pro Artabe sind also 1.200 Dr. veranschlagt. Dieser Betrag ist nur verständlich, wenn er auf Rechendrachmen bezogen ist. Denn die in dieser

Die Steuerpachtausschreibung UPZ I 112 zeigte, daß man bei Zahlungen χαλκοῦ πρὸc ἀργύριον neben der ἀλλαγή von ca. 10% Spesen berechnete, die in ähnlicher Weise auch bei Zahlungen der Kategorie πρὸc χαλκὸν ἰcόνομον fällig wurden. Die ἀλλαγή von ca. 10% galt im 2. Jahrhundert weiter. Ausdrücklich erwähnt wird sie noch in UPZ I 114 I 33 (150 v. Chr.), wo χα(λκοῦ) εἰc κς (ἡμιωβέλιον) gezahlt wird.[14]

Wenn nun also in unseren Belegen (unten S. 210 ff.) für Steuerzahlungen der Kategorie χαλκοῦ πρὸc ἀργύριον das Agio immer deutlich höher ist und in der Regel 15% beträgt, so entfallen davon 10% auf die ἀλλαγή und 5% auf Spesen. Das erkennt man daran, daß auch bei Steuerzahlungen χαλκοῦ ἰcονόμου ein Zuschlag von etwa 5% zu zahlen ist.[15]

Gegen Ende des 2. Jahrhunderts stiegen dann die Spesen von 5 auf 10%, so daß bei Steuern lautend auf χαλκοῦ πρὸc ἀργύριον oder χαλκοῦ οὗ ἀλλαγή 20% Zuschlag gerechnet wurde.[16] Aus dieser Zeit stammen Steuerbelege für ἀπόμοιρα, ἐπαρούριον, οἴνου τέλοc mit einem Zuschlag von nur 10%.[17] Bei diesen Zahlungen ist zwar nicht ausdrücklich vermerkt, daß es sich um Zahlungen χαλκοῦ ἰcονόμου handelt, aber aus dem Vergleich wird deutlich, daß diese Kategorie gemeint sein muß.[18]

Der Aufschlag von 20% für Steuern der Kategorie χαλκοῦ πρὸc ἀργύριον blieb bis zum Ende der Ptolemäerzeit erhalten. Als dann in römischer Zeit für den Stater ein Agio von etwa 20% zu zahlen war, handelte es sich um eine Größenordnung, mit der man seit langem vertraut war.

Fraglich ist, ob die Bedeutung des Ausdrucks χαλκοῦ πρὸc ἀργύριον damit bereits vollständig beschrieben ist. Als Anhang behandelt sei ein Phänomen, das erst aus römischer

---

Zeit üblichen Weizenpreise liegen zwischen 1.000 und 1.500 Rechendrachmen (s. unten S. 182).

[14] Vgl. auch P. Mich. inv. 6947 (R. Scholl, Corpus der ptol. Sklaventexte I 9, S. 57; 197 v. Chr.): Preis einer Sklavin 500 Bronzedr. + 52 2/3 Bronzedr. Agio; P. Köln V 221 (ca. 190 v. Chr.): Preis für 1 Metretes Wein 400 Rechendr. χαλκοῦ πρὸc ἀργύριον bzw. 450 Rechendr. χαλκοῦ ἰcονόμου.

[15] O. Straßb. 10 (161 v. Chr.; bei οἴνου τέλοc 5,26%); O. Straßb. 11 (161 v. Chr.; bei οἴνου τέλοc 5,63%).

[16] Vgl. unten S. 213 und die Belege bei J. G. Milne, Double Entries in Ptolemaic Tax-Receipts, Journ. of Eg. Arch. 11, 1925, 270-273.

[17] J. G. Milne, ebda., S. 270-272.

[18] Immerhin ist die Summe für ἐπαρούριον in BGU VI 1354 (123 v. Chr.) mit einem Aufschlag von 7,28% als χαλκοῦ ἰcονόμου charakterisiert.

Zeit belegt ist. In oxyrhynchitischen Urkunden der Zeit von 86 bis 100 n. Chr. hat sich ein fester Tarif für die λύτρα (manumissio) von Sklaven erhalten, der wahrscheinlich in die ptolemäische Zeit zurückreicht. Dieser Betrag zerfällt in zwei Teile, er beträgt

in P. Oxy. XXXVIII 2843 und P. Oxy. I 48 (86 n. Chr.):[19]
10 ἀργυρίου ἐπιϲήμου δρ. und 63.000 χαλκοῦ δρ.
in P. Oxy. I 49 u. 50 (100 n. Chr.): 10 ἀργ. ἐπιϲήμου δρ. u. 12.600 χα. πρὸϲ ἀργ. δρ.[20]

Bereits der Ausdruck ἀργυρίου ἐπιϲήμου δραχμαί erinnert an die ptolemäische Zeit.[21] Bei den 63.000 Bronzedrachmen handelt es sich um Rechendrachmen, welche in P. Oxy. 2843 in (römische) Silberdr. umgerechnet werden (vgl. dazu unten S. 119).[22]

Auffällig ist nun, daß in unserem dritten und vierten Beleg für die λύτρα anstelle der 63.000 Rechendrachmen (χαλκοῦ δρ.) 12.600 χαλκοῦ πρὸϲ ἀργύριον δραχμαί genannt werden. 12.600 ist genau ein Fünftel von 63.000. Damit ergibt sich der Verdacht, daß der Ausdruck χαλκοῦ πρὸϲ ἀργύριον δραχμαί hier nicht so gebraucht ist, wie wir ihn erklärt haben. Wenn 12.600 χαλκοῦ πρὸϲ ἀργύριον δραχμαί den gleichen Wert darstellten wie 63.000 χαλκοῦ δραχμαί, dann hätten wir hier eine Parallele zu der in demotischen Urkunden der Ptolemäerzeit belegten Rechenweise, nach der ein ḥḏ nicht nur 20, sondern auch 100 Rechendrachmen bedeuten konnte (s. oben S. 43 ff.).

---

19 Beide Papyri beziehen sich auf dieselbe Manumissio.

20 Die Summen lauten im Wortlaut:
P. Oxy. XXXVIII 2843, 14-21: ἀργυρίου ἐπιϲ[ή]μου δραχμῶν δέκα καὶ ὧν τ̣[έ]τ̣ακτε (= τέτακται) ὑπὲρ αὐτῆϲ (sc. der Freigelassenen) τῇ προγεγραμμένῃ αὐτῆϲ δεϲπότιδι Ἀλίνῃ{ν} Θέων - - - λύτρων ἀργυρίου Cεβα̣[ϲ]τοῦ νομίϲματοϲ δραχμῶν ὀκτακοϲίων ἐκ χαλκοῦ ταλάντ[ο]υ (= ταλάντων) δέκα τ⟨ρ⟩ιϲχι[λ]ίαιϲ (= τριϲχιλίων).
P. Oxy. I 48, 13-16: ἀ[ρ]γυρίου ἐπιϲήμου δραχμῶν δ[έ]κα καὶ χαλκ[ο]ῦ ταλάντων δέκα τριϲχιλίων.
P. Oxy. I 49, 16-18: ἀργ(υρίου) ἐπιϲήμου (δρ.) ι καὶ χα(λκ.) πρὸϲ ἀργύριον (ταλ.) β χ.
P. Oxy. I 50, 3-5: ἀργ(υρίου) ἐπιϲή(μου) (δρ.) δέκα καὶ χαλκ(οῦ) πρὸϲ ἀργ(ύριον) (ταλ.) β χ. Vielleicht betrifft diese Quittung denselben Sklaven wie P. Oxy. I 49.

21 Die zehn Drachmen werden in P. Oxy. XLV 3241, 8 (163 n. Chr.) προπρατικόν genannt. Diese Summe hat bereits M. W. Haslam, ZPE 20, 1976, 60 als "a hangover" aus ptolemäischer Zeit aufgefaßt.

22 Der Tarif von 63.000 Rechendrachmen ist aus dieser Zeit auch als Kaufpreis für Sklaven in Oxyrhynchos überliefert: SB XVI 12220 (= P. Oxy. II 336 descr., 85/6) und P. Col. VIII 222 (= SB V 7533, 160/1). Vgl. dazu ebenfalls unten S. 119.

5. Heron von Alexandria, Pneum. I 21 und die kleinsten ptolemäischen Bronzemünzen

Nachdem im 2. Jahrhundert der Münzfuß der Bronzemünzen wiederholt verändert wurde, stellte in der Zeit ab 130/27 die Einheit von fünf Rechendrachmen das kleinste verfügbare Nominal dar.[1] Davor beträgt in den Papyri die kleinste Einheit 2,5 bzw. 2 Rechendrachmen.[2] Im 3. und beginnenden 2. Jahrhundert war der Chalkus / die Rechendrachme die kleinste verfügbare Bronzemünze.[3]

Einen literarischen Beleg für das Fünfdrachmenstück als kleinste Scheidemünze bietet die Beschreibung des Weihwasserautomaten bei Heron von Alexandrien (Pneum. I 21, p. 110 Schmidt). Dieser Automat wird durch Einwerfen eines Fünfdrachmenstücks in Gang gebracht:

> εἰϲ ἔνια ϲπονδεῖα πενταδράχμου νομίϲματοϲ ἐμβληθέντοϲ ὕδωρ ἀπορέει εἰϲ τὸ περιρραίνεϲθαι.
>
> *Bei manchen Weihwasserautomaten fließt, wenn man eine Fünfdrachmenmünze einwirft, Wasser zum Besprengen heraus.*

Mit dem πεντάδραχμον νόμιϲμα ist die Bronzemünze zu fünf Rechendrachmen gemeint, welche, wie gesagt, ab 130/27 das kleinste verfügbare Nominal darstellte.

Man könnte erwägen, diese Erwähnung des πεντάδραχμον νόμιϲμα als Indiz in der noch immer umstrittenen Frage der Lebenszeit Herons zu verwerten.[4] Denn die Papyri zeigen, daß man bereits in frührömischer Zeit sehr

---

[1] Nach 130/27 sind in den Papyri offenbar keine kleineren Einheiten als 5 Rechendrachmen überliefert. Belege für 5 Rechendrachmen sind zahlreich, aufschlußreich ist z. B. die lange Abrechnung P. Tebt. I 112 (112 v. Chr.).

[2] In dieser Zeit wurde also die kleinste verfügbare Bronzemünze mit 2,5 bzw. 2 Rechendrachmen bewertet. Vgl. oben S. 5, Anm. 9.

[3] Vgl. Weiser, Katalog ptol. Bronzemünzen, Nr. 78, 83, 96, 111.

[4] In der Frage der Lebenszeit Herons ist noch immer nicht Einmütigkeit erzielt. "Nicht vor Ende des ersten nachchristlichen Jahrhunderts" datiert die Lebenszeit Herons auf Grund sprachlicher Kriterien D. Sakalis, Die Datierung Herons von Alexandrien, Diss. Köln 1972, S. 7. Ebenfalls auf Grund sprachlicher Kritierien hatte zuvor L. Reinhardt, De Heronis Alexandrini dictione quaestiones selectae, Diss. Münster 1930, S. 178, Heron in das aus-

schnell und ganz allgemein die Rechnung in Rechendrachmen aufgegeben hat und die Einheit von 5 Rechendrachmen nun allgemein Chalkus nannte.[5] Es ist also angesichts des Sprachgebrauchs der Papyri sehr unwahrscheinlich, daß es in römischer Zeit noch länger üblich gewesen sein könnte, den Chalkus als πεντάδραχμον νόμιϲμα zu bezeichnen. Dazu kommt, daß der Chalkus in den römischen Papyri kaum mehr erwähnt wird, er also offenbar bald selten geworden ist.

Unsere Stelle scheint also gegen eine Spätdatierung Herons zu sprechen, es sei denn, man zieht als Möglichkeit in Betracht, daß Heron bereits in einer hellenistischen Vorlage den Ausdruck πεντάδραχμον νόμιϲμα vorfand und diesen Terminus übernahm, ohne ihn zu modernisieren.

---

gehende 1. Jahrh. v. Chr. oder das beginnende 1. Jahrh. n. Chr. gesetzt. Wilamowitz, Die griechische und lateinische Literatur und Sprache, Berlin-Leipzig 1905, S. 145, datierte Heron in die Zeit des Claudius (um 45 n. Chr.) wegen seiner Unberührtheit von attizistischer Sprache. Für den Anfang des letzten Jahrhunderts v. Chr. plädierte K. Tittel, Heron, RE VIII 1 (1912), Sp. 1000. O. Neugebauer, Über eine Methode zur Distanzbestimmung Alexandria - Rom bei Heron, Kgl. Danske Videnskabernes Selskab. Hist.-filol. Meddelelser. XXVI 2, Kopenhagen 1938, S. 23 f., hielt es für möglich, daß die in den Dioptra genannte Mondfinsternis mit der Finsternis aus dem Jahr 62 n. Chr. zu identifizieren sei, vertrat aber im übrigen die Ansicht, daß keines der bis dahin vorgebrachten Argumente so beschaffen sei, daß es den für Herons Lebenszeit in Anspruch genommenen Zeitraum von 100 v. Chr. bis 200 n. Chr. mit Sicherheit einzuschränken erlaube.

[5] Siehe unten S. 110 f. Einige weitere Belege für Rechendrachmen in augusteischer Zeit finden sich bei Gara, Prosdiagraphomena, S. 17, Anm. 54.

6. Zum Wertverhältnis zwischen Silber und Gold in ptolemäischer Zeit: BGU VII 1532 und P. Tebt. III 2, 890

Von Goldgeld ist in den ptolemäischen Papyri sehr selten die Rede. Es spielte zumindest in der Chora eine sehr untergeordnete Rolle. Eine gewisse Bedeutung scheint es aber immerhin in der Zeit des großen Silbergeldmangels (ca. 220 - 160) gehabt zu haben.

Ein Blick auf die Goldprägung ab Ptolemaios II. ergibt folgendes Bild. Wichtigste Münze ist das μναιαῖον (geprägt ab 261/60[1]), welches acht Drachmen wiegt und, wie sein Name sagt, netto 100 Silberdrachmen wert ist.[2] Die Ratio zwischen Gold und Silber geträgt also 1 : 12,5. An kleineren Einheiten wurden geprägt:

die Münze zu 4 Gewichtsdr. (in P. Cair. Zen. I 59022, 3. 14. 21 als πεντηκοντάδραχμον bezeichnet),[3]
zu 2 Gewichtsdr.,[4]
zu einer Gewichtsdr.[5]
und zu 1/2 Gewichtsdr.[6] = τετάρτη (= 1/16 des Mnaiaion)[7]

Wie sich das Verhältnis des Goldgeldes zum Silber- und Bronzegeld entwickelte, ist unbekannt. Die beiden im Folgenden zu besprechenden Papyri bieten nur ein Schlaglicht auf sonst unbeleuchtetes Terrain. So sind unsere

---

[1] O. Mørkholm, Early Hellenistic Coinage from the Accession of Alexander to the Peace of Apamea (336-188 B. C.). Edited by P. Grierson and U. Westermark, Cambridge 1991, S. 102-104.

[2] In P. Cair. Zen. I 59022, 1-5 kostet das Mnaiaion 104 Silberdr. Es wird also ein kleines Agio verlangt.

Der Terminus μναιαῖον erscheint in ptolemäischen Papyri sonst noch in P. Mich. I 56, 3 f., P. Lille I 15, 1. 3 (3. Jhdt.), BGU VII 1532, 14. 16 (3./2. Jhdt.), P. Tebt. III 2, 890, 36. 176, BGU X 2006, 13 und UPZ I 121, 10 (alle 2. Jhdt.).

[3] Svoronos 604, 614, 618, 621; 1118; 1500.

[4] Svoronos 605. Vgl. dazu unten S. 108.

[5] Svoronos 606; 995; 1119.

[6] Svoronos 935, 983.

[7] Der Terminus τετάρτη scheint in den Papyri bisher freilich nur als Gewichtsbezeichnung aufzutauchen. Vgl. unten S. 105. Zu Goldgeld, bezeichnet als Φωκαΐς (P. Tebt. III 1, 739, 23; 163 oder 145 v. Chr.?), s. J. G. Milne, "Phocaean Gold" in Egypt, Journ. of Eg. Arch. 20, 1934, 193 f.

Bemerkungen nur ein tastender Versuch, spärliche Nachrichten zu verknüpfen.

a) BGU VII 1532

Die Abrechnung BGU VII 1532 gehört zu einer Gruppe von Ostraka, die bei Grabungen in Philadelphia (Faijum) in einem Keller gefunden und als BGU VII 1500-1562 ediert wurden. Nr. 1500-1548 sind von gleicher Hand.[8] In diesem Archiv wird ausschließlich in Rechendrachmen gerechnet. T. Reekmans hat gezeigt, daß sie in die Zeit zwischen 221 und 183 zu datieren sind. Die Jahresangaben, die sich auf diesen Ostraka finden (Jahr 13-18), sind demnach entweder Philopator oder Epiphanes zuzuordnen, die Ostraka gehören entweder in die Zeit von 210-204 oder 193-187.[9] Unser Ostrakon trägt zwar keine Jahresangabe, aber die Getreidepreise, die genannt werden, weisen auf die vermutete Epoche von 210-183.[10]

Neben den Getreidepreisen sind in dem Archiv wiederholt Weinpreise genannt, die auffällig hoch sind:

BGU 1501, 7: 400 Rechendr. pro Keramion (17. und 16. Jahr)
BGU 1506, 3: 500 Rechendr. pro Keramion (ohne Jahr)
BGU 1516, 2. 9: 900 Rechendr. pro Keramion (ohne Jahr)
BGU 1520: 500 Rechendr. pro Keramion (ohne Jahr)
BGU 1537, 1. 2. 7. 19. 21. 22: 500 Rechendr. pro Keramion (ohne Jahr)

So hohe Weinpreise scheinen im 3. Jahrhundert erst aus der sogenannten Inflationszeit des Ptol. IV. überliefert zu sein:[11]

P. Ent. 34, 4 (218): 14 Dr. für eine Metretes zu 6 Choes
UPZ I 149, 12. 15 f. (Ptol. IV.?): ein Chus 4 Dr. bzw. 4 Dr. 3 Ob.
CPR XVIII, 5 (206?[12]): ein Chus 4 Dr.
Vgl. auch P. Köln V 220, 12 (208 oder 191?): 700 Rechendr. pro Metretes.

Diese hohen Weinpreise könnten eine Datierung des Archivs in die sogenannte Inflationszeit des Philopator nahelegen, aber wir wissen kaum etwas

---

[8] BGU VII, S. 14.
[9] Reekmans, Studia Hell. 7, 1951, 69, Anm. 2; P. L. Bat. XXI, S. 74.
[10] Vgl. unten S. 181 f.
[11] Vgl. unten S. 187 f.
[12] Vgl. oben S. 77 ff.

über die Weinpreise unter Epiphanes, so daß man eine spätere Datierung nicht ausschließen kann.

Wichtig ist unser Ostrakon, weil es den Wert des Mnaiaion in dieser Zeit zu überliefern scheint. Die Abrechnung betrifft vier Weizenlieferungen, die der Schreiber, unter dem man sich einen Gutsverwalter vorstellen muß, an einen gewissen Harsiesis verkauft hat. Die Abrechnung ergibt, daß Harsiesis den Weizen nicht nur vollständig bezahlt, sondern sogar überzahlt hat, so daß ihm der Schreiber 4.245 Rechendr. schuldet. Die Überzahlung kam offenbar durch die Bewertung der zur Bezahlung des Getreides verwendeten 12 Mnaiaia zustande, die zuerst zu gering ausgefallen ist. Gerechnet wird in Rechendrachmen, wie man an dem Weizenpreis, der pro Artabe 155 bzw. 180 Dr. beträgt, deutlich sieht.

Das Ostrakon ist unten, S. 102, abgebildet.[13]

| | | | | | | | | | | κε( ) γ∟
| | | | | | | | | |
| | | | [|] | | | | | (γίν.) ἀ̣ρ(τ.) ρνα   σκς∟
ἄλλας πέπρακα τοῦ χρηστοῦ
Ἁρσιήσει πυ(ροῦ) ἀρ(τάβας) σν. ἔχει δὲ
τοῦ χρηστοῦ Παειοῦς πυ(ροῦ) ἀρ(τάβας) ε, ἕως
τοῦ αὐτῷ̣ι̣ παραμετρῆσαι αὐτάς.

1 $\overset{\varepsilon}{\kappa}$ Pap. 4 ἄλλας korrigiert aus ἄλλαι

[30 Striche, die für je 5 Artaben stehen, so daß auf diese Weise 150 Artaben bezeichnet werden (= Posten a)] — [Notiz am rechten Rand:] . . . *3,5*

[Posten a] ***151 Artaben*** *(Weizen)* *226,5*[14]

4-7 [Posten b] *Weitere* ***250 Artaben*** *guten Weizen habe ich Harsiesis verkauft. Vom guten Weizen hat bereits Paeious 5 Artaben (als Vorschuß), bis man ihm den (gesamten) Weizen liefert.*

---

[13] Für Photographie und Publikationserlaubnis danke ich G. Poethke.

[14] 226,5 ist das Eineinhalbfache von 151. Diese Zahl spielt im Folgenden keine Rolle. Ihre Funktion ist ungeklärt. Wenn man nach einer Erklärung für diese Notiz suchen will, könnte man vermuten, daß hier der Preis für 151 Artaben in Hundertern notiert wird (vgl. unten Z. 11, wo 10,75 Artaben zu je 150 Rechendr., 1 1/2 Hundertern, gerechnet werden). Zur Recheneinheit von hundert Rechendr. vgl. oben S. 43 ff.

8 ἄλλας ἐκ τοῦ Ἑρμίου πέπρακα θη-
σαυροῦ ἀρ(τάβας) νζ τὰς Πρωτίωνος,
ἄλλας τὰς ἔσωθεν ἐκ τοῦ Κολου-
δίου πυ(ροῦ) ἀρ(τάβας) ρ, λό̣(γῳ) ιʟd, (γίν.) (δρ.) ᾽Αχξϛ,
12 (γίν.) πυ(ροῦ) ἀρ(τ.) τη, α̣ἳ̣ ἀνὰ (δρ.) ρνε, (γίν.) (τάλ.) ζ ᾽Εψμ.
ἄλλαι πυ(ροῦ) ἀρ(τ.) σν ἀν(ὰ) (δρ.) ρπ, (γίν.) (τάλ.) ζ ᾽Γ,
(γίν.) (τάλ.) ιε ᾽Βψμ, (ὧν) ἔχω μναιῆα ιβ τ,
ἄ̣λ̣(λο) (τάλ.) α ᾽Αϡξ, (γίνεται) (τάλ.) ιε ᾽Εφκ,
16 λο(ιπὸν) Ἁρσιήσει πρὸς τὰ μναιῆα (δρ.) ᾽Βψπ.
κέχρηται Ἁρσιῆσις
χαλκῶν (δραχμὰς) σ
(γίν.) (δρ.) ᾽Δσμε.

11 λό(γῳ) : (λοι)πὸ(ν) ed. pr. ᾽Αχξϛ in feinerer Schrift, ebenso (γίν.) (δρ.) ᾽Δσμε in Z. 19 14 u. 16 μναιαῖα 16 λο(ιπὸν) : (λοι)πὸ(ν) ed. pr.

8-9 [Posten c] *Verkauft habe ich ferner <an Harsiesis> aus dem Speicher des Hermias die von Protion stammenden* ***57 Artaben.***

10 [Posten d] *Weitere* ***100 Artaben*** *<habe ich Harsiesis verkauft>, die "von drinnen"*[15] *aus dem Speicher des Koludios stammen.*
(Angezahlt wurden von Harsiesis) betreffend 10,75 Artaben: 1.666 Dr.[16]

12-15 *Summe* [aus Posten a, c, d]*: 308 Art., zu 155 Dr. pro Art., = 7 Tal. 5.740 Dr.*
Ferner 250 Art.[= Posten b] *zu 180 Dr. = 7 Tal. 3.000 Dr.*[17]
Gesamtsumme: 15 Tal. 2.740 Dr.
Dafür habe ich erhalten: 12 Mnaiaia = 300 Dr. (im Silberstandard?)[18]
ferner 1 Tal. 1.960; Summe: 15 Tal. 5.520 Dr.

16-19 *Als Überzahlung ("Rest") (ist) Harsiesis (gutzuschreiben) in Hinblick auf die Mnaiaia 2.780 Dr. Harsiesis hat sich ausgeliehen: 200 Dr.*
(Bleibt als Guthaben für Harsiesis:) 4.245 Dr.[19]

---

[15] Die Herausgeber erklären: Aus dem "inneren" Gutsbetrieb, d. h. von dem Land, das von dem Gut selbst bearbeitet wurde, also nicht verpachtet war.

[16] 1.500 Dr. für 10 Artaben und 116 Dr. für 0,75 Artaben. Pro Artabe wurden also 150 Dr. bezahlt.

[17] Posten b ist teurer, weil es sich um χρηστὸς πυρός handelt.

[18] Man erwartet bei 12 Mnaiaia eigentlich 1.200 Dr. im Silberstandard. Wenn unsere Interpretation (siehe unten S. 103 f.) richtig ist, dann wären die 300 Dr. Staterviertel, die Mnaiaia jedoch Viertel der Goldmünzen zu 8 Gewichtsdr.

[19] Das Guthaben von 4.245 Dr. ergibt sich aus 1.666 Dr. Anzahlung (Z. 11) + 2.780 Dr. Überzahlung "in Hinblick auf die Mnaiaia" (Z. 16) = 4.446 Dr. (abgerundet auf 4.445 Dr.). Davon werden 200 Dr. abgezogen, die sich Harsiesis ausgeliehen hat (Z. 17 f.).

BGU VII 1532 (= P. Berol. inv. 12324): Staatl. Museen zu Berlin Preuß. Kulturbesitz, Papyrussammlung; Aufnahme Karin März.

Die interessanteste Information, die dieses Ostrakon bietet, betrifft den Wert des Mnaiaion, der sich zumindest ungefähr bestimmen läßt. 12 Mnaiaia plus 1 Tal. 1.960 Dr. ergeben 15 Tal. 5.520 Dr. (Z. 14 f.). Damit kommen rein rechnerisch auf ein Mnaiaion 7.296,66 Dr.[20] Natürlich kann der Schreiber nicht genau von diesem krummen Preis ausgegangen sein, scheinbar ist in dem Preis eine kleine Gebühr inbegriffen, der Wert des Mnaiaion muß jedoch in dieser Größenordnung gelegen haben.

Die Summe von 15 Tal. 5.520 Dr. liegt um 2.780 Dr. über dem Preis, der für den Weizen zu bezahlen ist (15 Tal. 2.740 Dr., Z. 14). Aus Z. 16 erfährt man, daß Harsiesis 2.780 Dr. zuviel bezahlte πρὸς τὰ μναιῆα, "in Hinblick auf die Mnaiaia". Der Preis des Mnaiaion wurde also ursprünglich zu niedrig angesetzt und es stellte sich nach Übergabe des Gelder heraus, daß der Wert des Mnaiaion höher war, als man dachte. Ursprünglich wurden pro Mnaiaion offenbar nur 7.065 Dr. gerechnet.[21]

Dieser Goldpreis ist unabhängig davon, ob das Mnaiaion zu etwa 7.296 Dr. oder 7.065 Rechendrachmen gerechnet wird, erstaunlich gering. Das Mnaiaion ist seiner Definition nach 100 Silberdrachmen wert. Dieses Verhältnis läßt sich auch noch in unserem Ostrakon finden. Wenn hier das Mnaiaion den Wert von etwa 7.200 oder 7.000 Rechendrachmen hat, so kann man das fassen als 100 Silberdrachmen zu 72 (oder 70) Rechendrachmen (= 60 Rechendr. + 12 bzw. 10 Rechendr. Agio). Aber diese Silberdrachme zu etwa 70 Rechendrachmen kann nicht das Staterviertel sein. Denn der Stater muß in der Zeit, aus der das Ostrakon stammt, viel mehr als das Vierfache von ca. 70 Rechendrachmen wert gewesen sein.[22] Da sich Gold gegenüber Silber nicht so radikal verbilligt haben kann, scheint als einzig mögliche Erklärung dieses sonderbaren Preises nur die Vermutung zu bleiben, daß für den Schreiber unseres Ostrakons die Münze zu acht Gewichtsdrachmen Gold nicht als ein Mnaiaion galt, sondern als zwei oder sogar vier Mnaiaia. Bei den zwölf Mnaiaia, von denen in unserem Ostrakon die Rede ist, hätte es sich dann nicht um zwölf, sondern nur sechs oder drei Goldmünzen zu je acht Ge-

---

[20] 15 Tal. 5.520 Dr. minus 1 Tal. 1.960 Dr. = 14 Tal. 3.560 Dr. = 87.560 Dr. 87.560 : 12 = 7.296,66 Dr. = ein Mnaiaion.

[21] 2.780 : 12 = 231, 66.
7.296,66 minus 231,66 = 7.065 Dr.
Auch hier ergibt sich ein krummer Preis, in den eine Gebühr eingerechnet sein muß.

[22] Siehe oben S. 70 ff.

wichtsdrachmen gehandelt. Eine solche Neueinstufung des Wertes der Goldmünze zu je acht Gewichtsdrachmen wäre analog zur Erhöhung des Wertes des Silberstaters von vier auf acht und schließlich 16 Silberdrachmen vor sich gegangen (s. oben S. 73 ff.).

Daß man den Terminus μναιαῖον hier so fassen muß, ist natürlich nur eine Vermutung. Eine sonderbare Zahl auf dem Ostrakon, von der bisher noch nicht die Rede war, könnte aber vielleicht zu ihr passen. Der Betrag, den Hariesis bezahlt hat, setzt sich aus zwei Summen zusammen, den 12 Mnaiaia in Gold und einer zweiten Summe in Bronze, die mit ἄλλος angeschlossen wird: ἄ̣λ̣(λο) (τάλαντον) α 'Α϶ξ. Zwischen diesen beiden Summen steht die Zahl 300 (τ), die bisher nicht berücksichtigt wurde (Z. 14):

μναιῆα ιβ τ.

Man könnte die Zahl 300 als Umrechnung der 12 Mnaiaia in Silberdrachmen auffassen. Wenn wir dem Mnaiaion einen Wert von 100 Silberdrachmen unterstellen, so kommt, wie wir gesehen haben, eine Silberdrachme auf etwa 72 bzw. 70 Rechendrachmen. In Anbetracht des Preises des Staters zu Ende des 3. und Anfang des 2. Jahrhunderts ist dieser Preis für eine Drachme in echtem Silber (Staterviertel) aber viel zu gering. Wenn man daher vermutete, daß hier bereits zwei Gewichtsdrachmen Gold als Mnaiaion gelten, dann würden einem solchen Mnaiaion nicht 100 echte Silberdrachmen (Staterviertel) entsprechen, sondern nur 25. Auf zwölf solcher Mnaiaia kämen 25 x 12 = 300 Staterviertel.

b) P. Tebt. III 2, 890

Der Preis des Mnaiaion in BGU VII 1532 war so niedrig, daß man sich zur Vermutung gedrängt fühlte, daß in diesem Ostrakon die Münze zu acht Gewichtsdrachmen Gold mehr als ein Mnaiaion, vielleicht vier Mnaiaia galt. Eine Neueinstufung dieser Goldmünze zu zwei, dann vier Mnaiaia mag analog mit einer Neubewertung des Silberstaters zu acht, dann 16 Drachmen einhergegangen sein.

Wie man aber den Silberstater weiterhin zu vier Drachmen (Staterviertelnim Gegensatz zu nominellen Silberdrachmen) rechnen konnte, so wurde auch in der Folge die Goldmünze zu acht Gewichtsdrachmen (weiterhin der alten Definition entsprechend) als ein Mnaiaion zu 100 echten Silberdrachmen (Staterviertein) gerechnet. Diesen Zustand zeigt P. Tebt. III 2, 890, wobei allerdings in diesem Papyrus der tatsächliche Goldpreis unter 100 Silberdrachmen bleibt.

Der Papyrus ist in das 2. Jahrhundert datiert.[23] Er bietet Abrechnungen einer Bank, die für die Währungsgeschichte von besonderem Interesse sind. Unter anderem finden sich hier zwei Preisangaben für das μναιαῖον:

Z. 36 μναιαίου ἅ Δωρίωνι ἀπὸ πό(λεωc) μελιτοπώ(λῃι) τά(λ.) δ 'E[

Z. 176 [μ]ν̣α̣ι̣α̣ίου ἅ Μ̣ε̣[ν]οίτου τ(αλ.) δ ' ̣[

In Z. 36 ist das Mnaiaion zwischen 29.[000] und 29.[990] Rechendrachmen wert. In Z. 176 wird sein Wert dieselbe Größenordnung gehabt haben.

P. Tebt. 890 bietet aber nicht nur Preise für das Mnaiaion, sondern auch Wertangaben für eine τετάρτη ungemünzten Goldes, worunter das Gewicht eines Sechzehntels des Mnaiaion zu verstehen ist, also ein halbe Gewichtsdrachme Gold.[24] In Z. 89 wird der Wert von drei Tetarten ungemünzten Goldes angegeben mit:

[χρ]υcίου ἀcήμ[ο]υ (τεταρτῶν) γ ἀνὰ 'Αφ [.

Wenn wir den Wert des Mnaiaion mit 30.000 Rechendrachmen ansetzen, entspricht hier der Wert der Tetarte einem Zwanzigstel des Mnaiaion (1.500 Rechendrachmen).

---

[23] Die Schrift spricht für die erste Hälfte des 2. Jahrhunderts (vgl. P. Tebt. III 2, plate IV). T. Reekmans (Studia Hell. 7, 1951, 91 und 110) hat auf Grund seiner Annahme, daß die in dem Papyrus genannten Staterpreise von 1.500 bis 1.600 Rechendr. erst ab 173 möglich seien, den Papyrus in die Zeit zwischen 173 und 130/28 gesetzt. Nun scheinen jedoch so hohe Staterpreise bereits früher möglich zu sein, nach 183/2 wird man sogar noch höhere erwarten. Man könnte nun also eine Datierung wenigstens ab 183/2, vielleicht auch schon früher, erwägen.

[24] Die Tetarte als ein Sechzehntel des Mnaiaion ist belegt in metrologischen Tabellen römischer Zeit: P. Oxy. I 9 v 15 (p. 78; 3./4. Jhdt.), P. Oxy. XLIX 3455, 29 (3./4. Jhdt.), 3456, 15 (3./4. Jhdt.) und 3460, 2 (2./3. Jhdt.). Außerdem ergibt sich der Wert der Tetarte als eines Sechzehntels des Mnaiaion aus einer Addition in P. Oxy. X 1273, 8-11. 17 (260 n. Chr.).

In ptolemäischen Papyri wird die τετάρτη noch erwähnt in P. Gurob 10, 4 (3. Jhdt.) und P. Tebt. III 1, 809, 3 (156 v. Chr.), ohne daß man hier das Gewicht der Tetarte erkennen könnte. Bei den in PSI I 64, 7 (1. Jhdt. v. Chr.?) genannten χρυcίου τετάρται δεκαέξ könnte es sich um ein Mnaiaion gehandelt haben. In den römischen Papyri ist die τετάρτη recht häufig belegt, wobei sie immer ein Gewicht bezeichnet.

Es erscheint sonderbar, daß die Tetarte ihrem Gewicht nach ein Sechzehntel des Mnaiaion gilt, ihrem Wert nach hier aber einem Zwanzigstel entspricht. Der Unterschied ergibt sich aber dadurch, daß es sich bei dem Mnaiaion um gemünztes Gold handelt, bei den Angaben in Tetarten aber um ungemünztes. Der Wert zwischen gemünztem und ungemünztem Gold differiert, so daß hier fälschlich der Eindruck entsteht, die Tetarte sei nur ein Zwanzigstel des Mnaiaion schwer.

Den Wert einer τετάρτη erfährt man auch aus Z. 207 f. Diese Stelle ist besonders aufschlußreich, da ihr Wert zuerst mit 900 Rechendr. angegeben wird, sie aber dann tatsächlich wie bereits in Z. 89 mit 1.500 Rechendr. gerechnet wird:

τι(μὴν) ἐνωτείου (τεταρτῶν) α L ἀν(ὰ) ϡ, (ὧν) δι(άφορον) ν, λ(οιπαὶ) Βσ,
χρυςίου ἀςήμου (τεταρτῶν) α L ἀν(ὰ) ϡ, ᾿Βσν, (ὧν) ἄφεμα ν, λ(οιπαὶ) Βσ

Preis eines Ohrgehänges von 1,5 Tetarten Gewicht: mal 900 [pro Tetarte], Ausgleich: 50, Rest: 2.200.
Preis von 1,5 Tetarten ungemünzten Goldes: mal 900 [pro Tetarte], 2.250; Disagio: 50, Rest: 2.200.

Wir interpretieren die Wertangabe von 900 Rechendrachmen als einen theoretischen Wert, der in der Praxis nicht mehr gilt, aber doch noch verzeichnet wird. Dem scheinbar in der Theorie geltenden Wert für die Tetarte (von 900 Rechendrachmen) steht in P. Tebt. 890 die Praxis gegenüber, nach der die Tetarte ungemünzten Goldes zu 1.500 Rechendrachmen gerechnet wird. Diesen Preis kann man mit dem Preis des Silberstaters vergleichen, der in diesem Papyrus zwischen 1.500 und 1.600 Rechendrachmen schwankt.[25] Der Wert einer Tetarte ungemünzten Goldes (1/2 Gewichtsdr. Gold) entspricht also etwa dem eines Staters Silber (vier Gewichtsdr. Silber). Damit steht das ungemünzte Gold zum gemünzten Silber im Verhältnis 1 : 8.

Beim gemünzten Gold sahen wir, daß das Mnaiaion (8 Gewichtsdr. Gold) zu etwa 30.000 Rechendrachmen gerechnet wird. Wenn wir wieder als Wert von 4 Gewichtsdr. Silber (Stater) 1.500 Rechendrachmen einsetzen, so ent-

---

[25] Die Stellen s. unten S. 196.

sprechen den 30.000 Rechendrachmen 80 Gewichtsdr. Silber. Das gemünzte Gold steht damit zum gemünzten Silber im Verhältnis 1 : 10.

	P. Tebt. 890: Wert des gemünzten Goldes	P. Tebt. 890: Wert des ungemünzten Goldes
Verhältnis Gold : Silber	1 : 10	1 : 8
Gold	= in echtem Silber (1 Gdr. = 375 Rechendr.)	= in echtem Silber (1 Gdr. = 375 Rechendr.)
Mnaiaion (8 Gdr.)	[80 Gdr. Silber]	[64 Gdr. Silber]
	30.000 Rechendr.	[24.000 Rechendr.]
Tetarte (1/2 Gdr.)	—	4 Gdr. Silber
	—	1.500 Rechendr.

Unsere Interpretation der Verhältnisse von P. Tebt. 890 ist natürlich nur ein Versuch der Annäherung. Er soll nur die Größenordnung des Verhältnisses sichtbar machen, in dem die drei Münzmetalle zueinander standen. Die vermuteten Verhältnisse von 1 : 10 (für gemünztes Gold) und 1 : 8 (für ungemünztes Gold) scheinen aber nicht unplausible Richtwerte zu sein.[26]

c) Der χρυϲοῦϲ

Bisher war noch nicht die Rede von einer Einheit der Goldwährung, die in unseren beiden Papyri fehlte: der des χρυϲοῦϲ.

Unter den beiden ersten Ptolemäern wurde das τρίχρυϲον geprägt. Es hatte den Wert von 60 Silberdrachmen (3 x 20 Silberdrachmen = drei χρυϲοῖ) und war 5 Gewichtsdrachmen schwer. Daraus ergibt sich als Ratio zwischen Gold und Silber 1 : 12.

Die einzigen Papyrusbelege für das τρίχρυϲον sind P. Cair. Zen. I 59021, 13 (258 v. Chr.) und 59022, 6. 8. 16 f. 21.

Daneben findet sich in den Papyri des 3. Jahrhunderts die Einheit des χρυϲοῦϲ. Er hat den Wert von 20 Silberdrachmen, also eines Deben. Im Zenon-Archiv wird vereinzelt mit dem χρυϲοῦϲ gerechnet: P. Mich. I 28, 11

---

26 Vgl. unten die römische Verhältnisse S. 177 ff.
Das Verhältnis zwischen ungemünztem Gold und Silber von 1 : 8 findet sich auch in dem metrologischen Papyrus P. Oxy. XLIX 3455, 28-31 (3./4. Jhdt. n. Chr.), wo auf das Mnaiaion 16 Statere = 64 Silberdrachmen kommen (vgl. unten S. 178 f.).

(256 v. Chr.), P. Cair. Zen. II 59194 (255 v. Chr.), P. Lond. VII 2036, 4. 21 (ohne Jahr).

Auch noch im zweiten Jahrhundert und später ist von χρυcοî die Rede, ohne daß man an den betreffenden Stellen erkennen könnte, welcher Wert dem χρυcοῦc unterstellt wurde. Wahrscheinlich wurde damit weiter der Wert von 20 Silberdrachmen, also eines Deben, bezeichnet. Darauf deutet, daß der Begriff vor allem in demotischem Umfeld vorkommt. Der χρυcοῦc erscheint regelmäßig in Zusammenhang mit der ägyptischen cυγγραφὴ τροφîτις (heute als "alimentary contract" oder "Dotationsschrift" bezeichnet), wo im Griechischen das sogenannte s'nh̲[27] ausgedrückt wird durch eine bestimmte Anzahl von ἀργυρίου χρυcοî.[28] Wenn hier von ἀργυρίου χρυcοî die Rede ist, dann zeigt der Zusatz ἀργυρίου, daß die χρυcοî nur als Recheneinheit gemeint sind, die Zahlungen aber nicht in Gold, sondern in einem anderen Münzmetall erfolgten.

Die Bezeichnung τετάρτη (= 1/2 Gewichtsdrachme) weist auf ihr Vierfaches, die Goldmünze zu 2 Gewichtsdr. Als χρυcοῦc im Wert von 20 Gewichtsdr. Silber hätte die Münze zu 2 Gewichtsdr. nur in der Zeit gelten können, in der das μναιαîον 80 Gdr. Silber galt, also die Ratio zwischen Gold und Silber 1 : 10 betrug, eine Ratio, die wir oben aus P. Tebt. 890 für gemünztes Gold abgeleitet haben.

In römischer Zeit scheint der Begriff des χρυcοῦc auf den römischen Aureus übergegangen zu sein, dessen Gewicht sich nicht allzu sehr von dem

---

27 "Sanch", "that which causes to live", die Summe, die die Frau dem Mann übergibt und durch die die Unterhaltspflicht des Mannes entsteht.

28 So in P. Tebt. III 1 776, 7-9 (2. Jhdt. v. Chr.): κατὰ cυγγραφὴν Αἰγυπτίαν τ[ροφ]îτιν ἀργυρίου χρυcῶν [ ]α. Neue Belege aus dem 2. Jahrhundert wurden publiziert von D. G. Herring, P. Trophitis: New Ptolemaic Papyri relating to Egyptian Alimentary and Sale Contracts. Greek Abstracts from a Kibotos Archive. Diss. Univ. of Texas at Austin 1989. Es handelt sich hier um 35 Alimentations- und 6 Kaufverträge mit griechischen "abstracts". Die Alimentationsverträge (aus der Zeit von 160-158) werden regelmäßig als τρο(φîτις) ἀργυ(ρίου) χρυ(cῶν) κα bezeichnet. Es handelt sich dabei um den Vertragstyp C der von P. W. Pestman, Marriage and Matrimonial Property in Ancient Egypt, Leiden 1961, besprochenen Verträge (vgl. D. G. Herring, P. Trophitis, S. 82 ff.).

Die cυγγραφὴ τροφîτις χρυcῶν (x) ist auch noch in römischer Zeit belegt in PIFAO I 13, 28 (23 v. Chr., 21 χρυcοî), P. Mich. V. 347 (21 n. Chr., 11 χρυcοî), P. Mich. II 121 (42 n. Chr.) Verso I 6; II 6; III 1; X 3; Recto II ii 1; III vii 1 (21 χρυcοî), Verso II 15; III 6; V 6; IX 20, 21; X 2, 11; XI 12, 17; XII 5; Recto III i 1; III xii 1; IV iv 1 (11 χρυcοî); Verso XI 18 (41 χρυcοî); Verso XII 4 (51 χρυcοî).

der Münze zu 2 Gewichtsdr. (7,12 g) unterschied.[29] So könnte der Aureus gemeint sein, wenn in P. Bad. 37 (= P. Sarap. 90; 108 n. Chr.?) gesagt wird, daß der Preis des χρυϲοῦϲ von 15 auf 11 <Gewichts>drachmen Silber gesunken sei.[30]

---

[29] Vgl. unten S. 179. In der metrologischen Tabelle P. Oxy. XLIX 3455, 28 (3./4. Jhdt. n. Chr.) tritt der χρυϲοῦϲ als Viertel des Mnaiaion auf.

[30] Siehe unten S. 179.

B. DIE RÖMISCHE ZEIT BIS ZUM 2. JAHRHUNDERT N. CHR.

I. GRUNDZÜGE

οὐδ' ἔςτι τοὐβολοῦ τι τιμιώτερον[1]

In der Währung der römischen Zeit setzt sich die ptolemäische fort, so daß die römischen Verhältnisse ohne Kenntnis der ptolemäischen wohl nicht vollständig zu verstehen sind. Die ptolemäischen Münzen bleiben gültig und laufen weiter um. Man kehrt nun jedoch allgemein zur Rechnung im Silberstandard zurück, die Rechnung mit Rechendrachmen wird fast gänzlich aufgegeben.

Nach Erscheinen des ersten Bandes von Roman Provincial Coinage ist es einfach geworden, sich einen Überblick über die ägyptische Bronzewährung bis 69 n. Chr. zu verschaffen.[2] Der von Kleopatra eingeführte Münzfuß[3] wurde unter Augustus nicht beibehalten, sondern allmählich auf die Hälfte reduziert. Beibehalten wurden jedoch die Formate der Bronzemünzen. Der Wert der augusteischen Bronzemünzen ist durch aufgeprägte Wertangaben erkennbar:

25 mm Durchmesser:	Π = 80 Rechendr.
20 mm Durchmesser:	M = 40 Rechendr.
15 mm Durchmesser:	K = 20 Rechendr.
10 mm Durchmesser:	I = 10 Rechendr.

Unter Nero wurde die Prägung mit Wertangaben wieder aufgenommen. Münzen mit der Wertangabe K (15 mm Durchmesser) und I (10 mm Durchmesser) sind erhalten. Wahrscheinlich wurden unter Nero auch Münzen mit dem Wertzeichen E = 5 Rechendrachmen geprägt.[4]

---

1 Vgl. M. W. Haslam, Gregorian Chant, Bull. Am. Soc. Pap. 27, 1990, 29-30.

2 A. Burnett - M. Amandry - P. P. Ripollès, Roman Provincial Coinage I, London - Paris 1992, S. 688 ff.

3 Zu den Verhältnissen unter Kleopatra VII. siehe oben S. 67.

4 Roman Provincial Coinage I, Nr. 5251: 8 mm Durchmesser, 0,46 g.

Bisher nahm man an, daß in spätptolemäischer Zeit zwischen Bronze- und Silbergeld die Ratio 1 : 480 gegolten hätte. Oben wurde jedoch zu zeigen versucht, daß im 1. Jahrhundert vor Chr. der Theorie nach die Ratio 1 : 300 galt und unter Kleopatra VII. sechs Obolen 240 Rechendrachmen gleichgesetzt wurden. In römischer Zeit wurde dieses Schema beibehalten. Es ergeben sich daher folgende Werte:[5]

25 mm Durchmesser:	Π = 80 Rechendr. = Diobolon
20 mm Durchmesser:	M = 40 Rechendr. = Obolos
15 mm Durchmesser:	K = 20 Rechendr. = Hemiobelion
10 mm Durchmesser:	I = 10 Rechendr. = Dichalkon
8 mm Durchmesser:	E = 5 Rechendr. = Chalkus

Ab Nero wurden zwei noch größere Bronzenominale geprägt, Münzen zu 35 und 30 mm Durchmesser. Bei der schwersten Münze muß es sich um die Bronzedrachme handeln.

In den letzten Jahrzehnten wurde nun wiederholt die Vermutung geäußert, daß die Bronzedrachme 7 Obolen gegolten habe.[6] Nach traditioneller Ansicht ist sie 6 Obolen wert.[7] Es dürfte sich zeigen, daß die Rechnungen in den Papyri nur zu verstehen sind, wenn man die schwerste Bronzemünze weiterhin als 6-Obolen-Stück auffaßt und die traditionelle Auffassung beibehält.[8]

Die Bronzemünze zwischen dem Diobolon und der Bronzedrachme haben Befürworter einer Bronzedrachme von 7 Obolen als 4-Obolen-Münze aufge-

---

[5] Über den Wert der römischen Bronzemünzen wird W. Weiser in seinem in Kürze erscheinenden Buch über die ptolemäische Bronzewährung ausführlicher handeln. Seine Bewertung der römischen Nominale ist hier übernommen. Über den Wert der ägyptischen Bronzemünzen römischer Zeit gab es unter Numismatikern bisher unterschiedliche Meinungen. Vgl. A. Burnett - M. Amandry - P. P. Ripollès, Roman Provincial Coinage I, London - Paris 1992, S. 689 f., E. Christiansen, The Roman Coins of Alexandria. Quantative Studies II, Aarhus 1988, S. 7-10 und zuletzt ders., The Roman Coins of Alexandria. "State of Affairs", Proc. of the 20th Int. Congr. of Papyrologists (1992), Copenhagen 1994, 480 f.; ferner Johnson-West, Currency, S. 15 ff.

[6] So mit großer Bestimmtheit V. B. Schuman in einer Reihe von Aufsätzen: Class. Philol. 46, 1951, 34-36.; Class. Philol. 47, 1952, 214-218; Aeg. 32, 1952, 241. Für wahrscheinlich hielt Schumans Annahme einer 7-Obolen-Drachme auch J. C. Shelton, A Tax List from Karanis, S. 14 und 17, Anm. 15 (vgl. auch Shelton zuletzt in P. Brook. 47, 2 Anm.).

[7] Vgl. Wilcken, Ostraka I S. 732-6; Grundzüge, S. LXIV-LXVI; A. Segrè, Metrologia e circolazione monetaria degli antichi, S. 418; G. Mickwitz, Geld und Wirtschaft im römischen Reich des vierten Jahrhunderts n. Chr., S. 39; Johnson-West Currency, S. 10.

[8] Zur Frage des Wertes der schwersten Bronzemünze s. S. 127, 130 f.

faßt. Wenn man hingegen der Bronzedrachme den Wert von 6 Obolen unterlegt, dann erzwingen Durchschnittsgröße und Durchschnittsgewicht, im zweitgrößten Nominal ein 3-Obolen-Stück zu sehen.[9]

Als kleinste Einheit gilt in römischer Zeit weiterhin der Fünfer (χαλκοῦϲ),[10] aber in der Regel ist in den Papyri die kleinste Einheit, mit der gerechnet wird, das Dichalkon. In der Mitte des 1. Jahrhunderts ist die kleinste Einheit, die in der Praxis von Bedeutung ist, das Hemiobelion[11] (vgl. unten S. 139 zu P. Wash. Univ. II 90) und in den großen Steuerlisten von Karanis aus der zweiten Hälfte des 2. Jahrhunderts (P. Mich. IV 223-225, 171-174 n. Chr.) sogar der Obolos (s. unten S. 150 f.).[12]

Nach der traditionellen Ansicht, die wir beibehalten, haben vier Bronzedrachmen den Wert von vierundzwanzig Obolen. Da in römischer Zeit der Tetradrachme in der Regel ein Wert von 28 oder 29 Bronzeobolen unterlegt wird,[13] muß die Differenz von vier bis 5 Obolen als Agio (ἀλλαγή) aufgefaßt werden, das nötig ist, um vom Bronzestandard in den Silberstandard überzugehen. Damit ist das Agio römischer Zeit deutlich höher als im 3. Jahrhundert v. Chr., wo es etwa 10% betrug.[14]

Die Gepflogenheit, Bronzegeld im Silberstandard nur mit Agio zu akzeptieren, hat zur Folge, daß der Begriff δραχμή nicht eindeutig ist und erklärend hinzugefügt werden muß, ob man bei einem Drachmenbetrag die Bronzedrachme zu sechs Obolen (χαλκοῦ δραχμή) oder eine Silberdrachme von zumindest sieben Obolen (ἀργυρίου δραχμή) meint. Von grundlegender Bedeutung ist in diesem Zusammenhang, daß mit ἀργυρίου δραχμαί in den Papyri nicht nur Silbermünzen (also Tetradrachmen) gemeint sind, sondern einfach Geld im Silberstandard (also auch Bronzegeld, dann aber inclusive Agio). Der Ausdruck ἀργύριον bezieht sich also nicht in erster Linie auf das Münzmetall Silber, sondern auf den Silberstandard.

---

9 So bereits J. G. Milne, ebenso demnächst W. Weiser in seinem Buch über die ptolemäische Bronzewährung. Vgl. dazu auch unten S. 132.

10 So wird noch in P. Thmouis mit dem Chalkus/Fünfer als kleinster Recheneinheit gerechnet (s. unten S. 159).

11 Das Hemiobelion (Durchmesser: 15 mm) wurde bis Mark Aurel geprägt (= size 5 in Tab. V bei Johnson-West, Currency, S. 176 f.).

12 Wenn in den Steuerlisten von Karanis bei der Berechnung von Steuern das Dichalkon kleinste Einheit ist, so handelt es sich hier um eine Recheneinheit, die im Zahlungsverkehr keine Rolle mehr spielt.

13 Vgl. Gara, Prosdiagraphomena, S. 59, Anm. 6 und unten S. 118.

14 Zum Agio in ptolemäischer Zeit s. oben S. 89 ff.

Daher kann in den Papyri auch von Silberobolen gesprochen werden (s. unten S. 114), obwohl Obolen nie in Silber geprägt wurden. Ein Silberobolos besteht aus der Bronzemünze mit dem Wert Obolos und dem Agio, das nötig ist, um den Silberstandard zu erreichen.

Der Unterschied zwischen Silbergeld und Silberstandard, der schon für die ptolemäische Zeit von grundlegender Bedeutung war, ist also auch für die römische Zeit durchgehend zu beachten. Nur so sind die in den Papyri belegbaren Schreib- und Rechenweisen für Geld im Silberstandard zu verstehen, die unten S. 134 ff. anhand von ausgewählten Urkunden dargestellt werden.

Der Umstand, daß in spätptolemäischer Zeit die Ratio zwischen Silberdrachme und Rechendrachme 1 : 300 betrug und nicht, wie bisher angenommen, 1: 480, und daß auch noch in römischer Zeit die Ratio 1 : 300 (zumindest in der Theorie) in Geltung blieb, ist wichtig für die Einschätzung der frührömischen Verhältnisse. Da nun gesichert scheint, daß der Bronzeobolos zu 40 Rechenbronzedrachmen gerechnet wurde, müssen in der Ratio 1 : 300 dreißig Bronzeobolen auf die Tetradrachme gekommen sein. Wir haben also einen theoretischen Wert der Tetradrachme von 30 Obolen, dem der tatsächliche Wert von normalerweise 28-29 Obolen gegenübersteht. Aus dieser Differenz scheint der προcδιαγραφόμενα genannte Zuschlag von 1/16 (6,25%) entstanden zu sein (s. unten S. 124 ff.).

1. Die drei in römischer Zeit üblichen Schreibweisen für Geldbeträge

In römischer Zeit wird fast ausschließlich im Silberstandard gerechnet und nicht mehr mit Rechendrachmen. Dabei ergeben sich drei unterschiedliche Schreibweisen dadurch, daß mit einer δραχμή eine ἀργυρίου δραχμή (in der Regel 7 bis 7,25 Obolen) gemeint sein kann oder eine χαλκοῦ δραχμή (6 Obolen), und daß bei Beträgen in ἀργυρίου δραχμαί das Agio, das bei Zahlung in Bronze statt Silber fällig wird, kenntlich gemacht werden kann oder nicht.

a) Silberstandard: Schreibweise mit verdecktem Agio (Sechs Obolen = eine Silberdrachme)

Diese Schreibweise ist die übliche in offiziellen Dokumenten wie Steuerregistern oder Steuerquittungen.[15] In ihr wird die Silberdrachme zu sechs Obolen geschrieben, die halbe Silberdrachme zu 3 Obolen usw., tatsächlich werden aber pro Silberdrachme 7 (oder 7,25 bis 7,5) Obolen bezahlt und für die halbe Silberdrachme nicht nur drei Obolen, sondern zwischen 3,5 und 4 Obolen. Es wird also immer mehr bezahlt als geschrieben. Das Agio erscheint in der Buchhaltung nicht.[16] Bei den Obolenbeträgen handelt es sich sozusagen um Silberobolen. Tatsächlich ist in den Papyri der Ausdruck Silberobolos belegt, auch wenn es Obolen, geprägt in Silber, nie gegeben hat.[17]

Beispiele für Umrechnungen aus dieser Schreibweise in Bronzegeldsummen (Summen von [Bronze]obolen) bieten unten P. Wash. Univ. II 90 und die Steuerlisten von Karanis (s. S. 134 und 150).[18]

b) Silberstandard: Schreibweise mit sichtbarem Agio (Sieben bis 7,5 Obolen = eine Silberdrachme)

In diesem Fall ergeben verbuchte sechs Obolen noch nicht den Wert einer Silberdrachme. Der Wert der Tetradrachme ergibt sich erst bei 28, 29 oder gar 30 Obolen. Das Agio wird also mitgeschrieben, einem Obolos in der Buchhaltung entspricht ein (Bronze)obolos in der Kasse. Das Bronzegeld unterhalb des Wertes einer Silberdrachme (oder einer Tetradrachme) wird nach dem nominalen Wert der Bronzemünzen notiert (Beispiele unten S. 142 und 156).

---

[15] Vgl. Johnson-West, Currency, S. 7 f. Frühe Belege sind Wilcken, Ostraka 356 (18 v. Chr.), 1364 (15 v. Chr.).

[16] So erklärt auch Johnson-West, Currency, S. 10. Vgl. Gara, Prosdiagraphomena, S. 71. Diese Schreibweise darf man aber nicht abwertend als alten Zopf charakterisieren, den die Bürokratie beibehalten hat, obwohl in der Realität schon längst ein Agio gefordert wurde, sondern es handelt sich hier um eine Schreibweise, bei der einfach vom Agio ganz abgesehen wird. Ganz ähnlich hat man im 6. Jahrhundert bei Geldbeträgen cὺν ῥοπῇ und ἐκτὸc ῥοπῆc Agio unsichtbar gelassen oder sichtbar gemacht.

[17] Bei Zinsen in CPR I 12, 10-11 (Darlehen, 93 n. Chr.): τόκου τῇ μνᾷ ἀργυρικῶν ὀβολῶν τεccάρων und BGU II 362 xi 23 f. (Tempelrechnung, 215 n. Chr.): ἐπὶ τῷ cυνήθει [τόκῳ] τριωβ[ο]λ[εί]ῳ ἀργυρικῷ. Ebenso col. xv 4 f., frg. iv 6 f.

[18] Vgl. auch S. 165.

c) Bronzestandard ohne Agio
Sechs Obolen = eine Bronzedrachme (χαλκοῦ δραχμή, χαλκίνη)

Diese Schreibweise findet man vor allem in privaten Abrechnungen. Ein schönes Beispiel bietet SB VIII 9699 (= P. Lond. I 131, p. 166 ff.; 78/9 n. Chr.; s. unten S. 142). In dieser Abrechnung wird unterschieden zwischen Silberdrachmen (ἀργυρίου δραχμαί) zu 7 bzw. 7,25 Obolen und Bronzedrachmen (χαλκοῦ δραχμαί) zu 6 Obolen. Vier solcher Bronzedrachmen ergeben noch nicht den Wert der Tetradrachme in Silber. Der wird erst erreicht, wenn zusätzlich zur Summe ein Agio (ἀλλαγή) bezahlt wird.[19]

2. Relikte der ptolemäischen Schreibweise in Rechendrachmen: Rationes zwischen Rechendrachme und Silberdrachme und der Preis der Tetradrachme in römischer Zeit

Für die ptolemäische Zeit versuchten wir oben (S. 24 ff.) nachzuweisen, daß in der Zeit zwischen etwa 130 und 100 v. Chr. bei der Umrechnung von Vertragstrafen (ἐπίτιμα) in den Silberstandard drei verschiedene Rationes für die Silberdrachme nebeneinander Geltung hatten:

1 Silberdr. = 600, 400 Dr. oder 300 Rechendr.

Die Ratio 1 : 400 entsprach etwa den damals üblichen Marktpreisen des Stater. Auf der Ratio 1 : 300 beruhte das metrologische System nach 130/27, die Ratio 1 : 600 war die alte seit 183/2 gültige Ratio.

Auch noch in römischer Zeit läßt sich die ptolemäische Gewohnheit, in unterschiedlichen Rationes zu rechnen, in Resten feststellen.

---

[19] Zum Zweck der Illustration sei hier erwähnt das Pachtgeld in P. Amh. II 92 (= Wilcken, Chr. 311; Hunt-Edgar, Sel. Pap. II 352; 162/3 n. Chr.), das bei Johnson-West, Currency, S. 10, wegen seiner Sonderbarkeit zitiert wird. Die Pachtsumme wurde gelesen als [ἀ]ρ̣γ̣υ̣ρ̣[ίο]υ δραχμὰϲ ὀγδοήκον[τα ὀ]β̣ολ[ο]ὺϲ ὀγδοήκοντα (Z. 11 f.). P. Amh. II, plate XVII, zeigt aber, daß die Buchstabenreste vor δραχμὰϲ besser χ̣[α]λ̣κ̣[ο]ῦ entsprechen. So wird der Sinn dieser sonderbaren Geldangabe verständlich. Es handelt sich um 80 Bronzedrachmen (zu je 6 Obolen), zu denen 80 Bronzeobolen hinzukommen, so daß sich 80 Silberdrachmen zu 7 Obolen ergeben.

Erkennbar sind folgende Rationes:[20]

1 : 500?

P. Lond. II 266, p. 233 (1. od. 2. Jhdt. nach Vermutung des Herausgebers; Abrechnung, Herkunft unbekannt). Wenn der Papyrus richtig datiert ist und nicht eher in die ptolemäische Zeit gehört, hätte man hier einen isolierten Einzelfall der Ratio 1 : 500 vor sich. Vgl. zu diesem Papyrus Johnson-West, Currency, S. 15.

1 : 450

ca. 18 v. Chr.	P. Fay. 101 Verso i 6 f.: 1.500 + 350 = 1.750 Dr. (sic) = αἰ (δρ.) α, womit offenbar ein Stater gemeint ist.[21]
77 n. Chr.	P. Oxy. II 242, 28 (Landkauf): 692 Silberdr. = 51 Tal. 5.400 Dr.
79	P. Oxy. II 243, 38-42 (= Mitteis, Chr. 182; Darlehen): 1.300 Silberdr. = 585.000 Rechendr.
83	SB XVI 12391 (= P. Oxy. II 331 descr.; Hauskauf): 400 Silberdr. = 30 Tal.
89	P. Oxy. II 333 descr. (Kauf): 700 Silberdr. = 52 Tal. 3.000 Dr.
89	P. Oxy. II 337 descr. (Kauf): 300 Silberdr. = 22 Tal. 3.000 Dr.
81-96	P. Oxy. VIII 1105, 17. 21 (Darlehen): 400 Silberdr. = 30 Tal.(?)
99/100	P. Oxy. II 338 descr. (Kauf einer αὐλή): 60 Silberdr. = 4 Tal. 3.000 Dr.
98/9	P. Oxy. II 340 descr. (Hauskauf): 180 Silberdr. = 13 Tal. 3.000 Dr.
118	P. Oxy. III 577 descr. (Hauskauf): 200 Silberdr. = 15 Tal.

1 : 400

27 v. Chr.	BGU IV 1194 (Herakleous Polis? Zahlung von Tempeleinkünften durch eine Bank): 8 Tal. 5.[6]36 Dr. = 134 Silberdr.[22]

1 : 350

6 v. Chr.?	P. Fay. 44, 9 f. (Quittung [vgl. P. Lond. III, p. xxxvii])[23]
spätes 1. Jhdt. v. Chr.	P. Fay. 308 descr. (Aufstellung über Zahlungen)

1 : 300

Die Ratio 1 : 300 wurde der Berechnung von Land- und Gartensteuern zugrundegelegt, was vor allem aus Papyri des 2. Jahrhunderts bekannt ist.[24] An Belegen seien genannt:

---

[20] Zum Folgenden vgl. Johnson-West, Currency, S. 14 f. und 63 f.

[21] Johnson-West, Currency, S. 14.

[22] So interpretiert von Johnson-West, Currency, S. 14. Die Lesungen sind allerdings recht unsicher.

[23] Johnson-West, Currency, S. 14, vermuten hier eher die Ratio 1 : 400.

[24] P. Ryl. II, S. 246 f., S. L. Wallace, Taxation, S. 47 u. 374 (Anm. 4), A. C. Johnson, Roman Egypt to the Reign of Diocletian, S. 431, Anm. 52, H. C. Youtie, Script. I, S. 36, J. C. Shelton, A Tax List from Karanis, S. 29. Johnson-West, Currency, S. 15. J. Day - C. W. Keyes in P. Col. V p. 261-271. Ein früher Beleg ist SB XII 11245

SB III 6951 Recto ii 31 (u. öfter; 137/8-160/1):[25] ἐν δραχμαῖϲ τὸ τ̄.

P. Tebt. II Appendix 1, S. 339 (= P. Lond. II 372 descr.; 2. Jhdt., Anweisung zur Berechnung von Landsteuern ähnlich SB III 6951 Recto): ἐν δραχμαῖϲ τὸ τ (Z. 8 f., 16).[26]

BGU IX 1896 (166 n. Chr.?)[27]

P. Thmouis I col. 68-160, p. 33 (170/1 n. Chr.; s. unten S. 159)

P. Tebt. II 549 descr. (2. Jhdt., Berechnung des ναύβιον): Δωι (δρ.) ις [ ]
(4.810 : 16 = 300,625 Dr.).

Den Bezug dieser Ratio auf den Stater zeigt ausdrücklich der mathematische Papyrus P. Mich. III 145 (2. Jhdt. n. Chr.):

iii 1: τοῦ ϲτατῆρο(ϲ) ἐκ χαλ[κ(ῶν)] Αϭ (vgl. auch Z. 5 und 8).

Vgl. ferner P. Lond. II 195, 12, p. 128 (= P. Ryl. II p. 254; 1. Jhdt; Rechnung von Landsteuern; dazu Johnson-West, Currency, S. 63 und 22).

Die Belege zerfallen in drei Gruppen, die unterschiedlich zu beurteilen sind:

a) augusteische Belege,

b) Belege der offiziellen Ratio 1 : 300,

c) oxyrhynchitische Belege der Ratio 1 : 450 aus der Zeit von 77 bis 118.

a) In den frührömischen Belegen (1 : 350; 1 : 400; 1 : 450) wirken noch die ptolemäischen Verhältnissen nach. Sie zeigen, daß der Preis der Tetradrachme zu dieser Zeit noch nicht überall stabilisiert war. Hier haben wir offenbar noch echte Belege für einen beweglichen Preis der Tetradrachme.

b) Bei der offiziellen Ratio 1 : 300 kommen auf die Silberdrachme 7,5 Obolen (zu 40 Rechendrachmen). Diesen "Preis" der Silberdrachme haben wir in den Papyri zwar belegt (in P. Wash. Univ. II 90, aus der Mitte des 1. Jahrhunderts ; s. unten S. 134), der in römischer Zeit übliche Wert der Tetradrachme liegt aber darunter, bei 7 oder 7,25 Obolen pro Silberdrachme.

= P. Lugd. Bat. XVI 27 (78/79). Vgl. auch D. Hagedorn - J. C. Shelton, ZPE 14, 1974, 41 f. und 283 f.

25 Anleitung zur Berechnung von ναύβιον, ἀρταβία κατοίκων, διχοινικία, ἀπόμοιρα, ἐπαρούριον, ϲπονδὴ Διονύϲου, παραγωγὴ ἐλαίαϲ; vgl dazu J. C. Shelton, ZPE 42, 1981, 91, Anm. 1.

26 Zu diesem Papyrus s. auch Berichtigungsl. I S. 429 und III S. 243 [lies: ἑκαϲτοϲ[τῆϲ α (ἥμιϲυ) statt α (ἔτουϲ)].

27 Vgl. H. C. Youtie, Script. I S. 36; J. Day - C. W. Keyes in P. Col. V, S. 261-271.

c) Eine Sonderstellung nehmen die Belege für die Ratio 1 : 450 aus oxyrhynchitischen Kauf- und Darlehensverträgen der Zeit von 77 bis 118 ein. Es handelt sich hier offenbar nur um eine archaisierende Schreibweise, in der eine ptolemäische Ratio weitergeführt wird. Wirklich von Bedeutung kann nur die Angabe in Silberdrachmen gewesen sein.

Auch wenn in Oxyrhynchos in Kauf- und Darlehensverträgen diese Schreibweise über längere Zeit hinweg üblich war, so ändert das nichts an der Tatsache, daß im römischen Ägypten der Preis für die Tetradrachme offiziell festgelegt war und daß es bei der Berechnung des Agios nur einen kleinen Spielraum gab. Der normale Preis beträgt 28 bis 29 Bronzeobolen.[28] Die Belege für davon abweichende Rationes widersprechen dieser Tatsache nicht, da es sich erkennbar um Sonderfälle handelt. Nur unter Augustus hat offenbar zumindest vereinzelt noch die ptolemäische Praxis weiterbestanden, den Preis des Silbergeldes höher als 1 : 300 anzusetzen.

Auf frührömische Zeit wird daher auch die folgende Bestimmung des Gnomon des Idios Logos (BGU V § 106) zurückgehen:

ν̣[ό]μιcμα πλέον οὐ⟦κ⟧ ἰcχύει οὐ[κ ἐξὸ]ν̣ κε̣[ρ]ματίζειν.
Es ist nicht gestattet, das (Silber)geld zu einem höheren Kurs als dem offiziellen in Bronzegeld einzutauschen.

Da κέρμα Bronzegeld bedeutet und κερματίζειν "in Bronzegeld einwechseln", ist mit νόμιcμα das Silbergeld, also die Tetradrachme, gemeint. Die uns überlieferte Abschrift des Gnomon stammt aus der Zeit bald nach 150, die vorliegende Bestimmung muß aber älter sein. Im 2. Jahrhundert war die Tetradrachme in ihrem inneren Wert bereits so sehr gesunken, daß

---

[28] Ausnahmen sind selten. Zu einer Quittung augusteischer Zeit (BGU VII 1590 B; 6. n. Chr.), der man vielleicht zu Unrecht entnommen hat, daß unter Augustus die Tetradrachme zu nur 27 Obolen gerechnet werden konnte, siehe S. 126 f., Anm. 48. Ein Beleg für die Tetradrachme zu 27 Obolen ist möglicherweise P. Tebt. II 589 (1. Jhdt.; Vgl. Johnson-West, Currency, S. 9, Anm. 29 und D. S. Crawford, Class. Phil. 45, 1950, 189). Einen demotischen Beleg auch für die Tetradrachme zu 27 Obolen bietet Pap. dem. Berlin P 23512, 12-13 aus der Zeit Hadrians (K.-Th. Zauzich, Enchoria 2, 1972, 70 f.). Ein ungeklärter Einzelfall ist P. Tebt. II 401 vii (Zeit des Tiberius?), wo die Drachme zu 6,5 Obolen gerechnet wird (Johnson-West, Currency, S. 7 f.; 48).

die Gefahr, für sie einen überhöhten Preis zu fordern, in dieser Zeit kaum mehr bestanden haben kann.[29]

Drei bisher noch nicht besprochene Angaben in Rechendrachmen sind in Papyri enthalten, die wahrscheinlich alle aus Oxyrhynchos stammen und in die Zeit von 85/6 bis 160/1 gehören. Es handelt sich um zwei Sklavenkaufverträge

SB XVI 12220 = P. Oxy. II 336 descr. (85/6)

P. Col. VIII 222 = SB V 7533 (160/1)

und eine Manumissio

P. Oxy. XXXVIII 2843 (86).

In ihnen finden wir bisher nicht genannte Relationen zwischen Silber- und Bronzegeld, die aber geldgeschichtlich nicht relevant gewesen sein können. In all diesen Verträgen werden τιμή eines Sklaven bzw. λύτρα mit 10 Tal. und 3.000 Kupferdr. angegeben. Dieser Summe entsprechen

in P. Oxy. XXXVIII 2843, 19	(86 n. Chr.)	800 Silberdr. ("Ratio" 1 : 78,75),
in P. Col. VIII 222, 57-59 = SB V 7533	(160/1)	1.300 Silberdr. ("Ratio" 1 : 48,46).[30]

In SB XVI 12220 ist die Entsprechung in Silberdr. verloren, sie dürfte aber der in P. Oxy. XXXVIII 2843 genannten vergleichbar gewesen sein, da beide Papyri aus derselben Zeit stammen.[31]

Die λύτρα bzw. τιμή von 10 Tal. 3.000 Dr. entsprechen offenbar einem alten, von Amts wegen festgesetzten Wert, der wahrscheinlich noch aus ptolemäischer Zeit stammt und weiter tradiert wird, aber durch Verwendung einer beweglichen "Ratio" umgangen wird. In dieser beweglichen Ratio spiegelt sich der Wertverlust des Silbergeldes.[32]

Zu anderen oxyrhynchitischen Belegen der λύτρα aus dieser Zeit s. oben S. 95.

---

29 Vgl. dazu Johnson-West, Currency, S. 182 und 89; J. G. Milne, The Roman Regulation of Exchange Values in Egypt: A Note, Journ. Eg. Arch. 16, 1930, 169-70; Gara, Prosdiagraphomena, S. 60, Anm. 13.

30 In P. Oxy. XXXVIII 2856 (91/2 n. Chr.) wird der Preis eines Sklaven von 900 Silberdrachmen mit 62.000 Kupferdr. (wahrscheinlich irrtümlich statt 63.000 Kupferdr.) gleichgesetzt. Wenn man 63.000 Kupferdr. zugrundelegt, ergibt sich die "Ratio" 1 : 70.

31 Vgl. J. A. Straus, Ant. Cl. 50, 1981, 757 f. In der Manumissio P. Turner 19 (= P. L. Bat. XIII 24; 101 n. Chr.) werden 1.000 Silberdr. bezahlt, ein Betrag in Bronzedrachmen wird nicht genannt. In P. Oxy. IV 722, 26 (91 oder 107 n. Chr.) betragen die λύτρα für ein Drittel eines Sklaven 200 Silberdrachmen. Das Äquivalent in Kupferdrachmen ist verloren. Wenn auch hier für den Sklaven 63.000 Kupferdr. eingesetzt wurden, müßten für das Drittel χαλκοῦ ταλάντω[ν τριῶν τριϲ]χιλίων ergänzt werden. Vgl. auch P. Oxy. III 581 descr. (mit P. Oxy. XXXVIII 2856, 15-18 Anm. und P. Col. VIII 222, S. 114, Anm. 66).

32 Die Herausgeber von P. Col. VIII 222 bezeichnen in der Einleitung zu diesem Papyrus (S. 114) die Angaben in Kupferdrachmen als "fossilized figures".

3. Der Wert der Tetradrachme, die προcδιαγραφόμενα und die sogenannten ῥυπαραὶ und καθαραὶ δραχμαί

Im vorhergehenden Abschnitt wurden Belege dafür beigebracht, daß bei der Berechnung von Land- und Gartensteuern noch im 2. Jahrhundert die ptolemäische Ratio 1 : 300 verwendet wurde. In dieser Ratio kommen auf eine Silberdrachme 7,5 Bronzeobolen (1 Obolos = 40 Rechendr.), auf die Tetradrachme dreißig Bronzeobolen. Im 2. Jahrhundert war aber die Tetradrachme schon längst geringer bewertet worden. Der Wert der Tetradrachme liegt in römischer Zeit normalerweise bei 28 bis 29 Obolen. Diese Differenz zwischen theoretischem und tatsächlichem Wert der Tetradrachme könnte man zur Erklärung des Phänomens der sogenannten προcδιαγραφόμενα heranziehen.

Bei den Prosdiagraphomena handelt es sich um einen Zuschlag von 1/16 (6,25%), der bei Bezahlung einer Reihe von Steuern offenbar seit augusteischer Zeit gefordert wurde.[33] Die Prosdiagraphomena scheinen noch nicht befriedigend erklärt zu sein.[34] A. Gara vermutete in Anschluß an V. B. Schuman, daß der Ursprung der Prosdiagraphomena mit dem Schwanken des Wertes der Tetradrachme zwischen 28 und 29 Bronzeobolen zusammenhänge.[35] Nun führt freilich die Differenz zwischen 28 und 29 Obolen nicht zum Satz von 6,25% oder einem Sechzehntel. Diese Quote ergibt sich jedoch, wenn wir die Ratio 1 : 300 ernst nehmen, von 30 Bronzeobolen ausgehen und diesen Wert zum Wert von 28 Obolen in Beziehung setzen.

Bevor wir uns aber über den Charakter der Prosdiagraphomena Gedanken machen, wollen wir der Frage nachgehen, seit wann die Prosdiagraphomena überliefert sind. Als Belege für Prosdiagraphomena haben nicht nur die Pa-

---

[33] Zuschläge, in den Papyri προcδιαγραφόμενα genannt, wurden in unterschiedlicher Höhe gefordert (wir kennen Prosdiagraphomena im Ausmaß eines Zwölftel, Zehntel oder Fünftel), die Quote, die aber allem zugrundeliegt und für die Geldgeschichte allein von Interesse ist, beträgt 1/16 oder 6,25%. Die erhöhten Quoten der προcδιαγραφόμενα sind durch Einrechnen weiterer Gebühren entstanden. Daß die Prosdiagraphomena ihrem Ursprung nach als eine Quote von 1/16 aufzufassen sind, wird allgemein angenommen, dagegen nur V. B. Schuman (s. unten S. 128). Statt eines Sechzehntel werden in den Papyri die Prosdiagraphomena auch zu einem Fünfzehntel gerechnet (vgl. unten S. 127).

[34] Zum Problem der προcδιαγραφόμενα siehe A. Gara, Prosdiagraphomena e circolazione monetaria, Milano 1976; eadem, Supplementi fiscali e circolazione monetaria nell' Egitto romano, in: Mus. Philol. Lond. 2, 1977, 119-125; J. C. Shelton, A Tax List from Karanis II, S. 25-28; S. Kambitsis, Le Papyrus Thmouis I, Paris 1985, S. 39 f.

[35] Gara, Prosdiagraphomena, S. 72, Anm. 50.

pyri und Ostraka zu gelten, in denen dieser Begriff auftaucht; einen Hinweis auf die Existenz dieses Zuschlags gibt auch der Terminus ῥυπαρὰ δραχμή, der das Phänomen der Prosdiagraphomena voraussetzt.

a) Die Bedeutung der Ausdrücke ῥυπαρὰ und καθαρὰ δραχμή und die frühesten Belege für προcδιαγραφόμενα

Grundlegend für das Verständnis der Prosdiagraphomena ist ein Aufsatz von J. G. Milne, in dem nachgewiesen wurde, daß mit dem Phänomen der Prosdiagraphomena der Terminus ῥυπαρὰ δραχμή zu verbinden ist.[36] A. Gara hat darüber hinaus gezeigt, daß in der Buchhaltung als komplementärer Begriff zu ῥυπαρὰ δραχμή der Begriff καθαρὰ δραχμή verwendet wurde. Dieser Begriff steckt in der sogenannten αἳ κ(αὶ)-Formel, die in Wahrheit zu αἳ κ(αθαραὶ) sc. δραχμαί aufzulösen ist.[37]

Die Bedeutung der Termini ῥυπαρὰ und καθαρὰ δραχμή läßt sich aus thebanischen Steuerquittungen ableiten, die in großer Zahl auf Ostraka erhalten sind. Als Anschauungsmaterial sind unten (S. 164 ff.) Steuerquittungen für die Dammsteuer (χωματικόν) zusammengestellt. An diesem Material läßt sich zeigen, daß in den thebanischen Quittungen drei unterschiedliche Formulierungen für Geldbeträge vorkommen, welche, bezogen auf die Tetradrachme, folgendermaßen lauten:

Typ a: [4 Dr. =] 3 Dr. 4 1/2 Ob. καὶ προcδιαγραφόμενα. Gemeint ist: Prosdiagraphomena in Höhe von 1 1/2 Obolen pro Stater, was bei manchen Quittungen auch ausdrücklich vermerkt wird: καὶ προcδιαγραφόμενα ὡc τοῦ ἑνὸc cτατῆροc ἐξ ὀβολοῦ ἡμιωβελίου (= ein Sechzehntel oder 6,25%; vgl. unten S. 167).

Typ b: 4 Dr., αἳ κ(αθαραὶ) 3 Dr. 4 1/2 Ob.

Typ c: 4 ῥυπαραὶ δραχμαί.

---

[36] J. G. Milne, The Currency of Egypt under the Romans to the Time of Diocletian, Annals of Archaeology and Anthropology 7, 1914-16, 65.

[37] Darüber, daß der komplementäre Terminus zu ῥυπαρὰ δραχμή als κ(αθαρὰ) δραχμή aufzulösen ist, siehe A. Gara, Prosdiagraphomena, S. 45-49; eadem, Supplementi fiscali e circolazione monetaria nell' Egitto romano, in: Mus. Philol. Lond. 2, 1977, 120; J. C. Shelton, A Tax List from Karanis II, S. 28.

In allen drei Fällen wird eine Tetradrachme bezahlt. Bei Quittierung in καθαραὶ δραχμαί sind die Prosdiagraphomena vom bezahlten Betrag bereits abgezogen, bei Quittierung in ῥυπαραὶ δραχμαί sind hingegen die Prosdiagraphomena im Betrag selbst mitenthalten. Man könnte auch sagen: in beiden Fällen sind Prosdiagraphomena bezahlt worden, im zweiten Fall sind aber die Prosdiagraphomena in der verbuchten Summe sichtbar mitenthalten, während im ersten Fall der für die Prosdiagraphomena bezahlte Betrag nicht sichtbar ist, ähnlich wie oben (S. 114) bei der Schreibweise im Silberstandard das Agio (ἀλλαγή) sichtbar gemacht werden konnte oder unsichtbar blieb. Durch die Ausdrücke ῥυπαρὰ und καθαρὰ δραχμή wird also nicht die materielle Beschaffenheit von Geld beschrieben, es handelt sich vielmehr um Ausdrücke der Buchhaltung, durch die bezeichnet wird, auf welche Weise in einer Summe die προcδιαγραφόμενα berücksichtigt sind.[38]

Da ῥυπαρόc nur anzeigt, daß in einer Summe die Prosdiagraphomena sichtbar inbegriffen sind, kann dieser Ausdruck sowohl bei Beträgen stehen, die in Silbergeld, als auch solchen, die in Bronzegeld bezahlt worden sind. So findet sich der Ausdruck bei Beträgen, die so gering sind, daß man sie nur mit Bronzegeld bezahlen konnte, aber auch bei Beträgen, die man in Silber bezahlen konnte und auch bezahlt hat.

Der Zusammenhang zwischen dem Ausdruck ῥυπαρόc und dem Phänomen der Prosdiagraphomena steht außer Zweifel. Dennoch stellt sich die Frage, ob ῥυπαρόc immer so zu fassen ist, daß damit eine Zahlung gemeint ist, in der die Prosdiagraphomena inbegriffen sind. In unseren Steuerquittungen ist das in der Regel der Fall, aber Johnson und West haben gezeigt, daß es Ausnahmen gibt.[39] Auf Grund dieser Ausnahmen wird man ῥυπαρόc letztlich allgemeiner definieren müssen. Im engeren und eigentlichen Sinn bedeutet ῥυπαρόc, daß bei einem verbuchten Betrag die Prosdia-

[38] Vgl. Gara, Prosdiagraphomena, S. 39-41.
Wie unten (S. 165) eingehender gezeigt werden soll, sind diese Beträge im Silberstandard geschrieben: mit der Drachme ist eine Silberdrachme gemeint, die in sechs Obolen geteilt wird, was aber nichts anderes bedeutet, als daß in dieser Schreibweise das Agio, das bei Zahlungen in Bronze gefordert wird, nicht geschrieben wird (vgl. zu dieser Schreibweise oben S. 114).

[39] Currency, S. 39-42. Eine Ausnahme findet sich möglicherweise auch unten (S. 222) in unserer Sammlung thebanischer Chomatikon-Quittungen: in O. Ont. II 88 (83/4 n. Chr.?) werden quittiert ῥυ(παρὰc) (δραχμὰc) c (τετρώβ.) καὶ προ(cδιαγραφόμενα). Die Lesung scheint allerdings nicht ganz sicher zu sein.

graphomena sichtbar enthalten sind, daß also nicht wie bei Verbuchung in καθαραὶ δραχμαί der bezahlte Betrag höher ist als der verbuchte, sondern daß der verbuchte Betrag dem "face value" der in Zahlung gegebenen Münzen entspricht. Im weiteren Sinn bedeutet dann ῥυπαρόϲ einfach nur Verbuchung nach dem "face value" des bezahlten Geldes.

Die Ausdrücke ῥυπαραὶ δραχμαί und καθαραὶ δραχμαί setzen die Existenz der Prosdiagraphomena voraus. Einen Hinweis auf die Frage, wann die Prosdiagraphomena eingeführt wurden, geben also nicht nur die frühesten Belege des Terminus προϲδιαγραφόμενα, sondern auch die frühesten Belege für ῥυπαραὶ und καθαραὶ δραχμαί.

Prosdiagraphomena zu 6,25% sind erst unter Tiberius ausdrücklich bezeugt. In O. Strasb. 54 werden sie im Jahr 15 n. Chr. zum ersten Mal erwähnt:

ὑπὲρ τέλọụϲ οἰκοδόμων β (ἔτουϲ) ἀργ(υρίου) δραχ(μὰϲ) εἴκοϲι δύο, (γίν.) (δρ.) κβ καὶ προϲδιαγρα(φόμενα) ὡϲ τοῦ ἑνὸϲ ϲτατῆροϲ ἐκ (ὀβ.) (ἡμιωβ.).

Etwas älter ist die thebanische Chomatikon-Quittung O. Tait I 79 p. 87, wo δρạχ(μὰϲ) ἑπτὰ ἡμιọβ(έλιον) αἳ κ(αθαραὶ) (δρ. ϛ (τετρώβ.) quittiert werden, also auch zweifelsfrei erkennbar ist, daß hier Prosdiagraphomena in Höhe von 6,25% berechnet werden. Diese Quittung stammt aus dem ersten Jahr des Tiberius, die Zahlung bezieht sich aber auf das letzte Jahr des Augustus.

Der Ausdruck ῥυπαρόϲ ist schon früher belegbar. Erstmals taucht er im Jahr 11 n. Chr. in P. Tebt. II 519 descr. auf, wo 8 Drachmen ἀργυρίου ῥυπαροῦ für λαογραφία quittiert werden. Damit haben wir ein Indiz für die Existenz der Prosdiagraphomena in augusteischer Zeit.

Vielleicht sind die προϲδιαγραφόμενα auch schon 11/10 v. Chr. in O. Strasb. 48 (Adäratio von Weizen) belegt:

(ἀρτάβαϲ) αδ ἀν(ὰ) (δραχμὰϲ) β (τριώβ.) ἄνευ προ[ϲδ(ιαγραφομένων)] καὶ προϲμε(τρουμένων).[40]

Die Existenz der Prosdiagraphomena in augusteischer Zeit ergibt sich außerdem wohl auch aus den Zahlungen für Laographia in P. Fay. 45 (10/11 n. Chr., Theadelphia) und P. Mil. I 9 (13/14 n. Chr., Theadelphia), da hier der Jahresbetrag für Laographia, der ohne Prosdiagraphomen auf 40 Dr. lau-

[40] Vgl. A. Gara, Prosdiagraphomena, S. 22.

tet, offenbar inclusive Prosdiagraphomena bezahlt ist. In P. Fay. 45 werden 44 Dr. 6 Ch. bezahlt und P. Mil. I 9 44 Dr. 5 Ch.[41]

Auf Grund dieser Belege scheint es wahrscheinlich, daß die Prosdiagraphomena von 6,25% bereits unter Augustus existierten.

b) Überlegungen zu Zweck und Charakter der προϲδιαγραφόμενα

Die Prosdiagraphomena sind ein Zuschlag, der bei Zahlungen im Silberstandard erhoben wird ganz unabhängig davon, ob diese Zahlungen in Silbergeld oder Bronzegeld erfolgen. Die Prosdiagraphomena dürfen also nicht verwechselt werden mit einem Agio, das berechnet wird, wenn mit Bronzegeld im Silberstandard bezahlt wird. Ungeklärt ist, was die Einführung der Prosdiagraphomena veranlaßt hat.

In der Frühzeit der Papyrologie hat man vermutet, daß bei der Bestimmung des Wertes der Tetradrachme das Verhältnis zwischen Tetradrachme und Denar eine Rolle gespielt habe.[42] A. Gara[43] hat diese alte Vermutung weiterzuführen versucht, indem sie meinte, zeigen zu können, daß durch die προϲδιαγραφόμενα von 1/16 ein Ausgleich geschaffen wurde zwischen dem Wert der ägyptischen Tetradrachme und dem römischen Denar, wobei sie ihre Theorie auch durch numismatisches Material zu untermauern suchte. Nun ist freilich aus dem Unterschied des inneren Wertes des römischen und ägyptischen Silbergeldes eine solche Theorie nicht abzuleiten,[44] und als eine zweite Schwierigkeit kommt hinzu, daß man zwar in der Frühzeit der Papyrologie noch glauben konnte, der Denar sei innerhalb Ägyptens fallweise als Zahlungsmittel verwendet worden, daß aber unterdessen Papyri und Münzfunde deutlich gezeigt haben, daß der Denar innerhalb Ägyptens als Zahlungsmittel keine Rolle spielte.[45] Wenn nun der Denar in Ägypten kein anerkanntes Zahlungsmittel war, so konnte es auch

---

41 Vgl. C. W. Keyes, Syntaximon and Laographia in the Arsinoite Nome, Am. Journ. of Philol. 52, 1931, 263 f.

42 Vgl. Wilcken, Grundzüge, S. LXV f.

43 A. Gara, Prosdiagraphomena e circolazione monetaria, Milano 1976; eadem, Supplementi fiscali e circolazione monetaria nell' Egitto romano, Mus. Philol. Lond. 2, 1977, 119-125.

44 Vgl. E. Christiansen, Journal of Roman Studies 69, 1979, 204-206. A. Burnett - M. Amandry - P. P. Ripollès, Roman Provincial Coinage I, London-Paris 1992, S. 688 f.

45 Johnson-West, Currency, S. 2; E. Christiansen, On Denarii and Other Coin-Terms in the Papyri, ZPE 54, 1984, 271 ff.

keinen Zwang geben, innerhalb Ägyptens Summen im Silberstandard auf den Wert des Denars zu gründen. So wird man die Prosdiagraphomena in erster Linie als ein innerägyptisches Phänomen betrachten müssen.

Einen Hinweis, in welcher Richtung die Lösung des Problems zu suchen ist, gibt wohl der Umstand, daß die Termini ῥυπαρός und καθαρός auch bei der Obryza des 6. Jahrhunderts gebraucht werden. Es scheint, daß die römische ῥυπαρὰ und καθαρὰ δραχμή analog zum ῥυπαρὸν und καθαρὸν νόμισμα des 6. Jahrhunderts zu deuten ist.[46]

Im 6. Jahrhundert lag der Wert des Solidus (νόμισμα) ganz offiziell unter dem vom Kaiser festgesetzten metrologischen Richtwert. Zahlungen, die auf den tatsächlichen Wert des Solidus lauteten, waren Zahlungen in ῥυπαρὰ νομίσματα. Hier stimmte die Anzahl der Solidi auf der Quittung mit der Zahl der ausgehändigten Goldmünzen überein. Ein ῥυπαρὸν νόμισμα war ein vollwertiger Solidus, der das vorgeschriebene Gewicht von vier γράμματα Gold hatte und den korrekten Feingehalt aufwies. Eine Zahlung in καθαρὰ νομίσματα orientierte sich hingegen am metrologischen Richtwert des Solidus. Da der Preis der Münzen zu vier γράμματα Gold unter diesem Richtwert lag, überstieg in einem solchen Fall die Zahl der vollwertigen Goldmünzen die Anzahl der καθαρὰ νομίσματα auf der Quittung. Der Wert eines καθαρὸν νόμισμα ergab sich erst, wenn zur vollwertigen Goldmünze (ῥυπαρὸν νόμισμα) ein Aufgeld gezahlt wurde, das man ὄβρυζα nannte, wodurch der volle, im metrologischen System vorgesehene Wert des Solidus erreicht wurde.[47]

Wie bereits oben (S. 120) angedeutet, scheint auch das Phänomen der Prosdiagraphomena damit zu erklären zu sein, daß der offizielle Wert der Tetradrachme unter den metrologischen Richtwert sank, das Verhältnis 1 : 300 unterschritten wurde. Wir vermuten, daß in frührömischer Zeit (wahrscheinlich noch unter Augustus) der Wert der Tetradrachme von der spätptolemäischen Ratio 1 : 300 (1 Silberdr. = 7,5 Bronzeobolen) um ein Sechzehntel herabgesetzt wurde. Wir besitzen nun freilich keine sicheren

---

[46] Die römischen Prosdiagraphomena hat man auch, wohl fälschlich, mit den "local gold standards" des 6. Jahrhunderts verglichen, womit man vor allem den in den oxyrhynchitischen Urkunden gut belegten δημόσιος und ἰδιωτικὸς ζυγός und den ζυγὸς 'Αλεξανδρείας meinte (Johnson-West, Currency, S. 141; J.-M. Carrie zu PSI Congr. XVII 30, S. 114 f.). Vgl. auch M. F. Hendy, Studies in the Byzantine Monetary Economy, c. 300-1450, Cambridge 1985, S. 359.

[47] K. Maresch, Nomisma und Nomismatia. Beiträge zur Geldgeschichte Ägyptens im 6. Jahrhundert n. Chr., Köln 1994, S. 26-28.

Nachrichten über den offiziell gültigen Wert der Tetradrachme in augusteischer Zeit,[48] so daß es sich hier nur um eine Vermutung handeln kann, zumindest in späterer Zeit könnten aber die Prosdiagraphomena mit der Differenz zwischen der theoretischen Ratio 1 : 300 (1 Silberdr. = 7,5 Bronzeobolen) und dem nun überlieferten tatsächlich üblichen Wert der Silberdrachme von 7 bis 7,25 Obolen begründet worden sein.[49]

Wenn in frührömischer Zeit der Wert der Tetradrachme von der spätptolemäischen Ratio 1 : 300 (1 Silberdr. = 7,5 Bronzeobolen) um ein Sechzehntel herabgesetzt wurde, so war diese Reduktion im Silberstandard bequem zu rechnen: wenn man die Tetradrachme zu 24 (Silber)obolen (zu je 50 Rechendr.) rechnet, bedeutet die Reduktion um ein Sechzehntel eine Reduktion um 1,5 (Silber)obolen = 75 Rechendrachmen. Probleme ergeben sich allerdings, wenn man diese Reduktion um 1,5 Silberobolen in Bronzegeld umsetzen will.

1,5 Silberobolen bedeuten in der Ratio 1 : 300 den Wert von 75 Rechendrachmen. Dieser Wert läßt sich in der Praxis in Bronzegeld nicht genau ausdrücken. Denn der Chalkus im Wert von 5 Rechendrachmen tritt normalerweise nur mehr als Recheneinheit auf, die Scheidemünze im Wert von fünf Rechendrachmen scheint in römischer Zeit bald selten geworden zu sein.[50] Die Papyri zeigen, daß man die Reduktion von 75 Rechendrachmen in der Praxis auf 80 Rechendrachmen (= 2 Bronzeobolen) aufrundete. Durch dieses

---

[48] In augusteischer Zeit finden wir anfangs noch Belege mit Rechendrachmen in den Rationes 1 : 450, 1 : 400 und 1 : 350 (s. oben S. 116). Da in ptolemäischer Zeit die Ratio 1 : 300 der metrologische Richtwert war und im zweiten Jahrhundert dieselbe Ratio noch immer der offizielle metrologische Richtwert ist, wird man auch unter Augustus mit der Existenz dieser Ratio rechnen müssen.

Nach Johnson-West, Currency, S. 7 ist die Quittung BGU VII 1590 B (6 n. Chr.) der einzige Beleg aus augusteischer Zeit für ein Agio, das für die Tetradrachme zu zahlen war:

ἔ[τουϲ] λϛ Καίϲαροϲ Χοιὰχ β. διαγέγρα(φεν) Παχνόβ(ιϲ) Παχνούβ(ιοϲ) ὑπ(ὲρ) λε (ἔτουϲ) χα(λκοῦ) κζ ἐπὶ λόγ(ου) δραχ(μὰϲ) τέϲϲαρεϲ, (γίν.) (δρ.) δ. διὰ Μύϲθ(ου) λογ(ευτοῦ).

Damit zeigt sich, wenn χα(λκοῦ) κζ als 27 Obolen interpretiert werden dürfen (vgl. dazu Gara, Prosdiagraphomena S. 58, Anm. 5), daß in dieser Zeit die Tetradrachme zumindest 27 Obolen wert war. Aus dem Text geht aber wohl nicht zwingend hervor, daß mit 27 Obolen der volle Wert der Tetradrachme beglichen wurde.

[49] Da die Steuern im Silberstandard zu zahlen waren, tatsächlich aber zu einem großen Teil in Bronzegeld bezahlt wurden, mußte eine Verbilligung der Tetradrachme einen Rückgang des Steueraufkommens zur Folge haben. Dieser durch die Verbilligung der Tetradrachme verursachte Rückgang des Steueraufkommens wurde durch die προϲδιαγραφόμενα ausgeglichen.

[50] Siehe oben S. 112.

Aufrunden reduziert sich der Preis der Tetradrachme von 30 auf 28 Bronzeobolen, das heißt, um ein Fünfzehntel.[51]

Neben dieser Erklärung der προcδιαγραφόμενα als Differenzbetrag zwischen theoretischem und tatsächlichem Wert der Tetradrachme ist freilich nicht zu vergessen, daß Zuschläge bei Zahlungen an den Staat in Ägypten eine lange Tradition hatten. In ptolemäischer Zeit sind im 2. und 1. Jahrhundert neben dem eigentlichen Agio (ἀλλαγή) von 10% Zuschläge von zuerst 5%, später 10% üblich gewesen (s. oben S. 93 f.). Die römischen Prosdiagraphomena werden an diese Tradition angeknüpft haben. Für den Steuerzahler mag es letztlich bedeutungslos gewesen sein, wie die Prosdiagraphomena begründet wurden. Er war an Zuschläge seit Jahrhunderten gewöhnt.

4. Gab es in römischer Zeit eine Bronzemünze im Wert von 7 Obolen?

Wir behandeln die schwerste der römischen Bronzemünzen der traditionellen Ansicht ensprechend[52] als Bronzedrachme (χαλκίνη) zu sechs Obolen. Dagegen hat V. B. Schuman in einer Reihe von Aufsätzen[53] die Meinung vertreten, die in den Papyri überlieferten Rechnungen wären nur nachvollziehbar, wenn man annimmt, daß es neben der Tetradrachme (im Wert von 29 Obolen) auch eine Bronzemünze zu 7 Obolen gab. Diese Vermutung

---

[51] Die Papyri zeigen deutlich, daß man die Prosdiagraphomena statt zu einem Sechzehntel auch zu einem Fünfzehntel rechnete und daß beide Quoten als gleichwertig anzusehen sind (vgl. dazu C. W. Keyes in P. Col. V, S. 284-306). Daß die Prosdiagraphomena bei kleinen Summen ohnehin nur über den Daumen berechnet wurden, zeigt K. A. Worp, How Did Egyptian Scribes calculate Net Drachmae in West Bank Tax Receipts?, ZPE 76, 1989, 63-68.

[52] Vgl. B. P. Grenfell und A. S. Hunt zu P. Oxy. I, S. 78, Johnson-West, Currency, S. 7, 10, 25. Vgl. E. Christiansen, The Roman Coins of Alexandria. Quantitative Studies II, Aarhus 1988, S. 7.

[53] Three Accounting Terms of Roman Egypt, Class. Philol. 44, 1949, 236-239. Again Three Accounting Terms of Roman Egypt, Class. Philol, 46, 1951, 34-36 (gegen D. S. Crawford, Class. Philol. 45, 1950, 185 f.). The Seven-Obol Drachma of Roman Egypt, Class. Philol. 47, 1952, 214-218. The Basis of Accounting Practices in the Karanis Tax Rolls, Aeg. 32, 1952, 241-252. The Leaden Coinage of Roman Egypt, Chr. d'Ég. 28, 1953, 356-361. Pour le versement à Alexandrie, Chr. d'Ég. 1963, 315-317. The Income of the Office of the ΠΡΑΚΤΟΡΕΣ ΑΡΓΥΡΙΚΩΝ of Karanis A.D. 172-173, BASP 12, 1975, 23-58.

ist Bestandteil eines Bündels von Thesen, welche kaum aufrecht zu halten sind.[54] Seine Auffassung läßt sich in folgende Punkte zusammenfassen:

a) Die größte römische Bronzemünze, die Bronzedrachme (geprägt seit Nero), gelte 7 Obolen.[55] Die 7-Obolen-Drachme existiere schon unter Augustus als Recheneinheit, wenn auch nicht als Münze.[56]

b) Die 6-Obolen-Drachme sei in römischer Zeit nie eine Münze, sondern nur eine beliebige Kombination kleinerer Bronzemünzen, die in der Summe den Wert von 6 Obolen ergaben. Es handle sich hier nur um eine traditionelle Schreibweise, die als überholter Zopf beibehalten wurde, obwohl sie den neuen Realitäten nicht mehr entsprochen hätte.[57]

c) Die Tetradrachme sei "during the first two hundred years of Roman rule" IMMER 29 Obolen wert.[58]

d) Daraus folge, daß die Prosdiagraphomena zu erklären seien als Differenzbetrag zwischen der 7-Obolen-Drachme und der 7 1/4-Drachme, dem Viertel der Tetradrachme, bzw. als Differenzbetrag zwischen der 6-Obolen-Drachme und der 7 1/4-Obolen-Drachme.[59]

e) Nach Schuman steht hinter den Prosdiagraphomena ursprünglich allerdings kein fester Prozentsatz. Die Prosdiagraphomena seien notwendig höher, wenn sie auf 6-Obolen-Drachmen geschlagen werden und geringer, wenn sie zu 7-Obolen-Drachmen kommen. In der Praxis sei mit einem Gemisch von 6-Obolen-Drachmen und 7-Obolen-Drachmen bezahlt worden und aus der statistisch häufigsten Mischung sei der Prozentsatz von 1/16 als ein Durchschnittswert entstanden.[60]

So erklärt Schuman den Tarif der Dammsteuer (χωματικόν) von

(δρ.) ἑπτὰ ἡμιωβ. αἳ κ(αὶ)[61] (δρ.) ἓξ (τετρώβ.)[62]

(7 Dr. 1/2 Ob. = 6 Dr. 4 Ob.),

---

[54] Schumans Ansichten wurden bereits nach Erscheinen seines ersten Aufsatzes (Class. Philol. 44, 1949, 236-239) von D. S. Crawford, Class. Philol. 45, 1950, 185 f. zurückgewiesen.

[55] Class. Philol. 47, 1952, 214-218. Aeg. 32, 1952, 241.

[56] Class. Philol. 47, 1952, 217 f.

[57] Class. Philol. 47, 1952, 218, Anm. 7; Chr. d'Ég. 28, 1953, 357.

[58] Class. Philol, 46, 1951, 35. Chr. d'Ég. 28, 1953, 357.

[59] Chr. d'Ég. 28, 1953, 357.

[60] Class. Philol, 46, 1951, 34.

[61] Schuman löst nach der älteren Anschauung zu αἳ κ(αὶ) statt αἳ κ(αθαραὶ) auf.

[62] Zu diesem Tarif s. unten S. 164.

indem er annimmt, daß der Wert von 6 Dr. 4 Ob. auf der Basis einer theoretischen 7 1/4-Obolen-Drachme stehe. Den 6 Dr. 4 Ob. würden entsprechen:

(6 x 7,25 =) 43,5 Ob.+ 4 Ob. = 47,5 Ob.

Um auch für die (δρ.) ἑπτὰ ἡμιωβ. der linken Seite der Gleichung den Wert von 47,5 Ob. zu erlangen, muß Schuman annehmen, daß den 7 Dr. 0,5 Ob. in Wirklichkeit entsprochen hätten:

fünf 7-Obolen-Dr. =	35 Obolen
zwei 6-Obolen-Dr. =	12 Obolen
1/2 Ob. =	0,5 Obolen
7 Dr. 0,5 Ob. =	47,5 Obolen[63]

f) Für Schuman ist in der Gleichung "x αἲ κ(αὶ) y" der Wert y das, was in den Papyri ῥυπαραὶ δραχμαί genannt wird, ῥυπαρόϲ ist also alles, was auf der Basis der 7 1/4-Drachme gerechnet werde.[64]

Zu den genannten Punkten ließe sich Folgendes sagen.

f) Den Wert y in der Gleichung "x αἲ κ(αὶ) y" als ῥυπαραὶ δραχμαί zu bezeichnen, hat bereits D. S. Crawford als *petitio principii* abgetan und erklärt, daß genauso gut der Wert x die ῥυπαραὶ δραχμαί sein könnten.[65] Tatsächlich hat sich gezeigt, daß die ῥυπαραὶ δραχμαί als Wert x zu interpretieren sind (s. S. 121 f.).

c) Die Annahme, daß die Tetradrachme immer zu 29 Obolen gerechnet wurde, ist angesichts der Evidenz der Papyri, die schon von Johnson-West ausgebreitet worden war und die sich seither noch vermehrt hat, höchst unwahrscheinlich. Die Papyri zeigen einem unvoreingenommenen Betrachter, daß die Tetradrachme (Stater) ebenso zu 28 wie zu 29 Obolen gerechnet wurde. Schuman überging diesen Einwand, indem er behauptete, die 28-Obolen-Einheit sei in all diesen Fällen nicht wirklich ein Stater gewesen, sondern nur 4 Bronzedrachmen. Daß der Stater einmal zu 28 Obolen gerechnet wurde, ein andermal zu 29 Obolen, zeigt indessen in aller Deutlichkeit P. Lond. I 131 r (siehe unten S. 142 f.). Der erst in jüngerer Zeit publizierte P. Wash. Univ.

---

63 Class. Philol. 47, 1952, 216; Chr. d'Ég. 28, 1953, 357.

64 Class. Philol. 44, 1949, 238 f.; Class. Philol, 46, 1951, 35; Chr. d'Ég. 28, 1953, 357 f. In BASP 12, 1975, 35 wird zugestanden, daß auch Tetradrachmen als ῥυπαραὶ δραχμαί bezeichnet werden können, was in Class. Philol. 44, 1949, 236-239 ausdrücklich ausgeschlossen worden war.

65 Class. Philol. 45, 1950, 186.

II 90 (s. unten S. 134) zeigt zudem, daß die Tetradrachme auch zu 30 Obolen gerechnet werden konnte.

e) Die Annahme, daß 6-Obolen-Drachmen und 7-Obolen-Drachmen nebeneinander in den Abrechnungen als Drachmeneinheiten gerechnet werden konnten, ist kaum nachzuvollziehen und hat keinen Glauben gefunden. Nachdem H. C. Youtie überzeugend dargelegt hat, wie in den Steuerlisten von Karanis tatsächlich das Agio berechnet wurde,[66] gilt Schuman's Theorie zumindest in dieser Hinsicht als überholt. Damit fällt aber auch sein Ansatz zur Erklärung der Prosdiagraphomena.

d) Wenn die Prosdiagraphomena aus der Differenz zwischen der 7-Obolen-Drachme und der 7 1/4-Obolen-Rechendrachme entstanden wären, wie auch A. Gara vermutete,[67] dann müßten die Prosdiagraphomena pro Tetradrachme einen Bronzeobolos betragen und nicht 1,5 Silberobolen.

In unserem Erklärungsansatz der Prosdiagraphomena versuchten wir die Quote von 1/16 ernst zu nehmen und nahmen an, daß der Wert der Tetradrachme von 300 Rechendrachmen um ein Sechzehntel auf theoretisch 282,25 Rechendrachmen, praktisch 280 Rechendrachmen, herabgesetzt worden ist, also von 7,5 Bronzeobolen auf 7 Bronzeobolen.

Die Punkte c-f wird man also als nicht haltbar bezeichnen müssen. Es bleiben die Punkte a und b, die den Wert der schwersten Bronzemünze (sieben Obolen?) betreffen.

Deutlich dürfte sein, daß aus dem Phänomen der Prosdiagraphomena nicht auf die Existenz einer 7-Obolen-Drachme in Bronze geschlossen werden kann, denn die Prosdiagraphomena lassen sich auch anders erklären. Damit entfällt das Hauptargument, das von Schuman zugunsten der Existenz einer 7-Obolen-Drachme angeführt wurde. Ganz besonders gegen die Existenz einer 7 Obolen-Bronzedrachme sprechen aber die drei in den Papyri zu

---

66 H. C. Youtie, A Problem in Graeco-Roman Bookkeeping, Script. Post. I, S. 123-147 (= ZPE 15, 1974, 117-141). Wenn über die bei Youtie ausgebreiteten Belege hinaus Anschauungsmaterial für die Berechnung des Agios nötig ist, so liefert dies die bereits wiederholt zitierte umfangreiche Abrechung P. Wash. Univ. II 90, wo auch zu sehen ist, wie sich am Ende des Tages auf Grund unterschiedlicher Berechnung des Agios Gewinne, aber auch Verluste ergeben.

67 Prosdiagraphomena, S. 72, Anm. 50; ähnlich J. C. Shelton, A Tax List from Karanis II, S. 15.

beobachtenden Schreib- und Rechenweisen, die oben S. 114 f. vorgestellt wurden und unten S. 134 ff. anhand von ausgewählten Beispielen behandelt werden. Sie lassen sich nur nachvollziehen, wenn man annimmt, daß die Bronzedrachme sechs Obolen galt.

Bronzedrachme und Silberdrachme werden zudem auch in der seit langem bekannten metrologischen Tabelle P. Oxy. I 9 verso, p. 77[68] gegenüberge-stellt:

> ἔχι (= ἔχει) χαλκείνη ὀβολοὺϲ ϛ̄, ὁ δὲ ὀβολὸϲ ἔχει χαλκοῦϲ η̄, ὥστε εἶναι τὴν χαλκείνη⟨ν⟩ χαλκῶν μη. ἔχει δραχμὴ ὀβολοὺϲ ἑπτὰ ζ, ὁ δὲ ὀβολὸϲ ἔχει χαλκοῦϲ η, ὥστε εἶναι τὴν δραχμὴν χαλκῶν νϛ̄.

Schuman hält die hier nur δραχμή genannte Einheit zu 7 Obolen für die Bronzemünze im Wert einer Drachme, die χαλκίνη des Papyrus hingegen für eine reine Recheneinheit, der keine Münze entspricht und von der nicht zu erkennen ist, welchen Zweck sie gehabt haben sollte, da sie zu nichts führt und nur als ein sinnentleerter Atavismus erscheinen kann.

Die Gelehrten vor ihm zogen den umgekehrten Schluß. Für sie war die χαλκίνη dieses Papyrus die schwerste Bronzemünze und die δραχμή zu sieben Obolen eine reine Recheneinheit. Man hielt mit Bekanntwerden dieses Papyrus das Problem der ἀργυρίου und χαλκοῦ δραχμή in römischer Zeit für zumindest prinzipiell gelöst, weil akzepiert wurde, daß zwischen Silbergeld und Silberstandard zu unterscheiden sei, und man daran festhielt, daß bei Zahlungen im Silberstandard Bronzegeld nicht zu seinem nominalen Wert, sondern nur unter Begleichung eines Agios akzepiert wurde. Daß man zu Unrecht die Richtigkeit dieser Ansicht bezweifelte, müßte sich, wie gesagt, beim Nachvollziehen der Rechnungen in den unten (S. 134 ff.) behandelten Papyri ergeben.[69]

---

[68] Abgedruckt auch bei Johnson-West, Currency, S. 184. Der Papyrus wurde von den Herausgebern der Schrift nach in das 3. oder frühe 4 Jahrhundert datiert, die Tabelle gibt aber sicherlich die Situation wieder, wie sie im 1. und 2. Jahrhundert herrschte.

[69] Auch in dem metrologischen Papyrus P. Oxy. XLIX 3458 (3. Jhdt. n. Chr.) wird die Drachme zu 7 Obolen gerechnet. Es handelt sich dabei aber erkennbar um die Silberdrachme im Sinne eines Viertels eines Staters, wenn auf ein Talent sowohl 1.500 ϲτατῆρεϲ (bzw. 6.000 Dr.) gerechnet werden als auch 42.000 Obolen (Z. 6-7).

Schuman ließ sich zu seinen Thesen offenbar vor allem durch die Tatsache verleiten, daß in den Papyri Additionen, Subtraktionen und Umrechnungen von Bronzedrachmen in Silberdrachmen nicht mit letzter Genauigkeit durchgeführt werden. Es handelt sich dabei um ein Phänomen, das sich in den Papyri von der ptolemäischen bis zur byzantinischen Zeit beobachten läßt. Das Agio wurde häufig nur ungefähr bestimmt und brauchte auch innerhalb einer Abrechnung nicht immer gleich hoch angesetzt zu werden. Im antiken Zahlungsverkehr gab es in dieser Hinsicht einen gewissen Spielraum, der von allen Beteiligten akzeptiert wurde. Freilich läuft man als moderner Beobachter manchmal Gefahr, die Ungenauigkeit bei der Berechnung des Agio zu überschätzen. Denn teilweise rührt sie einfach daher, daß in den Rechnungen mit Einheiten gerechnet wird, die kleiner sind als die im Zahlungsverkehr üblichen. So wurde z. B. in den Steuerlisten von Karanis (171-174 n. Chr.) mit dem Dichalkon als kleinster Einheit gerechnet, während bei den Summen, die tatsächlich bezahlt wurden, keine Einheiten vorkommen, die kleiner sind als der Obolos.[70] Es wurden alle Summen auf volle Obolenbeträge auf- oder abgerundet. In dieser Zeit war der Obolos bereits die kleinste Münze, die bei Zahlungen üblich war. Wenn also mit Einheiten gerechnet wurde, die kleiner sind als die, die bei einer Zahlung tatsächlich verwendet wurden, so mußte es schon aus diesem Grund zu einer Diskrepanz zwischen dem verbuchten und dem tatsächlich bezahlten Betrag kommen.

Abschließend sei noch eine Stelle erwähnt, die in der Diskussion um den Wert des größten Bronzenominals eine gewisse Rolle spielte. In dem Steuerregister P. Mich. IV 224 (172/3 n. Chr.) wird in Z. 6314 f. folgende Summe genannt: cτα(τῆρεc) τλδ κέρμ(ατοc) τε⟨τ⟩ρώβ(ολα) σπβ (334 Statere und 282 Tetrobola).

Es wurde angenommen, daß es sich bei diesen κέρμ(ατοc) τε⟨τ⟩ρώβ(ολα) um das zweitschwerste der in römischer Zeit geprägten Bronzenominale handelte.[71] Da dieses Nominal von seinem Gewicht her etwa als Hälfte des schwersten zu verstehen sei, schien das zweitschwerste Nominal als 4-Obolen-Münze auf eine 7-Obolen-Münze als schwerstes Nominal zu deuten. Es ist aber fraglich, ob diese Stelle wirklich auf die Existenz einer Bronze-

---

[70] Vgl. unten S. 151.

[71] V. B. Schuman, Class. Philol. 47, 1952, 216. J. C. Shelton, A Tax List from Karanis II, S. 17, Anm. 15.

münze im Wert von vier Obolen weist oder ob nicht eher die τε⟨τ⟩ρώβ(ο-λα) als reine Recheneinheit und nicht als Münzen aufzufassen sind. Dazu siehe ausführlicher unten S. 173.

II. Interpretationen einzelner Papyri. Detailfragen

In den ersten fünf der nun folgenden Abschnitte sollen Schreibweisen und Rechentechnik der römischen Zeit illustriert werden. Nr. **1** und **2** zeigen die Verhältnisse des ersten Jahrhunderts, Nr. **3**, **4** und **5** die Verhältnisse des zweiten. Nr. **1**, **3** und **5** stehen als Beispiele für Rechnen im Silberstandard, wie es in der überwiegenden Zahl der Papyri offiziellen Charakters gehandhabt wird, während Nr. **2** und **4** eher als Ausnahmen zu werten sind, an denen aber das Rechnen mit Bronze- und Silberdrachmen exemplarisch vorgeführt werden kann.

1. Rechnen im Silberstandard ohne Kenntlichmachen des Agios: P. Wash. Univ. II 90

41/2 oder 55/6 n. Chr.? — *Oxyrhynchos*

Die Abrechnung P. Wash. Univ. II 90 läßt sich nur ungefähr datieren. Sie steht auf dem Verso. Auf dem Recto dieses Papyrus befindet sich ein Vertragsregister (P. Wash. Univ. II 78), das nicht vor der Regierungszeit des Tiberius geschrieben sein dürfte.[1] In der Abrechnung auf dem Verso scheint der Monatsname Καιcάρειοc = Mesore vorzukommen, der nicht vor 40 n. Chr. belegt ist.[2] Ein weiteres Datierungskriterium ergibt sich aus dem Umstand, daß Tetradrachmen in dieser Abrechnung relativ selten sind, ferner aus dem hohen Agio, das für die Silberdrachme verlangt wird. Silbergeld war in Ägypten bis in die Zeit des Claudius und Nero knapp. Ab dem 10. Regierungsjahr des Nero wurden jedoch so viele Tetradrachmen geschlagen, daß man ab dieser Zeit nicht mehr mit Knappheit an Silbergeld und erhöhtem Agio rechnen wird.[3] Ein in der Abrechnung öfters erwähntes zweites Jahr (v 25, vi 3. 14, vii 3) könnte man daher mit dem Jahr 41/2 oder 55/6 identifizieren.

Es handelt sich um eine private Abrechnung in der Form eines Tagebuchs, in dem Tag für Tag Einkünfte verzeichnet werden, von denen dann die Aus-

---

[1] Siehe P. Wash. Univ. II, S. 66 f.

[2] P. Wash Univ. II 90 i 16 Anm.

[3] E. Christiansen, The Roman Coins of Alexandria, I, Aarhus 1988, S. 93 f.

gaben des Tages abgezogen werden. Das Interessanteste an dieser Abrechnung ist der Umstand, daß am Ende eines jeden Tages das Ergebnis, das sich auf Grund der Buchhaltung ergibt, mit dem tatsächlichen Kassenstand verglichen wird. Auf Grund der peniblen Dokumentation des jeweiligen Kassenstandes läßt sich an diesem Papyrus gut erkennen, wie in Papyri römischer Zeit Geldbeträge notiert werden können.

Die einzelnen Angaben stehen im Silberstandard, mit δραχμή ist also eine Silberdrachme gemeint. Seit alters her wird die Drachme in sechs Obolen zu acht Chalkoi geteilt, und so werden auch in dieser Abrechnung auf die Silberdrachme sechs Obolen gerechnet. Tatsächlich ergeben jedoch sechs Obolen nur den Wert einer Bronzedrachme (χαλκίνη), eine Silberdrachme ist hingegen mehr als sechs Obolen wert, in unserem Fall 7,5 Obolen. Pro Silberdrachme werden hier also 1,5 Obolen Agio gerechnet. Wenn in unserer Abrechnung dennoch 6 Obolen einer Silberdrachme gleichgesetzt werden, so bedeutet das, daß das Agio in dieser Schreibweise nicht berücksichtigt wird, obwohl es natürlich bezahlt worden ist. Das Agio bleibt unsichtbar.

Daß das Agio tatsächlich bezahlt worden ist, aber nicht geschrieben wird, erkennt man daran, daß bei der schriftlichen Fixierung von Geldbeträgen nebeneinander zwei verschiedene Schreibweisen verwendet werden, im einen Fall die beschriebene Schreibweise mit unberücksichtigtem Agio (*Schreibweise A*), und im anderen Fall eine Schreibweise, in der das Agio im Geldbetrag eingerechnet ist (*Schreibweise B*). Da beide Schreibweisen wiederholt nebeneinander stehen, kann man gut erkennen, wie das Agio berechnet worden ist.

Schreibweise A: 1 Drachme = 6 Obolen, 1 Obolos = 8 Chalkoi.
Die Einheiten unter dem Wert einer Drachme werden mit den üblichen Siglen geschrieben. Es handelt sich dabei um:

(ἡμιωβέλιον) 
(ὀβολός)
(ὀβολός) (ἡμιωβέλιον)  oder 
(διώβολον) 
(διώβολον) (ἡμιωβέλιον)  oder 
(τριώβολον) 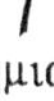
(τριώβολον) (ἡμιωβέλιον) 
(τετρώβολον) 
(τετρώβολον) (ἡμιωβέλιον)
(πεντώβολον)

Schreibweise B: Hier wird Silbergeld und Kupfergeld deutlich unterschieden und getrennt gehalten. Einerseits werden Vielfache von vier Drachmen notiert, also Tetradrachmen, andererseits Kupfergeld als Summe von Obolen. So finden wir für Silbergeld die Sigle für δραχμή, während für das Kupfergeld die Abkürzung β̊ für ὀβ(ολοί) und die Sigle für ἥμισυ, ∟ (anstelle der Sigle für ἡμιωβέλιον), verwendet wird.

An dem folgenden Beispiel sei das Gesagte exemplifiziert. Das in Schreibweise B notierte Kupfergeld ist kursiv und fett gedruckt.

III 21 ιη¯ δό(σις)
ἐγλ[ό]γ(ου) ιζ (διώβ.)
Παῦ(νι) α
24 (γίνεται) ιη (διώβ.)
(ὧν) (γίν.) εἰδ(ῶν) ..... θ( ) ***ὀβ. δ***
.[ ] (τριώβ.)
κ... ( ) (ἡμιωβ.)
28 ...νι ( ) κ... ( ) (δρ.) δ
(γίνεται) δ (τριώβ.) (ἡμιωβ.)
ἡ λ(οιπάς) ιγ (τετρώβ.) (ἡμιωβ.)
ἀνθ' (ὧν) (δρ.) δ, ***ὀβ. οδ***
32 οἳ (δρ.) θ (πεντώβ.), (γίν.) ιγ (πεντώβ.)
// (ἡμιωβ.)

21 Am 18.: Einkommen
Saldo (vom Vortag) 17 Dr. 2 Ob.
Pauni 1 Dr.
24 *Summe (der Einkünfte) 18 Dr. 2 Ob.*
Ausgaben: Waren (?) ... ***4 Ob.***
.[ ] 3 Ob.[4]
... 1/2 Ob.
28 ... 4 Dr.
Summe (der Ausgaben 4 Dr. 3 1/2 Ob.
Rest 13 Dr. 4 1/2 Ob.
In der Kasse 4 Dr., ***74 Ob.***,
32 den 74 Ob. entsprechen 9 Dr. 5 Ob.[5], Summe 13 Dr. 5 Ob.
(Überschuß) 1/2 Ob.

---

[4] 4 Bronzeob. (Z. 25) = 3 Silberob. (Z. 26).
[5] 74 Ob. = 67,5 (= 9 x 7,5) + 6,5 Ob. Es entsprechen 6,5 Bronzeob. 5 Silberob.

ιθ¯ [δ]ό̣(σις) α
ἐγλ[όγ(ου)] ιγ (πεντώβ.)
36 Παῦ̣(νι) α (ὀβ.) (ἡμιωβ.)
(γίνεται) ις (ἡμιωβ.)
(ὧν) α̣ ̣ισ̣ υ **ὀβ. ε̣**
̣ ̣ ἡ λ(οιπάς) ιε (διώβ.) (ἡμιωβ.)
40 [ἀν]θ' (ὧν) (δρ.) δ, **ὀβ. πδ**
[ο]ἳ (δρ.) ια (ὀβ.), (γίν.) ι[ε (ὀβ.)]

	Am 19.: Einkommen		1 Dr.
	Saldo (vom Vortag)		13 Dr. 5 Ob.
36	Pauni		1 Dr. 1 1/2 Ob.
	Summe (der Einkünfte)		*16 Dr. 1/2 Ob.*
	Ausgaben: ...		***5 Ob.***
	... Rest	15 Dr. 2 1/2 Ob.[6]	
40	in der Kasse	4 Dr., ***84 Ob.***,	
	den 84 Ob. entsprechen 11 Dr. 1 Ob.[7], Summe 1[5] Dr. [1 Ob.]		

Unser Beispiel enthält die Abrechnung für zwei Tage, den 18. und 19. eines ungenannten Monats. Am Ende des Tages wird der Saldo ermittelt. Das geschieht auf zweifache Weise.

Zuerst wird der Saldo errechnet, wie er sich buchhalterisch ergibt, indem die Ausgaben von der Habenseite abgezogen werden. Diese Rechnung vollzieht sich in Schreibweise A, in der das bei den Zahlungen des Tages erhaltene oder ausgegebene Agio nicht sichtbar ist.

Die Summe, die sich ergibt, wird verglichen mit dem, was sich tatsächlich in der Kasse befindet. Dabei wird nun Silber- und Bronzegeld getrennt. Am 18. finden sich eine Tetradrachme und Bronzegeld im Wert von 74 Obolen (Schreibweise B), am 19. eine Tetradrachme und Bronzegeld im Wert von 84 Obolen (Schreibweise B). Dieser Kassenstand wird nun umgerechnet in Schreibweise A. Dabei zeigt sich, daß sich am 18. in der Kasse etwas mehr befindet, als es sich aus der Buchhaltung ergibt, am 19. aber etwas weniger. Der korrigierte Kassenstand, formuliert in Schreibweise A, wird dann für den nächsten Tag als Saldo des Vortages eingesetzt.

---

[6] Die fünf Bronzeobolen in Z. 38 werden als vier Silberobolen gerechnet.

[7] 84 Ob. = 82,5 (= 11 x 7,5) + 1,5 Ob. Es entsprechen 1,5 Bronzeob. einem Silberob.

Diesem Schema entsprechen alle Tagesabrechnungen dieses Papyrus.

In unserem Beispiel wurden bei den Ausgaben zweimal Summen in der Schreibweise B formuliert.

a) In Z. 25 f. entsprechen 4 Obolen in Schreibweise B 3 Obolen in Schreibweise A.

b) Die in Z. 38 vermerkten 5 Obolen (Schreibweise B) werden schließlich als 4 Obolen (Schreibweise A) gerechnet, wie sich aus dem Differenzbetrag in Z. 39 ergibt.

Wie hier bietet der Papyrus auch sonst an einer Reihe von Stellen Summen in Schreibweise B, bei denen entweder das Äquivalent in Schreibweise A danebensteht oder aus dem Zusammenhang leicht errechnet werden kann. Diese Stellen sind in der folgenden Tabelle zusammengefaßt. Die Obolenbeträge unterhalb des Wertes einer Drachme differieren in Schreibweise A und B auf charakteristische Weise. Sie sind fett gedruckt.

Stelle	Summe im Silberstandard Dr./Ob. (Schreibweise A)	= in Bronzeobolen (Schreibweise B)
ii 34	1/**0,5**	8 = 7,5 + **0,5**
ii 19	14/**0,5**	105,5 = 105 (= 14 x 7,5) + **0,5**
iii 41	11/**1**	84 = 82,5 (= 11 x 7,5) + **1,5**
vii 11	22/**1,5**	167 = 165 (= 22 x 7,5) + **2**
i 18+20	3/**2**	25 = 22,5 (= 3 x 7,5) + **2,5**
vi 8	0/**3**	**3,5**
iv 20	11/**3**	86 = 82,5 (= 11 x 7,5) + **3,5**
iii 4	0/**3**	**4**
iii 25	0/**3**	**4**
i 7	1/**3,5**	12 = 7,5 + **4,5**
iii 15	1/**3,5**	12 = 7,5 + **4,5**
iv 17	1/**3,5**	12 = 7,5 + **4,5**
iv 28	1/**3,5**	12 = 7,5 + **4,5**
ii 9	23/**3,5**	177 = 172,5 (= 23 x 7,5) + **4,5**
iii 38	0/**4**	**5**
iv 10 f.	11/**4**	87,5 = 82,5 (= 11 x 7,5) + **5**
vi 17	0/**4,5**	**6**
vi 21	1/**4,5**	13,5 = 7,5 + **6**
v 2	1/**5**	14 = 7,5 + **6,5**
iii 31 f.	9/**5**	74 = 67,5 (= 9 x 7,5) + **6,5**

Die Summen setzen sich aus einem Drachmenbetrag und einem Restbetrag unterhalb des Wertes einer Silberdrachme zusammen. In der hier gegebenen Anordnung der Belege steigt der Restbetrag von 0,5 Obolen jeweils um einen halben Obolos bis zu 5 Obolen. Auch wenn nicht alle Stufen belegt sind, so zeigt sich doch in hinreichender Deutlichkeit ein festes Schema, nach dem das Agio berechnet worden ist:

Zu einem Hemiobelion wurde kein Agio gerechnet, zu einem Obolos bereits ein halber Obolos. Ein halber Obolos Agio ist belegt bis incl. 3 Obolen. Ab 3 Obolen (= 1/2 Drachme) wird ein Obolos Agio gerechnet, 1,5 Obolen Ago werden ab 4,5 Obolen (= 3/4 Dr.) gerechnet.

Schreibweise der Obolen im Silberstandard (Agio verdeckt, Schreibweise A)	Äquivalent mit sichtbarem Agio: Betrag in Ob. entspricht der gezahlten Obolenzahl (Schreibweise B)
0,5	0,5
[1]	[1]?
1	1,5
1,5	2
2	2,5
[2,5]	[3]
3	3,5
3	4
3,5	4,5
4	5
[4,5]	[5,5]?
4,5	6
5	6,5
[5,5]	[7]
6	7,5

Die Zunahme des Agios läßt sich also graphisch auf folgende Weise darstellen:

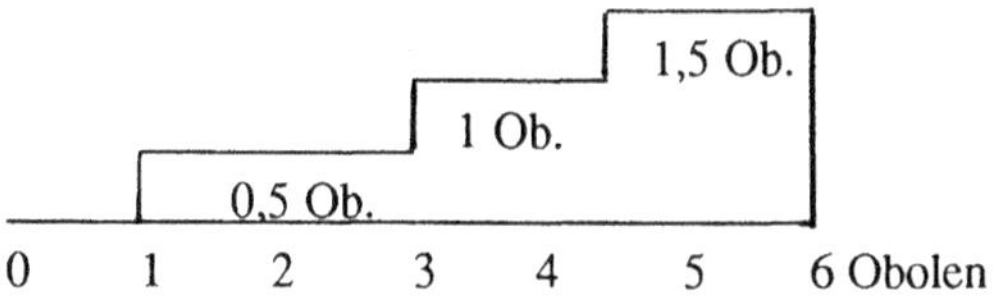

Diese Schema wurde konsequent eingehalten.[8] Die kleinste Einheit, mit der in diesem Papyrus gerechnet wird, ist das Hemiobelion (4 Chalkoi), und so nimmt das Agio auch in Schritten von einem halben Obolos zu. Damit zeigt sich, daß zur Abfassungszeit des Papyrus die Münze im Wert von 4 Chalkoi die kleinste Bronzemünze war, die in der Praxis von Bedeutung war.

Auffällig ist in dieser Abrechnung die relative Seltenheit der Tetradrachme. In den Summen des 18. und 19. kam nur eine Tetradrachme vor, vielleicht ein und dieselbe. Tetradrachmen werden auch sonst in den Tagesabschlüssen nur selten erwähnt, wie die folgende Zusammenstellung zeigt:

Am 6. (i 7)	keine Tetradrachme unter 8 Dr.
Am 7. (i 24)	keine Tetradrachme unter 7 Dr. 0,5 Ob.
Vom 8. bis 9.	Tagesabschlüsse nicht erhalten
Am 10. (ii 9)	keine Tetradrachme unter 23 Dr. 3,5 Ob.
Am 11. (ii 19)	keine Tetradrachme unter 14 Dr. 0,5 Ob.
Am 12. (ii 25)	*1 Tetradrachme unter 26 Dr.*
Vom 13. bis 15.	Tagesabschlüsse nicht erhalten
Am 16. (iii 8)	keine Tetradrachme unter 22 Dr. 1 Ob.
Am 17. (iii 19)	keine Tetradrachme unter 17 Dr. 2 Ob.
Am 18. (iii 31)	*1 Tetradrachme unter 13 Dr. 5 Ob.*
Am 19. (iii 40)	*1 Tetradrachme unter 15 Dr. 1 Ob.*
Vom 20. bis 21.	Tagesabschlüsse nicht erhalten
Am 22. (iv 10)	*2 Tetradrachmen unter 19 Dr. 4 Ob.*
Am 23. (iv 20)	keine Tetradrachme unter 11 Dr. 3 Ob.
Vom 24. bis 26.	Tagesabschlüsse nicht erhalten
Am 27. (v 6)	keine Tetradrachme unter 4 Dr. 5,5 Ob.
Am 28. (v 18)	*1 Tetradrachme unter 9 Dr. 2,5 Ob.*
Vom 29. bis 2.	Tagesabschlüsse nicht erhalten
Am 3. (vi 8)	Summe geringer als 4 Dr.
Am 4. (vi 21)	Summe geringer als 4 Dr.
Vom 5. bis 7.	Tagesabschlüsse nicht erhalten
Am 8. (vii 11)	keine Tetradrachme unter 22 Dr. 1,5 Ob.

---

[8] Nicht genau unserem Schema folgen nur die Umrechnungen ii 25 f. und v 18 f.:
ii 25 f.: 22 Dr. = 165 Ob. (22 x 7,5). In der Kasse befinden sich aber nur 164,5 Ob. Hier ist also aufgerundet worden.
v 18 f.: 5/2,5 = 40 Ob. = 37,5 (= 5 x 7,5) + 2,5 Ob., statt nach unserem Schema: 40 Ob. = 37,5 + 2,5 Ob. = 5/2.

Die einzelnen Tagesabschlüsse sind auch deswegen interessant, weil sie zeigen, daß die Summe, die sich abends in der Kasse befand, manchmal über und manchmal unter der verbuchten lag. Diese Differenz kann einmal daher rühren, daß bei der Verbuchung der Zahlungen das gezahlte Agio nicht berücksichtigt wird, bei den einzelnen Zahlungen jedoch das Agio nur annähernd berechnet worden sein mag oder aber, was in unserem Fall noch wichtiger ist, auch ganz bewußt nicht immer gleich hoch angesetzt wurde. Denn es zeigt sich, daß offenbar bei gewissen Zahlungen (bei Ausgaben unter dem Titel εἰϲ οἶκον und bei Einnahmen, die unter dem Titel β (ἔτουϲ) verbucht werden) ein geringeres Agio üblich war, also vielleicht 7 Obolen oder 7,25 Obolen pro Silberdrachme gerechnet wurde.[9] Auf diese Weise erklärt sich die Differenz zwischen Buchhaltung und Kassenstand im Abend ohne Schwierigkeit. Daß zwei verschiedene Rationes für Silbergeld in einer Abrechnung nebeneinander gelten können, zeigt auch in eine andere umfangreiche Abrechnung des 1. Jahrhunderts, die im Folgenden gesprochen wird, P. Lond. I 131 Recto.[10]

[9] Indizien, die für diese Annahme sprechen, sind in P. Wash. Univ. II, S. 135 f. zusammengetragen.

[10] Zwei Rationes (die Tetradrachme zu 29 und 28 Obolen) finden sich wahrscheinlich auch in P. Lond. III 1177 p. 180 (113 n. Chr.). Vgl. dazu Johnson-West, Currency, S. 51 f. und 47.

2. BRONZE- UND SILBERDRACHMEN IN EINER PRIVATEN ABRECHNUNG: P. LOND. I 131 RECTO, P. 166 (= SB VIII 9699) UND P. LOND. I 131*, P. 189

78/9 n. Chr. *Hermopolites*

A. Swiderek, La Propriété foncière privée dans l'Égypte de Vespasien et sa technique agricole d'après P. Lond. 131 Recto. Acad. polon. des sciences, Inst. d'histoire de la culture matérielle. Bibliotheca Antiqua. Warschau 1, 1960, S. 9 ff. (= SB VIII 9699). — Johnson-West, Currency, S. 48-51. — Johnson, Roman Egypt, S. 177-207. — D. P. Kehoe, Management and Investment on Estates in Roman Egypt during the Early Empire, Bonn 1992, S. 38 f. und 59-64. — Abbildungen in: Greek Papyri in the British Museum. Facsimiles. Printed by Order of the Trustees. London 1893, pl. 107-125.

In dieser umfangreichen Papyrusrolle rechnet der Gutsverwalter Didymos, Sohn des Aspasios, gegenüber seinem Gutsherrn Epimachos, Sohn des Polydeukes, in Form eines Tagebuches über seine Einnahmen und Ausgaben ab. Die Abrechnung steht auf Recto, das Verso trägt den Text der 'Ἀθηναίων πολιτεία (Pack^2 163).

In dieser Abrechnung bezieht sich der Terminus δραχμή teils auf Bronzedrachmen, teils auf Silberdrachmen, wobei die Bronzedrachmen manchmal, aber nicht immer, als χαλκοῦ δραχμαί charakterisiert werden, während die Silberdrachmen entweder als ἀργυρίου δραχμαί bezeichnet werden oder auch nur durch einen Punkt oder einen Markierungsstrich als solche gekennzeichnet sind.[1]

Die χαλκοῦ δραχμή gilt sechs Obolen, die ἀργυρίου δραχμή 7 oder 7,25 Obolen. Bei den Ausgaben wird die Silberdrachme, soweit erkennbar, zu 7 Obolen gerechnet (Z. 373[2], 417). Auch bei den Einnahmen scheint in der Regel die Silberdrachme zu 7 Obolen gerechnet zu sein (Z. 554, 555, 558). Bei der Schlußabrechnung am Ende des Monats werden aber die in

---

[1] Diese Markierungen sind in den Editionen durchwegs weggelassen (siehe P. Lond. I p. 167 n.). Wo Silberdrachmen gemeint sind und wo Bronzedrachmen, erkennt man aber leicht an den Zwischensummen, wo beide Kategorien immer säuberlich getrennt sind. Da auf den Tafeln zu P. Lond. 131 nicht sicher zu erkennen ist, wo eine Markierung stand und wo nicht, sind auch in den im Folgenden wiedergegebenen Textpassagen Verweise auf Punkte oder Markierungsstriche weggelassen.

[2] Zu dieser Stelle vgl. P. Lond. I 131, 373 n., p. 181.

Bronzedrachmen fixierten Ausgaben, teilweise in Drachmen zu 7,25 Obolen umgerechnet, teilweise in Drachmen zu 7 Obolen. Besonders auffällig ist die Abrechnung über den Monat Pharmuthi, wo 68 Bronzedr. 4,5 Ob. zu Silberdr. zu 7 Ob. umgerechnet werden, 163 Bronzedr. jedoch zu Silberdr. zu 7,25 Ob. (Z. 529 f.). Ein Grund für diese unterschiedliche Behandlung ist nicht erkennbar.[3] Das Nebeneinander zweier Rationes innerhalb einer Abrechnung läßt sich aber auch in anderen Abrechnungen beobachten (vgl. oben zu P. Wash. Univ. II 90, S. 141).

Kleinste Einheit, die geschrieben wird, ist wie in P. Wash. Univ. II 90 ein halber Obolos. Für die Einheiten unterhalb des Wertes einer Drachme (von ἡμιωβέλιον bis πεντώβολον) werden die üblichen Symbole verwendet (vgl. oben S. 135).

Ein wichtiger Unterschied zu P. Wash. Univ. II 90 besteht darin, daß in den Fällen, wo im Silberstandard gerechnet wird, bei den Obolenbeträgen ein ὀβολός nur die Bronzemünze dieses Wertes bezeichnet und nicht mehr. Es gibt also keine Silberobolen. Wenn also ein ὀβολός geschrieben wird, so bedeutet das nur einen ὀβολός, ohne daß ein Agio hinzuzurechnen ist. Das läßt sich zweifelsfrei erkennen aus Stellen wie den folgenden:

Z. 554: 1 Silberdr. 6 Ob. = 13 Ob. (= 7 + 6)[4]
Z. 555: 1 Silberdr. 4 Ob. = 11 Ob. (= 7 + 4)[5]
Z. 558: 2 Silberdr. 4 Ob. = 18 Ob. (= 14 + 4)[6]

---

3 Rationes bei der Umrechnung von Ausgaben eines Monats vom Bronzestandard in den Silberstandard:

P. Lond. I 131*: 10. Jahr

17	Phamenoth	7,25 Ob. pro Silberdr.
90	Pharmouthi	Ratio verloren, aber nur eine verwendet

P. Lond. I 131 (= SB VIII 9699): 11. Jahr

167	Sebastos (Thot)	7,25 Ob. pro Silberdr.
352	Neos Sebastos (Hathyr)	7 Ob. pro Silberdr.
447	16.-30. Tybi	7 Ob. pro Silberdr.
529 f.	Pharmouthi	7 und 7,25 Ob. pro Silberdr.

4 (δρ.) δ καὶ - - - ὀβ(ολοὶ) ιγ (γίν.) (δρ.) ε (ὀβ.) ς.

5 Ἐπιμάχο(υ) (δρ.) δ, ἄλ(λοι) ὀβ(ολοὶ) ια (δρ.) α (τετρώβ.) (γίν.) (δρ.) ε (τετρώβ.).

6 ὀβ(ολοὶ) ιη (δρ.) β (τετρώβ.).

Z. 561: 118 Silberdr. 14 Ob. = 120 Silberdr.[7]
P. Lond. 131*, 57: 1 Silberdr. 5 Ob. = 12 Ob. (= 7 + 5)[8]

In all diesen Fällen sind ὀβολοί Bronzeoboloi, zu denen kein Agio hinzuzählen ist, obwohl sie neben Silberdrachmen stehen. Dabei macht es keinen Unterschied, ob diese Oboloi als Sigle[9] oder nicht[10] geschrieben werden. Hierin liegt ein wichtiger Unterschied zur Schreibweise in P. Wash. Univ. II 90 (s. oben S. 135 f.) und den Steuerlisten von Karanis (unten S. 150).

Im Folgenden sind drei Textpartien abgedruckt, an denen das Gesagte exemplifiziert werden soll.[11] Als Beispiel verwenden wir die Abrechnung des Monats Cεβαcτόc (= Thot) des 11. Jahres (= 78 n. Chr.).

Die Einnahmen beliefen sich in diesem Monat auf (Col. i, Z. 6-22):

---

[7] Die Einkünfte des Monats Pachon ergeben in Z. 537-560 118 Silberdr. 14 Ob., was in Z. 561 zusammengefaßt wird als ἀργ(υρίου) (δρ.) ρκ.

[8] ὀβ(ολοὶ) ιβ (δρ.) α (πεντώβ.).

[9] z. B. (τετρώβολον), (πεντώβολον) in Z. 555, 558, P. Lond. 131*, 57.

[10] Z. 554: (ὀβ.) ς.

[11] Die 637 Zeilen umfassende Abrechnung ist gut als Einführung in das Rechnen mit Silber- und Bronzedrachmen geeignet. Leider finden sich in SB VIII 9699 bei den Geldangaben eine Reihe von Versehen, die in der Erstedition noch nicht vorhanden waren. Sie erschweren das Nachvollziehen der Rechnungen und seien daher hier berichtigt. Die Stellen lassen sich nachprüfen anhand der Photos in Greek Papyri in the British Museum. Facsimiles. Printed by Order of the Trustees. London 1893, pl. 107-125.

Z. 35 Nicht (ὀβ.) (ἡμιωβ.), sondern (διώβ.) (ἡμιωβ.).
Z. 59 Nicht (δρ.) β (τετρώβ.), sondern (δρ.) β (πεντώβ.).
Z. 217 Am Ende der Zeile ist die Summe weggefallen. Es ist hinzuzufügen: (τριώβ.).
Z. 245 Nicht ἐργ(άται) χα(λκοῦ) β (δρ.), sondern ἐργ(άται) β χα(λκοῦ) (δρ.).
Z. 308 Nicht ἀργ(υρίου) (δρ.) ιβ καὶ χα(λκοῦ) (δρ.) ιζ (ὀβ.), sondern ἀργ(υρίου) (δρ.) μβ (τριώβ.) καὶ χα(λκοῦ) (δρ.) ιβ (τετρώβ.).
Z. 330 Am Ende der Zeile ist (δρ.) δ (τετρώβ.) richtig, in P. Lond. 131 irrtümlich (δρ.) δ (τριώβ.).
Z. 377 μ (πεντώβ.), nicht μ (τετρώβ.).
Z. 382 Die 5 Dr. 3 Ob. dürfen nicht ausgerückt werden.
Z. 396 Nicht (τετρώβ.), sondern (πεντώβ.).
Z. 445 Nicht (δρ.) ια, sondern (δρ.) ια (ὀβ.).
Z. 468 Nicht (δρ.) δ, sondern ἀργ(υρίου) (δρ.) ιβ.
Z. 546 Die 3 Dr. dürfen nicht ausgerückt werden.
Z. 554 Die 5 Dr. 6 Ob. sind auszurücken.
Z. 589 Am Ende der Zeile ist als Summe zu ergänzen: [(τριώβ.)].

6	α̅	ἐγλόγου λήμματος τοῦ διεληλυθότος δεκάτου (ἔτους)	
			ἀργ(υρίου) (δρ.) ξθ (τριώβ.)
	β¯	Ἐπιμάχο(υ) εἰς δαπάνη(ν) κέρματος	(δρ.) δ
8	δ¯	Ἐπιμάχο(υ) ὁμοίως εἰς δαπάνη(ν)	(δρ.) δ
		Σααβεινίο(υ) ἀπὸ Πακῆ λοιπὸν τιμῆ(ς) οἴνου	(δρ.) ς
10	ζ¯	Φιλίππου οἰνοπ(ώλου) ἀπὸ τιμῆ(ς) οἴνου	(δρ.) η
	η̅	Επιμάχο(υ) τὰς ὥστε Παπτάει Ἀσανδρίωνο(ς) ὡς ἵνα	
12		μείνῃ εἰς τὸ χῶμα Ἰνδίου (ἀρουρῶν) β φυλασσό(μενον)	
		ὕστερο(ν) μηκέτι	(δρ.) δ
		Κ[ca. 5]ερ[..]αρ[ca. 12]εινου	(δρ.) ε
14	ι̅	τιμῆ(ς) λαχάνου (ἀρταβῶν) β ἐκ (δραχμῶν) κ	
			ἀργ(υρίου) (δρ.) μ
	ι̣¯	Φιλίππο(υ) ἀπὸ τιμῆ(ς) οἴνου ὡς αὐτὸς Ἐπίμαχο(ς)[12]	(δρ.) ιβ
16	ιδ¯	Ἐπιμάχο(υ) ὁμοίως πρωίας	(δρ.) δ
	ι̅ε̅	Κεκῆτος ἐλαιουργο(ῦ) ἀπὸ τιμῆ(ς) λαχάνο(υ) ὥστε αὐτῷ	
18		Ἐπιμάχωι εἰς Ἑρμοῦ πόλιν	ἀργ(υρίου) (δρ.) κ
	κ̅α̅	Φιλίππο(υ) ἀπὸ τιμῆ(ς) ἄλλω(ν) οἴνου κε(ραμίων) ι ἐκ	
		(δραχμῶν) ε	(δρ.) κε
20	κ̣¯	Κεκῆτος ὁμοίως ἀπὸ τιμῆ(ς) λαχάνου	(δρ.) κ
		(γίν.) τὸ π(ᾶν) λῆμμα σὺν ἐγλό(γωι) τοῦ μηνὸς Σεβα(στοῦ)	
22		ἐπὶ τὸ (αὐτὸ)	ἀργ(υρίου) (δρ.) σκα (τριώβ.)

1. (Thot)	Übertrag der Einkünfte des vorhergehenden 10. Jahres	69 Silberdr. 3 Ob.
2. (Thot)	von Epimachos für Aufwendungen in Kleingeld	4 <Silber>dr.
4. (Thot)	von Epimachos ebenfalls für Aufwendungen	4 <Silber>dr.
	Von Saabinos aus Pake als Rest des Weinpreises	6 <Silber>dr.
7. (Thot)	Von dem Weinhändler Philipp für Wein	8 <Silber>dr.
8. (Thot)	Von Epimachos die (Drachmen) für Paptais, Sohn des Asandrion, damit er als Wache bleibt auf dem Damm der Parzelle der zwei Aruren des Indios, in Hinkunft (aber) nicht mehr	4 <Silber>dr.
	Von K[- - -]	5 <Silber>dr.
10. (Thot)	Für 2 Artaben Gemüse zu je 20 Dr.	40 Silberdr.
1[.] (Thot)	Von Philipp für Wein, wie Epimachos selbst (anordnete)	12 <Silber>dr.
14. (Thot)	Von Epimachos in gleicher Weise am Morgen	4 <Silber>dr.
15. (Thot)	Vom Ölmüller Kekês für Gemüse zugunsten des Epimachos in Hermupolis	20 Silberdr.
21. (Thot)	Von Philipp für weitere 10 Weinkrüge, je 5 Dr.	25<Silber>dr.

---

[12] Oder ὡσαύτ̣ω̣ς Ἐπιμάχο(υ)?

2[.] (Thot) Von Kekês ebenso für Gemüse 20 <Silber>dr.
Ergibt insgesamt an Einkünften zusammen mit dem Übertrag für den Monat Sebastos 221 Silberdr. 3 Ob.

Aus den Ausgaben dieses Monats führen wir als Beispiel die Ausgaben vom 9. bis 13. Thot an (Col. iv 76-98). Am Ende der Columne wird eine Zwischensumme gezogen.

Col. iv

76 θ̄ βοτανίζ(ουϲιν) ἐν τῷ χωρίῳ Ἀμβρύω(ν) καὶ παῖδ(εϲ) η
τ(ιμῆϲ) (δυώβ.) (ἡμιωβ.) (δρ.) γ (δυώβ.)
ἀντλο(ῦϲιν) ὁμοίωϲ ˀΩρο(ϲ) Ὥρο(υ) καὶ Ἐπίμαχ(οϲ)
καὶ Φῖβ(ιϲ) ἄλ(λοϲ) α (τριώβ.)
78 ῑ βοτανίζ(ουϲιν) ὁμοίω(ϲ) Ἀμβρύω(ν) καὶ παῖδ(εϲ) ι
τ(ιμῆϲ) (δυώβ.) (ἡμιωβ.) (δρ.) δ (ὀβ.)
ἀντλ(οῦϲιν) ὁμοίωϲ ˀΩρο(ϲ) Ὥρο(υ) καὶ Ἐπίμαχ(οϲ)
καὶ Φῖβ(ιϲ) ἄλ(λοϲ) α (τριώβ.)
80 Ἡδύλ(ου) κλ(ῆρον) θρυοκοπ(οῦϲι) καὶ θρυοτίλ(λουϲιν)
ἐργ(άται) η τ(ιμῆϲ) (τριώβ.) χα(λκοῦ) (δρ.) δ
ῑᾱ Δημητρίωι Παχρά(του) μηχα(ναρίωι) (δρ.) ιβ
82 χωφορο(ῦϲιν) εἰϲ τὸν γύ⟨η⟩ν τῶν ἐκ τοῦ Ἀπολλωνίο(υ)
(πρότερον) Τρυχᾶ(τοϲ) ἐργ(άται) ζ χα(λκοῦ) (δρ.) γ
84 ἀντλ(οῦϲιν) εἰϲ τὸ χωρίο(ν) ˀΩρο(ϲ) Ὥρο(υ) καὶ
Ἐπίμ(αχοϲ) Φῖβ(ιϲ) ἄλ(λοϲ) α (τριώβ.)
βοτανίζ(ουϲιν) ἐν τῷ ἡλιαϲτη(ρίωι) τοῦ χωρίο(υ) Ἀμβρύω(ν)
86 καὶ παῖδ(εϲ) ζ τ(ιμῆϲ) (δυώβ.) (ἡμιωβ.) (δρ.) β (πεντώβ.) (ἡμιωβ.)
μιϲθ(ὸϲ) ἐργ(ατῶν) δ ἐπαϲφαλιζ(όντων) ὁμοίω(ϲ) τὸ χῶμα
88 Ἰνδίο(υ) (ἀρουρῶν) β πη[...] πλαϲταῖϲ καὶ καλάμ(ωι)
ϲὺν τῷ ὑδροφυλακοῦντι τ(ιμῆϲ) (τριώβ.) χα(λκοῦ) (δρ.) β
90 ιβ̄ χωφορο(ῦϲιν) ὁμοίω(ϲ) εἰϲ τὸν γύ⟨η⟩ν τῶν ἐκ τοῦ
Ἀπολλωνίο(υ) (πρότερον) Τρυχᾶ(τοϲ) ἐργ(άται) η
τ(ιμῆϲ) (τριώβ.) χα(λκοῦ) (δρ.) δ
92 ἀντλο(ῦϲιν) εἰϲ τὸ χωρίο(ν) Ἀμβρύω(ν) ˀΩρο(ϲ) Ὥρου καὶ
Ἐπίμαχ(οϲ) καὶ Φῖβιϲ ἄλ(λοϲ) α (τριώβ.)
94 ῑγ̄ χωφορο(ῦϲιν) εἰϲ τὴν ἀπὸ βορρᾶ ἀναβολ(ὴν) τῶν
ἐκ τοῦ Περιλ(άου) (ἀρουρῶν) ε ἐργ(άται) δ τ(ιμῆϲ)
(τριώβ.) χα(λκοῦ) (δρ.) β

96 ἀντλ(οῦϲιν) ἐν τῷ χωρίῳ Ἀμβρύω(ν) καὶ Ὧρο(ϲ) Ὥρου
καὶ Ἐπίμαχ(οϲ) καὶ Φῖβιϲ ἄλλο(ϲ) εἷϲ (τριώβ.)
98 ἀνηλ(ώματα) ἀργ(υρίου) (δρ.) ιβ καὶ
χα(λκοῦ) (δρ.) κζ (πεντώβ.) (ἡμιωβ.)

Col. iv

9. (Thot)	Für die, die auf dem Gehöft jäteten: Ambryon und 8 Knaben[13], zu 2,5 Ob.	3 <Bronze>dr. 2 Ob.
	Desgleichen für die Bewässerer: Horos, Sohn des Horos, Epimachos, Phibis und ein weiterer	3 Ob.
10. (Thot)	Desgleichen für die, die jäteten: Ambryon und 10 Knaben, zu 2,5 Ob.	4 <Bronze>dr. 1 Ob.
	Desgleichen für die Bewässerer: Horos, Sohn des Horos, Epimachos, Phibis und ein weiterer	3 Ob.
	Für die, die auf dem Kleros des Hedylos Binsen schnitten und rupften: 8 Arbeiter zu 3 Ob.	4 Bronzedr.
11. (Thot)	Für Demetrios, Sohn des Pachrâtes, Maschinist	12 <Silber>dr.
	Für die, die Erde fuhren zum Dammbezirk der Parzelle des Apollonios, früher Trychâs: 7 Arbeiter	3 Bronzedr.
	Für die Bewässerer des Gehöfts: Horos, Sohn des Horos, Epimachos, Phibis und ein weiterer	3 Ob.
	Für die, die auf dem Trockenplatz des Gehöfts jäteten: Ambryon, 7 Knaben, zu 2,5 Ob.	2 <Bronze>dr. 5,5 Ob.
	Lohn für vier Arbeiter, die gleichfalls den Damm der zwei Aruren des Indios mit Lehm und Flechtwerk sicherten, zusammen mit dem Wasserwächter, zu je 3 Ob.	2 Bronzedr.
12. (Thot)	Für die, die ebenfalls Erde fuhren zum Dammbezirk der Parzelle des Apollonios, früher Trychâs, 8 Arbeiter zu je 3 Ob.	4 Bronzedr.
	Für die Bewässerer des Gehöfts: Ambryon, Horos, Sohn des Horos, Epimachos, Phibis und ein weiterer	3 Ob.
13. (Thot)	Für die, die Erde fuhren am nördlichen Damm der fünf Aruren des Perilaos, 4 Arbeiter zu je 3 Ob.	2 Bronzedr.
	Für die Bewässerer des Gehöfts: Ambryon, Horos, Sohn des Horos, Epimachos, Phibis und ein weiterer	3 Ob.
	Aufwendungen <der Col. iv>	12 Silberdr. und 27 Bronzedr. 5,5 Ob.

[13] Es ist nicht sicher, aber doch wahrscheinlich, daß mit παῖδεϲ Sklaven gemeint sind. Zu unserem Papyrus vgl. I. Bieżuńska-Małowist, L'esclavage dans l'Égypte gréco-romaine, Seconde partie: Période romaine, Archiwum Filologiczne 35, Wrocław 1977, S. 75-78; 11. Zum Gebrauch des Wortes παῖϲ zuletzt G. R. Stanton, Τέκνον, παῖϲ and related words in Koine Greek, Proc. XVIII Congr. of Pap. Athens 1986, Vol. I, Athens 1988, S. 463-480.

Am Ende der Col. vii (Z. 165-169) werden Einnahmen und Ausgaben des Monats Sebastos (Thot) gegenübergestellt:

(γίν.) τὸ π(ᾶν) ἀνήλ(ωμα) τοῦ μηνὸϲ Cεβαϲτοῦ ἐπὶ τὸ (αὐτὸ)
166 ἀργ. (δρ) ξβ (τριώβ.) καὶ χα(λκοῦ) (δρ.) πε (διώβ.), αἳ
ἀργ(υρίου) [ὡϲ] τῶν (δραχμῶν) δ
ὀβολ(οὶ) κθ ἀργ(υρίου) (δραχμαὶ) οα (ὀβολόϲ), (γίνεται) ἐπὶ
τὸ (αὐτὸ) [ἀρ]γ(υρίου) (δρ.) ρλγ (τετρώβ.),
168 ἀνθ' ὧν λήμμα(τα) τοῦ (αὐτοῦ) μηνὸϲ Cεβα(ϲτοῦ)
ἀργ(υρίου) (δρ.) σκα (τριώβ.), καταλείπ(ονται) εἰϲ Φαῶφι
ἀργ(υρίου) (δραχμαὶ) πζ (πεντώβ.).

Ergibt in der Summe an Aufwendungen des Monats Sebastos insgesamt
62 Silberdr. 3 Ob. und 85 Bronzedr. 2 Ob.,

welche, wenn man für 4 <Silber>dr. 29 Obolen ansetzt, ausmachen.	71 Silberdr. 1 Ob.
Ergibt in der Summe	133 Silberdr. 4 Ob.
Ihnen stehen an Einkünften desselben Monats Sebastos gegenüber	221 Silberdr. 3 Ob.
Verbleiben für den Phaophi	87 Silberdr. 5 Ob.

Die Rechnung läßt sich nachprüfen. Die Summe der Ausgaben ergibt sich nach Summierung folgender Zwischensummen:

	Silberdr./Bronzeob.	Bronzedr./Bronzeob.
col. ii	—	18/0
col. iii	4/0	17/4
col. iv	12/0	27/5,5
col. v	20/0	10/4
col. vi	10/3	5/0
col. vii	16/0	6/0
	62/3	83/13,5 = 85/1,5

Die Ausgaben sind geringfügig aufgerundet: von 85 Bronzedr. 1,5 Ob. auf 85 Bronzedr. 2 Ob. Auch bei der Umrechnung dieses Summe in Silberdrachmen wurde geringfügig aufgerundet. Eigentlich ergeben 85 Bronzedr. 2 Ob., wenn man eine Silberdrachme zu 7,25 Ob. rechnet, 70,621 Silberdrachmen. Es werden jedoch 71 Silberdr. 1 Ob. in Rechnung gestellt. Daß

Buchhalter bei solchen Umrechnungen ein wenig zu ihrem Gunsten aufrunden, ist in antiken Abrechnungen üblich.[14]

Die Rechnungen in diesem Papyrus sind aber im Allgemeinen korrekt durchgeführt. Kleinere Abweichungen lassen sich an wenigen Stellen beobachten. Dabei scheint sich der Schreiber in der Regel nicht eigentlich verrechnet, sondern das Ergebnis nur zu seinem Gunsten geringfügig aufgerundet zu haben (so in Z. 166, 167, 415, 530).[15]

---

[14] Daß unser Verwalter eine solche Abrechnung aber auch ganz korrekt ausführen konnte, zeigt die Abrechnung über den Monat Neos Sebastos (= Hathyr; Z. 351 f.). Dort ergeben 116 Bronzedr. und 4 Obolen, wenn 1 Silberdr. = 7 Ob., tatsächlich genau 100 Silberdr.

$$\frac{(116 \,.\, 6) + 4}{7} = \frac{700}{7} = 100$$

[15] Z. 166 Ausgaben von 85 Bronzedr. 1,5 Ob. auf 85 Bronzedr. 2 Ob. zu des Schreibers Gunsten aufgerundet.

Z. 167 Die Umrechnung von 85 Bronzedr. 2 Ob. in Silberdrachmen ergibt 71 Silberdr. 1 Ob. statt 70,34 Silberdr. (1 Silberdr. = 7,25 Ob.).

Z. 373 11 Obolen korrekt umgerechnet zu 1 Dr. 4 Ob., wobei die Drachme am Rand durch einen Markierungsstrich als Silberdr. gekennzeichnet ist. Bei der Summierung wurde aber der Markierungsstrich übersehen, und die Drachme als Bronzedr. zu 6 Obolen gerechnet.

Z. 415 Zwischensumme der Ausgaben: 15 Bronzedr. 5,5 Ob. zu 16 Bronzedr. aufgerundet.

Z. 447 58 Bronzedr. 2 Ob. statt korrekt 58 Bronzedr. 2,5 Ob.

Z. 530 163 Bronzedr. zu 135 Silberdr. 1 Ob. umgerechnet (1 Silberdr. = 7,25 Ob.). Die Umrechnung ergibt eigentlich 134,89 Silberdr.

3. Berechnen von Steuern im Silberstandard in den Steuerlisten von Karanis: P. Mich. IV 224, 1765-1799

173 n. Chr. Karanis (Faijum)

H. C. Youtie, A Problem in Graeco-Roman Bookkeeping, ZPE 15, 1974, 117-141 (= Scriptiunculae Posteriores I, Bonn 1981, 123-147). — J. C. Shelton, A Tax List from Karanis (P. Cair. Mich. 359), Part II, Bonn 1977, S. 7-18. — Johnson-West, Currency, S. 53-58.

Die hier zu besprechende Steuerrolle ist Teil umfangreicher Steuerregister aus den Jahren 171-174, die in den Ruinen von Karanis gefunden wurden.[1] Die Angaben stehen wie in P. Wash. Univ. II 90 (oben S. 135) im Silberstandard. Rechentechnik und Schreibweise entsprechen der von P. Wash. Univ. II 90. Wie dort bedeutet δραχμή eine Silberdrachme, die in 6 Obolen (bzw. 48 Chalkoi) geteilt wird, obwohl für den Wert einer Silberdrachme mehr als 6 Obolen Bronzegeld aufgewendet werden müssen. Das Agio, das zu zahlen war, wenn in Bronze statt in Silber gezahlt wurde, blieb also unsichtbar.

Wie in P. Wash. Univ. 90 werden in den Fällen, wo das Agio unberücksichtigt bleibt, die Beträge in Obolen und Chalkoi als Siglen geschrieben (= Schreibweise A des P. Wash. Univ. II 90). Wenn hingegen notiert wird, was tatsächlich in Bronze bezahlt wurde, so schrieb man diesen Betrag als eine Summe von Obolen, also z. B. (ὀβολοὶ) κη (= Schreibweise B des P. Wash. Univ. II 90).

So entspricht die Schreibweise im Großen und Ganzen der von P. Wash. Univ. II 90. Es gibt jedoch kleine, bezeichnende Unterschiede. In den Steuerlisten von Karanis ist die kleinste Einheit, mit der gerechnet wird, das δίχαλκον. In der privaten Abrechnung P. Wash. Univ. 90 wurde Bronzegeld nur bis zum ἡμιωβέλιον verbucht, das δίχαλκον spielte keine Rolle, was sich auch daran zeigte, daß bei der Berechnung des Agios der halbe Obolos kleinste Einheit war. Das ἡμιωβέλιον war also die kleinste Münzeinheit,

[1] P. Mich. IV 223-225, ferner H. Riad - J. C. Shelton, A Tax List from Karanis (P. Cair. Mich. 359), Part I/II, Bonn 1975-1977; J. C. Shelton, New Fragments of P. Mich. 223, BASP 14, 1977, 83-93. Vgl. H. C. Youtie, Script. II, S. 851-857); V. B. Schuman, P. Mich., IV: A Commentary, Arch. f. Pap. 29, 1983, 41-57.

die in der Praxis von Bedeutung war. In den Steuerlisten von Karanis ist das δίχαλκον kleinste Einheit, wobei aber zu beachten ist, daß es sich hier nur mehr um eine theoretische Größe gehandelt hat. Bei der Bezahlung wird nämlich durchwegs auf volle Obolenbeträge auf- oder abgerundet. Die kleinste Einheit im Zahlungsverkehr ist hier (mehr als hundert Jahre nach P. Wash. Univ. II 90) der Obolos.

Da der Obolos in den Steuerlisten von Karanis die kleinste Einheit ist, in der bezahlt wird, ist es nicht verwunderlich, wenn bei der Berechnung des Agios größere Freiheiten herrschen als in P. Wash. Univ. 90. Wie das Agio berechnet wurde, wie weit auf- und abgerundet wurde, hat H. C. Youtie in einem grundlegenden Aufsatz gezeigt.[2]

Als Textbeispiel sind im Folgenden die Eintragungen zum 3. und 4. Pharmuthi des 13. Jahres (= 29. und 30. März 173) abgedruckt (Col. xlii, Z. 1765-1799).[3] Diese Eintragungen zerfallen in zwei Kategorien. Zum einen handelt es sich um Zahlungen, die vier Drachmen oder ein Vielfaches von vier Drachmen ausmachen, also unproblematisch sind, da die Beträge in Tetradrachmen bezahlt werden konnten (Z. 1765, 1771-1780). Zum anderen wird aus kleineren Steuerbeträgen (in Schreibweise A) eine Summe errechnet, die vom jeweiligen Steuerzahler zu bezahlen ist (Z. 1766-1770; 1781-1799). Diese Endsumme wird am linken Rand des betreffenden Abschnittes (in Schreibweise B) notiert und ist in unserem Text durch Fettdruck hervorgehoben.

In der Art und Weise, wie diese Endsumme (in Schreibweise B) errechnet wird, liegt hier das Hauptinteresse. Bei der Umrechnung von Schreibweise A in Schreibweise B wird die Endsumme in einen Drachmen- und einen Obolenbetrag gespalten. Der Drachmenbetrag umfaßt Tetradrachmen. Der Restbetrag, der unter dem Wert einer Tetradrachme liegt (der Wert der Tetradrachme wird mit 29 Obolen erreicht), wird als Summe von Obolen notiert.[4]

---

[2] H. C. Youtie, A Problem in Graeco-Roman Bookkeeping, ZPE 15, 1974, 117-141 (= Script. Post. I, S. 123-147).

[3] Abgebildet ist diese Columne bei V. B. Schuman, The Basis of Accounting Practices in the Karanis Tax Rolls, Aeg. 32, 1952, nach S. 248.

[4] Das Aufspalten von Summen in einen Betrag in Tetradrachmen und einen Restbetrag, der geringer ist als eine Tetradrachme, findet sich auch in demotischen Rechnungen. Vgl. K.-Th. Zauzich, Spätdemotische Papyrusurkunden II, Enchoria 2, 1972, 70-74, zu Pap. Berlin P 23512, 12 f. (Hadrian), Pap. Berlin P 23520, 4 f., Pap. Berlin P 15593 (32/3 n. Chr.) und Pap. Louvre 10350.

Diese Summe von Obolen ist höher als der Obolenbetrag in Schreibweise A, da in Schreibweise A das Agio unsichtbar ist, in Schreibweise B jedoch sichtbar gemacht wird. Außerdem liegt die Endsumme (in Schreibweise B am linken Rand) auch deshalb über dem Betrag in Schreibweise A, weil in ihr, wie H. C. Youtie gezeigt hat, zusätzlich kleinere Beträge, die als Schreibergebühr (ϲυμβολικόν) zu interpretieren sind, enthalten sind.[5] Bei den in unserem Abschnitt vorkommenden Steuern wurde ϲυμβολικόν in folgender Höhe gefordert:

1 Ob. 4 Ch.:	für γεωμετρία, ναύβιον, ναύβιον κατοίκων
3 Ob.:	für ἀπόμοιρα

1765 Πτολεμαῖοϲ Παϲόξει τοῦ Ϲαταβοῦτοϲ μη(τρὸϲ) Ἡρᾶτοϲ (δρ.) δ

1766 Πτόλλιϲ Ὀρϲενούφεωϲ (Ἡρᾶϲ μηχαναρία)
1767 πα(ραδείϲου) ιβ (ἔτουϲ) ἀπομ(οίραϲ) (δρ.) β (πεντώβ.) ἐλ(αίαϲ
παραγωγῆϲ) (διώβ.) (ἡμιωβ.) (δίχ.) ν(αυβίου) (ὀβ.) (ἡμιωβ.)
(δίχ.) προϲ(διαγρ.) (τετρώβ.) (δίχ.)
(δρ.) ιβ (ὀβ.) κη ἐπ(αρουρίου) (δρ.) α (πεντώβ.) (ἡμιωβ.) προϲ(διαγρ.) (ὀβ.)
κολ(λύβου) (ἡμιωβ.) (δίχ.) (γίν.) (δρ.) ϛ (τριώβ.)
1769 γεομ(ετρίαϲ) ιβ (ἔτουϲ) (δρ.) ζ (δίχ.) προϲ(διαγρ.) (διώβ.) (ἡμιωβ.)
(δίχ.) (γίν.) (δρ.) ζ (τριώβ.)
1770 ναυβίου κατοί(κων) ιγ (ἔτουϲ) (τετρώβ.) προϲ(διαγρ.) (ἡμιωβ.)
κολ(λύβου) (δίχ.) (γίν.) (τετρώβ.) (ἡμιωβ.) (δίχ.)

(Z. 1766-1770) Ptollis . . . Für Gartenland, 12. Jahr

Apomoira: 2/5/0	El.: 0/2/6	Naubion: 0/1/6	Prosd.: 0/4/2
Eparurion: 1/5/4	Prosd.: 0/1/0	Koll.: 0/0/6	Zwischensumme:6/3/0
Geom. 12. Jahr: 7/0/2	Prosd.: 0/2/6		Zwischensumme:7/3/0
Naub. Kat. 13. J.: 0/4/0	Prosd.: 0/0/4	Koll.: 0/0/2	Zwischensumme: 0/4/6
<Summe: 14/4/6	Symb.: 1/1/4[6]	Summe: 16/0/2 = 12Dr. + 4/0/2>	

Summe am linken Rand: 12 Dr 28 Ob.

---

[5] H. C. Youtie, ZPE 15, 1974, 125 (= Script. Post. I, S. 131).

[6] Symbolikon für Apomoira: 0/3/0, Naubion: 0/1/4, Geom.: 0/1/4, Naub. Kat.: 0/1/4, Summe: 1/1/4.

1771 Μυϲθαρίων Ἰϲχυρίωνοϲ τοῦ Εὐημέρου μη(τρὸϲ) Ταπεθέωϲ (ὀβ.) κδ

1772 Πνεφερῶϲ Παϲόξει τοῦ Πετεϲούχου μη(τρὸϲ) Θακάριοϲ (δρ.) η

1773 Πνεφερῶϲ Ἀκουϲιλάου τοῦ Παϲοκνοπαίου μη(τρὸϲ) Θατρίουϲ
1774 ὑδροφύλ(αξ), φυλάκ(ων) καὶ μαγ(δώλων) (δρ.) η

1775 Παπέϊϲ Πτολεμαίου τοῦ Πνεφερῶτοϲ μη(τρὸϲ) Ἡρᾶτοϲ (ὀβ.) κη

1776 Φᾶϲιϲ Πακύϲεωϲ τοῦ Πακύϲεωϲ μη(τρὸϲ) Τανεβκήνιοϲ (δρ.) η

1777 Βῆϲιϲ Πεθεὺϲ τοῦ Ἀκουϲιλάου μη(τρὸϲ) Θερμούθεωϲ (δρ.) δ

1778 Πνεφερῶϲ Πεταῦτοϲ τοῦ Πεθέωϲ μη(τρὸϲ) Ἴϲιδοϲ (δρ.) η

1779 Κάϲτωρ Κάϲτωρ τοῦ Ἀπολλωνίου μη(τρὸϲ) Ἡρακλοῦτοϲ (δρ.) ιϛ

1780 Ϲιϲόιϲ δοῦλοϲΤαϲουχαρίου ἔνγονοϲ Θαϊϲᾶτοϲ (δρ.) ιϛ

1781 Πεθεὺϲ Φαήϲεωϲ (Τῖπ)
1782 πα(ραδείϲου) ιβ (ἔτουϲ) ἀπομ(οίραϲ) (δρ.) β (τετρώβ.) ἐλ(αίαϲ
παραγωγῆϲ) (διώβ.) (ἡμιωβ.) ν(αυβίου) (ὀβ.) (ἡμιωβ.) (δίχ.)
προϲ(διαγρ.) (τετρώβ.) (δίχ.)
(δρ.) ιβ (ὀβ.) ιε ἐπ(αρουρίου) (δρ.) α (τετρώβ.) (ἡμιωβ.) (δίχ.) προϲ(διαγρ.)
(ὀβ.) (δίχ.) κολ(λύβου) (ἡμιωβ.) (δίχ.) (γίν.) (δρ.) ϛ (ὀβ.) (δίχ.)
1784 γεομ(ετρίαϲ) ιβ (ἔτουϲ) (δρ.) ϛ (τετρώβ.) προϲ(διαγρ.) (διώβ.)
(ἡμιωβ.) (γίν.) (δρ.) ζ (ἡμιωβ.)

(Z. 1781-1784) Petheus . . . Für Gartenland, 12. Jahr

Apomoira: 2/4/0	El.: 0/2/4	Naubion: 0/1/6	Prosd.:0/4/2
Eparurion: 1/4/6	Prosd.: 0/1/2	Koll.: 0/0/6	Zwischensumme: 6/1/2
Geom. 12. Jahr: 6/4/0	Prosd.: 0/2/4		Zwischensumme: 7/0/4
<Summe:13/1/6	Symb.: 1/0/0[7]	Summe:14/1/6 = 12 Dr. + 2/1/6>	

Summe am linken Rand: 12 Dr. 15 Ob.

---

[7] Symbolikon für Apomoira: 0/3/0, Naubion: 0/1/4, Geom.: 0/1/4, Summe: 1/0/0.

1785 (γίν.) τῆϲ ἡμ(έραϲ) (δραχμαὶ) ϲμ (ὀβ.) ιθ, ὧν πρὸϲ Ϲαραπ( ) (δρ.)
οϛ (ὀβ.) ιθ

1786 δ (= 4. Pharm.) ὁμοίωϲ
1787 Ἀπολλώνιοϲ Ὥρου (Ϲιϲόϊϲ Ἡκέμων)
(δρ.) ιϛ (ὀβ.) κα πα(ραδείϲου) ιβ (ἔτουϲ) ἀπομ(οίραϲ) (δρ.) ε ἐλ(αίαϲ
παραγωγῆϲ) (τετρώβ.) (δίχ.) ν(αυβίου) (τριώβ.) προϲ(διαγρ.)
(δρ.) α (ὀβ.) (ἡμιωβ.)
1789 ἐπ(αρουρίου) (δρ.) γ (διώβ.) προϲ(διαγρ.) (ὀβ.) (ἡμιωβ.) (δίχ.)
κολ(λύβου) (ὀβ.) (δίχ.) (γίν.) (δρ.) ια (ὀβ.) (ἡμιωβ.) (δίχ.)
1790 ἄλλαι πα(ραδείϲου) ιβ (ἔτουϲ) (δρ.) β (πεντώβ.) ἐλ(αίαϲ
παραγωγῆϲ) (διώβ.) (ἡμιωβ.) ν(αυβίου) (διώβ.) προϲ(διαγρ.)
(τετρώβ.) (ἡμιωβ.)
1791 ἐπ(αρουρίου) (δρ.) α (πεντώβ.) (ἡμιωβ.) προϲ(διαγρ.) (ὀβ.)
κολ(λύβου) (ἡμιωβ.) (δίχ.) (γίν.) (δρ.) ϛ (τριώβ.) (δίχ.)

Summe des Tages: 240 Dr. 19 Ob., davon an Sarap( ) 76 Dr. 19 Ob.

4. Pharmuthi (= 30. März 173): desgleichen
Apollonios . . . Für Gartenland, 12. Jahr

Apomoira: 5/0/0	El.: 0/4/2	Naubion: 0/3/0	Prosd.: 1/1/4
Eparurion: 3/2/0	Prosd.: 0/1/6	Koll.: 0/1/2	Zwischensumme: 11/1/6

Ferner für Gartenland, 12. Jahr

<Apomoira>: 2/5/0	El.: 0/2/4	Naubion: 0/2/0	Prosd.: 0/4/4
Eparurion: 1/5/4	Prosd.: 0/1/0	Koll.: 0/0/6	Zwischensumme: 6/3/2
<Summe: 17/5/0	Symb.: 1/0/0[8]	Summe: 18/5/0 = 16 Dr. + 2/5/0>	

Summe am linken Rand: 16 Dr. 21 Ob.

---

[8] Symbolikon für Apomoira: 0/3/0, Naubion: 0/1/4, Naub.: 0/1/4, Summe: 1/0/0.

1792 Πεθεὺϲ Παϲοκνοπαίου δι(ὰ) Ἡρᾶτοϲ (Κιαλῆ μουλλίων)
(δρ.) ιβ (ὀβ.) κϛ πα(ραδείϲου) ιβ (ἔτουϲ) ἀπομ(οίραϲ) (δρ.) γ (ἡμιωβ.) (δίχ.)
ἐλ(αίαϲ παραγωγῆϲ) (διώβ.) (ἡμιωβ.) (δίχ.) ν(αυβίου)
(διώβ.) προϲ(διαγρ.) (πεντώβ.)
1794 ἐπ(αρουρίου) (δρ.) β (ἡμιωβ.) προϲ(διαγρ.) (ὀβ.) κολ(λύβου)
(ἡμιωβ.) (δίχ.) (γίν.) (δρ.) ζ (ἡμιωβ.) (δίχ.)
1795 γεομ(ετρίαϲ) ιβ (ἔτουϲ) ⟨(δρ.)⟩ ζ (ὀβ.) προϲ(διαγρ.) (διώβ.)
(ἡμιωβ.) (δίχ.) (γίν.) (δρ.) ζ (τριώβ.) (ἡμιωβ.) (δίχ.)

1796 Ἄρτεμιϲ Μύϲθου (Ϲιϲόϊτοϲ Πτίλλου Παθαβίου)
(δρ.) ιϛ (ὀβ.) κε πα(ραδείϲου) ιβ (ἔτουϲ) ἀπομ(οίραϲ) (δρ.) γ (τετρώβ.)
(ἡμιωβ.) ἐλ(αίαϲ παραγωγῆϲ) (τριώβ.) (δίχ.) ν(αυβίου)
(διώβ.) (ἡμιωβ.) προϲ(διαγρ.) (δρ.) α
1798 ἐπ(αρουρίου) (δρ.) β (τριώβ.) προϲ(διαγρ.) (ὀβ.) (δίχ.) κολ(λύβου)
(ὀβ.) (γίν.) (δρ.) η (τριώβ.) (ἡμιωβ.)
1799 γεομ(ετρίαϲ) ιβ (ἔτουϲ) (δρ.) θ (διώβ.) (δίχ.) προϲ(διαγρ.) (τριώβ.)
(ἡμιωβ.) (γίν.) (δρ.) θ (πεντώβ.) (ἡμιωβ.) (δίχ.)

Petheus . . . Für Gartenland, 12. Jahr

Apomoira: 3/0/6	El.: 0/2/6	Naubion: 0/2/0	Prosd.: 0/5/0
Eparurion: 2/0/4	Prosd.: 0/1/0	Koll.: 0/0/6	Zwischensumme: 7/0/6
Geom. 12. Jahr: 7/1/0	Prosd.: 0/2/6		Zwischensumme: 7/3/6
<Summe: 14/4/4	Symb.: 1/0/0[9]	Summe: 15/4/4 = 12 Dr. + 3/4/4>	

Summe am linken Rand: 12 Dr. 26 Ob.

Artemis . . . Für Gartenland, 12. Jahr

Apomoira: 3/4/4	El.: 0/3/2	Naubion: 0/2/4	Prosd.: 1/0/0
Eparurion: 2/3/0	Prosd.: 0/1/2	Koll.: 0/1/0	Zwischensumme: 8/3/4
Geom. 12. Jahr: 9/2/2	Prosd.: 0/3/4		Zwischensumme: 9/5/6
<Summe: 18/3/2	Symb.: 1/0/0[10]	Summe: 19/3/2 = 16 Dr. + 3/3/2>	

Summe am linken Rand: 16 Dr. 25 Ob.

---

[9] Symbolikon für Apomoira: 0/3/0, Naubion: 0/1/4, Geom.: 0/1/4, Summe: 1/0/0.
[10] Symbolikon für Apomoira: 0/3/0, Naubion: 0/1/4, Geom.: 0/1/4, Summe: 1/0/0.

4. ABRECHNUNG IM SILBERSTANDARD: SCHREIBWEISE MIT SICHTBAREM AGIO: P. OXY. XLIX 3495

2. Jhdt. n. Chr. *Oxyrhynchos*

Als ein weiteres Beispiel aus dem 2. Jahrhundert sei eine Abrechnung über Einkünfte aus dem Fischfang angeschlossen, die gegenüber den Steuerlisten aus Karanis eine vereinfachte Form der Rechenweise zeigt.[1] Auch hier wird im Silberstandard gerechnet. Additionen und Subtraktionen zeigen, daß die δραχμή zu 7 Obolen gerechnet wird. Als Beträge unter dem Wert einer Silberdrachme finden sich in den üblichen Siglen ὀβολός, διώβολον, τριώβολον, τετρώβολον und πεντώβολον. Da erst 7 Obolen den Wert der Silberdrachme ergeben, erscheint auch der Wert von sechs Obolen, die Bronzedrachme, abgekürzt geschrieben als χα(λκίνη).[2]

Die Silberdrachme wird also anders als in P. Wash. Univ. II 90 und den Steuerlisten von Karanis nicht als Einheit von sechs Obolen geschrieben. 'Οβολός, διώβολον usw. bedeuten Bronzemünzen im Wert eines Obolos bzw. zweier Oboloi usw. Zu den Obolenbeträgen hat man hier kein Agio hinzuzurechnen. Kleinste Einheit ist der Obolos. Zur Zeit der Abfassung dieses Papyrus hatten also wie in den Steuerlisten von Karanis die Einheiten unter dem Wert des Obolos keine Bedeutung mehr.

Die Abrechnung ist nach Tagen gegliedert, wobei immer das gleiche Schema vorliegt. Die Rechnungen sind nicht immer korrekt durchgeführt. Neben eindeutigen Versehen kommen auch geringfügige Abweichungen vom erwarteten Ergebnis vor, immer zugunsten des Abrechnenden. Offenbar wurde bei der Addition der Tageseinnahmen die Silberdrachme teilweise auch zu acht

---

[1] Zu Abrechnungen über Einkünfte aus dem Fischfang vgl. die Abrechnungen der ἐπιτηρηταὶ νομῶν καὶ δρυμοῦ Θεαδελφείας καὶ Πολυδευκείας an den Stategen bzw. Basilikos Grammateus aus Theadelpheia im Faijum: PSI VII 735 und P. Oslo III 89, 90 (138), P. Oslo III 91 (141) und PSI III 160 (149). Zu den unterschiedlichen Rechenweisen in diesen Papyri (offenbar in Schreibweise a und b [vgl. oben S. 114 f.]) s. Johnson-West, Currency, S. 9 und 60.

[2] Zu anderen Beispielen für diese Schreibweise vgl. Johnson-West, Currency, S. 58 f.

statt sieben Obolen gerechnet wurde, eine Gepflogenheit, die durch die Steuerlisten von Karanis gut bezeugt ist.[3]

Als Illustration des Gesagten diene die Abrechnung zum 14. Phaophi (Z. 28-37):

[ι]δ¯ ὀψολογίου (δρ.) η	*1[4]. (Phaophi)*	
	Opsologion[4]	*8/0*
α βόλου (δρ.) ι χα(λκίνη)	*1. Fang*	*10/6*
β βόλ[ο]υ (δρ.) β (διώβ.)	*2. Fang*	*2/2*
γ̄ βο̣λ̣[ο]υ (δρ.) η	*3. Fang*	*8/0*
δ¯ βο̣λ̣ου (δρ.) α (πεντώβ.)	*4. Fang*	*1/5*
ε βο̣λ̣[ο]υ (δρ.) ς (διώβ.)	*5. Fang*	*6/2*
	<Summe>	*<37/1>*
ἀφ' ὧν θεαγῷ̣	*Davon dem Theagos*	
(δρ.) θ (πεντώβ.)		*9/5*
λ̣οιπαὶ τῆς ἡμέρας {(δρ.)}	*Überschuß des Tages*	
(δρ.) κζ (τριώβ.)		*27/3*

Die Einnahmen des 14. Phaophi betragen 35 Dr. und 15 Obolen. 14 Obolen werden als 2 Drachmen gerechnet, als Summe ergibt sich also 37 Dr. 1 Ob.
Abgezogen werden 9 Dr. 5 Ob.; 36/8 minus 9/5 = 27/3

29 χα(λκίνη): die Bronzemünze zu sechs Obolen wird in den Papyri χαλκίνη (sc. δραχμή) oder auch χάλκινον genannt.

Vgl. die metrologische Tabelle P. Oxy. I 9 Verso (p. 77) ἔχι χαλκείνη ὀβολοὺϲ ζ̄,

P. Lond. II 202, 12, p. 247 (98-117) (δρ.) 'Εωιβ χα(λκίνη) (vgl. Johnson-West, Currency, S. 59),

O. Claud. I 26 (gegen 107) (δρ.) γ χα(λκίνη),

---

[3] Vgl. H. C. Youtie, Script. Post. I, S. 140 ff. Man muß bei solchen geringfügigen Abweichungen nicht immer einen Rechenfehler oder Betrug vermuten. So ergibt in Z. 9 die Tagessumme tatsächlich 27 Dr. 2 Ob., wenn man bei der Addition 15 Obolen als 2 Drachmen rechnet, wie es in den Steuerlisten von Karanis ganz üblich ist (in der Regel werden aber in unserem Papyrus 2 Drachmen als 14 Obolen gerechnet, so in Z. 26).

[4] Was unter ὀψολόγιον zu verstehen ist, ist ungeklärt (s. P. Oxy. XLIX 3495, 5 Anm.).

P. Straßb. 299 Verso, 13 (2. Jhdt.; H. C. Youtie, Script. I, S. 430-32) ἄλλων β¯ ἐκ (δραχμῆϲ) α χ(αλκίνηϲ) (δρ.) γ (πεντώβ.).[5]

Ferner O. Bodl. II 1727, 1733, 1745, 1747, 1760, 2273, 2291 (alle 2. Jhdt.), P. Dub. 17, 12. 18. 21. 24 (2./3. Jhdt.).

Für Belege aus dem 3. Jhdt. s. SB VI 9363, 11; 9365, 19; P. Lond. III 1170 recto p. 92; BGU I 14 iv 21; P. Prag I 114, 30; P. Princ. III 174 ii 5 (vgl. dazu P. Princ. III S. 90 Anm. und Johnson-West, Currency, S. 59).[6]

Ferner vgl. H. C. Youtie, Script. Post. II, S. 532, A. Gara, Prosdiagraphomena, S. 61, n. 14 und S. 62, n. 16.[7]

---

[5] 2 x 1 Dr. 6 Ob. = 2 Dr. 12 Ob. = 2 Dr. 7+5 Ob. = 3 Dr. 5 Ob.

[6] Daneben wird χάλκινον auch im Sinn von χαλκόϲ, "Bronzegeld", verwendet: P. Cornell inv. I 30, 7 f. (H. C. Youtie, Script. Post. II, S. 532 = SB XVI 12578, 86 n. Chr.) ἀργυρίου (δρ.) η καὶ χαλκίνου (δρ.) δ. BGU IV 1036, 13 (= Mitteis, Chr. 118; 108 n. Chr.) ἀργυ(ρίου) (δρ.) Ἀφπε καὶ χα[λ]κίνων (δρ.) [. . .]. P. Hamb. I 85, 7 (2. Jhdt.) χạλκịνων (δρ.) τέϲϲαρεϲ. P. Lond. II 380, 6, p. 110 (ị95/6; vgl. Berichtigungsl. VIII S. ị78): ναυβίου χαλκίν(ου) (πεντώβ.).

[7] Vgl. auch die Sigle für ἑξώβολον, welche in PSI VI 688, 26, p. 105, belegt ist.

5. Berechnen von Steuern auf der Basis ptolemäischer Rechendrachmen: P. Thmouis 1 col. 68-160

170/1 n. Chr. Gau von Mendes

S. Kambitsis, Le Papyrus Thmouis 1 colonnes 68-160, Paris 1985.

Bei diesem Steuerregister aus dem Jahr 170/1 handelt es sich um Reste einer verkohlten Papyrusrolle aus dem Delta (Gau von Mendes). Der Papyrus bietet neben den aus der gleichen Zeit stammenden Steuerlisten aus Karanis Anschauungsmaterial zur Frage, wie in der zweiten Hälfte des 2. Jahrhunderts Steuern berechnet wurden.

Auch in diesem Papyrus wird im Silberstandard gerechnet. Der Terminus δραχμή bedeutet also auch hier eine Drachme im Silberstandard, wobei diese δραχμή wiederum als Betrag von sechs Obolen geschrieben wird. Bei Beträgen, formuliert in Obolen oder Chalkoi, ist also wieder Agio zusätzlich zum schriftlich fixierten Betrag hinzuzurechnen (vgl. oben S. 114).

Die fälligen Steuern werden zum Teil erst auf dem Papyrus errechnet. Die dabei angewandte Prozedur ist äußerst konservativ. So wird noch in den alten ptolemäischen Rechendrachmen gerechnet. Kleinste Einheit im Silberstandard ist nicht wie in den Steuerlisten von Karanis das Dichalkon, sondern der Chalkus. Dabei ist zu bedenken, daß zu dieser Zeit im normalen Zahlungsverkehr Beträge kleiner als ein Obolos nicht mehr üblich sind, so daß, wenn hier kleine Beträge auf- oder abzurundet werden, diese Gepflogenheit nicht als Nachlässigkeit zulasten des Steuerzahlers, sondern geradezu als unabdingbare Notwendigkeit erscheint.

Daß Landsteuern nach Quoten in ptolemäischen Rechendrachmen berechnet werden, ist keine Besonderheit dieses Papyrus, sondern läßt sich im 2. Jahrhundert mehrfach belegen.[1] Die Ratio zwischen Rechendrachme und Silberdrachme beträgt dabei immer 1 : 300.

---

[1] Siehe oben S. 116.

Am Beispiel der Dammsteuer (χωματικόν) sei der Vorgang der Berechnung dargestellt.[2] Pro Arure werden 2 Rechendr. eingesetzt, so daß z. B. für 150 Aruren 300 Rechendrachmen veranschlagt werden. Die Beträge in Rechendrachmen werden dann in Silberdrachmen umgerechnet, wobei 300 Rechendrachmen eine Silberdrachme ergeben.

Während der Drachme 300 Rechendr. gleichgesetzt werden, entsprechen dem Obolos 50 Rechenbronzedr. Die Drachme wird also ganz eindeutig zu sechs Obolen gerechnet. Da dem Obolos als Bronzemünze aber 40 Rechenbronzedr. entsprechen, ist mit dem Begriff Obolos nicht die Obolos genannte Bronzemünze gemeint, sondern die Bronzemünze Obolos + Agio, also der "Silberobolos" (siehe oben S. 114).

In der folgenden Tabelle sind die Belege hierfür zusammengestellt. Das χωματικόν wird zuerst in Rechendrachmen notiert und dann in Drachmen, Obolen und Chalkoi umgerechnet. In der Umrechnung werden nur Näherungswerte angestrebt, es ist aber deutlich, daß der Sprung zum Obolos erst mit 50 Rechendrachmen eintritt. 46 9/64 Rechendrachmen entsprechen noch 7 Chalkoi.

Beleg Nr.[3]	Rechendr.	Dr./Ob./Chalkoi
22	3	0/0/1
26	4	0/0/1
16	5 13/32	0/0/1
24	6	0/0/1
15	9 13/16	0/0/2
3	[10]	**0/0/1**
2, 5	10	0/0/2
17	10 27/32	0/0/2
14	[1]2	**0/0/3**
9	18 49/64	0/0/3
8	20 15/16	0/0/4
1	23 3/4	0/0/4
18	[2]4 3/16	0/0/4
10	[29 9/16]	0/0/5
6	30	**0/0/5**
19	[30 1/8] 1/32	**0/0/5**

2 Es handelt sich hier um die χωματικόν genannte Bodensteuer (nicht um die gleichnamige Kopfsteuer, zu dieser s. S. 164).

3 Nach der Tabelle bei S. Kambitsis, Le Papyrus Thmouis 1 col. 68-160, Paris 1985, S. 34.

12	46 9/64	**0/0/7**
7	63 3/4	0/1/2
13	65 3/32	0/1/2
21	[82 5/16]	[0/1/5]
25	94 5/32	0/2/0
4	120	**0/2/3**
27	127 1/2	**0/2/2**
23	160	0/3/2
20	280 11/16	0/5/5
11	296	1/0/0

Die Berechnung des Betrages, der als χωματικόν gefordert wird, ist damit aber noch nicht abgeschlossen. Zu dem so errechneten Betrag werden noch ἀλλαγή und προcδιαγραφόμενα hinzugezählt. Die ἀλλαγή beträgt 10% des χωματικόν, die προcδιαγραφόμενα betragen 6,25% der Summe aus χωματικόν und ἀλλαγή.

Der ἀλλαγή genannte Betrag ist nicht zu verwechseln mit dem Agio, das nötig ist, um den Silberstandard zu erreichen, das also bei der Tetradrachme die Differenz zwischen 24 und ca. 29 Obolen beträgt. Die ἀλλαγή von 10% steht offensichtlich in der Tradition der ptolemäischen ἀλλαγή des 2. und 1. Jahrhunderts v. Chr. (s. oben S. 89). Das χωματικόν gilt also offenbar als Steuer, die, wie man in ptolemäischer Zeit gesagt hätte, in χαλκοῦ οὗ ἀλλαγή zu bezahlen ist. Nach unserer Interpretation hat also die Addition der ἀλλαγή von 10% nichts mit einem Wechsel vom Bronze- zum Silberstandard zu tun. Es handelt sich hier nicht um ein Phänomen der römischen Währung, sondern um eine Eigenheit der Steuerberechnung, die auf ptolemäische Zeit zurückgeht.

In unserem Papyrus werden die Zahlungen für χωματικόν und ναύβιον in der beschriebenen Weise gemeinsam berechnet. Die Prozedur läßt sich an der folgenden Tabelle verfolgen. Die Belege sind nach der Höhe der Zahlungen geordnet.[4]

[4] Daß die Höhe des Agios leicht variiert, hat seinen Grund wieder in dem Phänomen, daß das Agio im Allgemeinen nur annäherungsweise bestimmt wird. Wenn in Beleg Nr. 16 und Nr. 5 das Agio mit 1,54% und 20,49% völlig aus dem Rahmen fällt, handelt es sich um Rechenfehler.

Beleg Nr.	*Naubion*	*Choma-tikon*	*Summe*	*Allage*	*Summe*	*Prosdiagra-phomena*
22	0/4/4	0/0/1	0/4/5	0/0/3 8,11%	0/5/0	0/0/3 7,5%
26	(1/0/0	0/0/1	1/0/1	0/0/5) 10,20%	1/0/6	0/0/3 5,56%
16	1/2/0	0/0/1	1/2/1	0/0/1 **1,54%**	1/2/2	0/0/4 6,06%
24	(1/3/0	0/0/1	1/3/1	0/1/0) 10,96%	1/4/1	0/0/5 6,17%
15	2/2/6	0/0/2	2/3/0	0/1/4 10%	2/4/4	0/1/0 6,06%
3	2/3/0	0/0/1	2/3/1	0/1/4 9,92%	2/4/5	0/1/2 7,52%
2	2/3/0	0/0/2	2/3/2	0/1/4 9,84%	2/4/6	0/1/0 5,97%
17	2/4/2	0/0/2	2/4/4	0/1/5 9,85%	3/0/1	0/1/1 6,21%
5	2/3/0	0/0/2	2/3/2	0/3/1 **20,49%**	3/0/3	0/1/1 6,12%
14	3/0/0	0/0/3	3/0/3	0/1/6 9,52%	3/2/1	0/1/2 6,37%
9	4/4/2	0/0/3	4/4/5	0/3/1 11,31%	5/1/6	0/2/0 6,30%
8	(5/1/3	0/0/4	5/1/7	0/3/4) 10,98%	5/5/3	0/2/2 6,36%
1	5/5/5	0/0/4	6/0/1	0/3/6 10,38%	6/3/7	0/2/4 6,27%
18	6/0/2	0/0/4	6/0/6	0/3/6 10,20%	6/4/4	0/2/4 6,17%
6	7/3/0	0/0/5	7/3/5	0/3/5 7,95%	8/1/2	0/3/1 6,35%
10	7/2/3	0/0/5	7/3/0	0/4/5 10,28%	8/1/5	0/3/1 6,30%
19	7/3/2	0/0/5	7/3/7	[0/5/3] 11,72%	8/3/2	0/3/1 6,10%
12	11/3/2	0/0/7	11/4/1	1/1/2 10,34%	12/5/3	0/4/7 6,30%
7	15/5/5	0/1/2	16/0/7	1/4/1 10,45%	17/5/0	1/0/6 6,31%
13	16/1/5	0/1/2	16/2/7	1/4/2 10,37%	18/1/1	1/0/6 6,19%

21	20/3/3	[0/1/5]	[20/5/0]	2/1/1 10,50%	[23/0/1]	[1/2]/5 6,24%
25	23/3/2	0/2/0	23/5/2	2/3/3 10,73%	26/2/5	1/3/7 6,23%
4	30/0/0	0/2/3	30/2/3	3/1/0 10,42%	33/3/3	2/0/4 6,21%
27	31/5/2	0/2/2	32/1/4	3/2/3 10,53%	35/3/7	2/1/3 6,25%
23	40/0/0	0/3/2	40/3/2	4/1/3 10,43%	44/4/5	2/4/6 6,24%
20	70/1/0	0/5/5	71/0/5	7/2/3 10,40%	78/3/0	4/5/4 6,26%
11	74/0/0	1/0/0	75/0/0	7/4/2 10,28%	82/4/2	5/1/0 6,25%

Das Besprochene sei wiederum an einem Beispiel exemplifiziert (col. 95, 2-10):

2 γ(ίν.) ἐπ(ὶ τὸ αὐτὸ) (ἄρουραι) ξ,
γνηϲ̣ί̣ω̣ν̣ ναυβ(ίου) (δρ.) λ, χω̣(ματικοῦ) χ(αλκοῖ) ρκ
4 οἵ (διώβ.?) χ(αλκοῖ) γ, ἀλ(λαγῆϲ) (δραχμαὶ) γ (ὀβολὸϲ), (γίν.)
(δρ.) λγ (τριώβ.) χ(αλκοῖ) γ,
πρ̣οϲδ̣(ιαγρ.) (δρ.) β (ἡμιωβ.), γ(ίν.) (δρ.) λε (τριώβ.) (ἡμιωβ.)
χ(αλκοῖ) γ,
6 ἱερα(τικῶν) θηϲ(αυρικοῦ) (τετρώβ.) χ(αλκοῦϲ) α, (εἰκοϲτῆϲ)
(δρ.) ξ̣, προ(ϲδιαγ.) (δρ.) γ (τετρώβ.) (ἡμιωβ.),
γ(ίν.) (δρ.) ξγ (τετρώβ.) (ἡμιωβ.),
8 διοικ(ήϲεωϲ) παραναύλ(ου) (πυροῦ) ϲύνπ(αντι) (πυροῦ)
(ἀρτάβαι) Ϙγ β¯ η¯ μη̄ (δρ.) λζ (διώβ.) (ἡμιωβ.) χ(αλκοῖ) γ̣,
10 γίνο(νται) ἐπὶ τὸ α(ὐτὸ) (δρ.) ρλζ (τριώβ.) χ(αλκοῖ) γ.

Insgesamt 60 Aruren, (für die berechnet wird)
3 *an regulären Steuern:* für das Naubion 30 Dr., für das Chomatikon 120 Chalkoi = 2 Ob. 3 Ch., Allage 3 Dr. 1 Ob., Zwischensumme: 33 Dr. 3 Ob. 3 Ch.,
5 Prosd. 2 Dr. 4 Ch., *Summe: 35 Dr. 3 Ob. 7 Ch.*,
6 *an Hieratika:* für das Thesaurikon 4 Ob. 1 Ch., für die Eikoste 60 Dr., Prosd. 3 Dr. 4 Ob. 4 Ch., *Summe: 63 Dr. 4 Ob. 4 Ch.*,
8 *für die Dioikesis:* Paranaulon für insgesamt 93 2/3 1/8 1/48 Art. Weizen *37 Dr. 2 Ob. 7 Ch.*
10 *Gesamtsumme: 137 Dr. 3 Ob. 3 Ch.*

6. PROSDIAGRAPHOMENA, *ῥυπαραὶ* UND *καθαραὶ δραχμαί*, DARGESTELLT AM BEISPIEL DER THEBANISCHEN QUITTUNGEN FÜR DAMMSTEUER (*χωματικόν*)

Das Phänomen der προcδιαγραφόμενα wurde oben (S. 120 ff.) besprochen. Hier soll am Beispiel der thebanischen Quittungen über Dammsteuer (χωματικόν) veranschaulicht werden, wie in der Praxis dieser Zuschlag gehandhabt wurde und die Ausdrücke ῥυπαρὰ und καθαρὰ δραχμή verwendet werden. Gemeint ist hier die χωματικόν genannte Kopfsteuer,[1] die nicht mit der Landsteuer verwechselt werden darf, die ebenfalls χωματικόν genannt werden konnte.[2] Das unseren Beobachtungen zugrundeliegende Material ist unten S. 217 ff. in Tabellen zusammengestellt, aus denen die Bedeutung von ῥυπαρὰ und καθαρὰ δραχμή abzulesen ist. Bei den ῥυπαραὶ δραχμαί handelt es sich um normale Silberdrachmen (also Drachmen im Silberstandard, unabhängig davon, ob sie in Silber oder Bronze bezahlt werden). Der Betrag in καθαραὶ δραχμαί ergibt sich, wenn man von den ῥυπαραὶ δραχμαί die Prosdiagraphomena abzieht. In καθαραὶ δραχμαί sind also die Prosdiagraphomena verdeckt enthalten. Die Ausdrücke ῥυπαρὰ und καθαρὰ δραχμή sind nur Termini der Buchhaltung, nicht der Währung.

a) Die jährlich fällige Quote

Das Chomatikon ist eine Kopfsteuer. Sowohl im ersten als auch im zweiten Jahrhundert betrug in Theben der Tarif, der von jedem Steuerzahler zu bezahlen war,

6 Dr. 4 Ob. plus 2,5 Ob. προcδιαγραφόμενα[3] = 7 Dr. 0,5 Ob.

Diese Quote von 6 Dr. 4 Ob. galt nicht nur in Theben, sondern ist für ganz Ägypten sowohl im ersten als auch im zweiten Jahrhundert überliefert, wobei

---

[1] Zum χωματικόν vgl. Wallace, Taxation, S. 140-143; P. Col. V, S. 303; H. C. Youtie, Script. I 40 (= TAPA 69, 1938, 82), Script. II 816 (= Cl. Ph. 33, 1938, 426); P. J. Sijpestijn, Aeg. 47, 1967, 236 f.; S. Kambitsis, Le Papyrus Thmouis 1 colonnes 68-160, Paris 1985, S. 36; P. J. Sijpesteijn, Penthemeros-Certificates in Graeco-Roman Egypt (P. L. Bat. XII), Leiden 1964, S. 2-4; C. Préaux, Chr. d'Ég. 39, 1964, 221.

[2] Vgl. P. Thmouis 1, col. 68-160, S. 33.

[3] = ein Sechzehntel von 6 Dr. 4 Ob.

allerdings nicht überall der Betrag für die Prosdiagraphomena erwähnt wird, so daß es für uns nicht deutlich wird, ob immer und überall zusätzlich zu den 6. Dr. 4 Ob. Prosdiagraphomena bezahlt wurden oder nicht.

Bei dem Betrag von 6 Dr. 4 Ob. ist zu berücksichtigen, daß er im Silberstandard gemeint ist, wobei in den Quittungen die Silberdrachme immer in sechs Obolen geteilt wird. Es handelt sich um die in der Finanzverwaltung allgemein übliche Schreibweise, bei der das Agio, das bei Zahlung in Bronze statt Silber fällig wird, nicht geschrieben wird (s. oben S. 114).[4]

Der Tarif von 6 Dr. 4 Ob. ist eine sonderbar krummer Betrag. Bei einer Kopfsteuer würde man eigentlich eher eine glatte Summe erwarten. Noch sonderbarer ist es, daß dieser Betrag von 6 Dr. 4 Ob. auch bei der ἐπαρούριον genannten Landsteuer als Quote verwendet wurde, die pro Arure zu bezahlen war.[5]

Vom ἐπαρούριον wissen wir, daß hier wie bei der Berechnung anderer Land- und Gartensteuern der Tarif ursprünglich in ptolemäischen Rechendrachmen festgelegt war, und zwar in der Ratio 1 : 300. In dieser Ratio entsprechen 6 Dr. 4 Obolen genau 2.000 Rechendrachmen.

6 Drachmen	1.800 Rechendr.
4 Obolen	200 Rechendr.
	2.000 Rechendr.

Damit verschwindet die Sonderbarkeit dieses Tarifs. Wir dürfen vermuten, daß dem Tarif von 6 Dr. 4 Ob. sowohl beim ἐπαρούριον als auch beim χωματικόν die ptolemäische Ratio 1 : 300 zugrundelag.

---

4 Daß die Silberdrachme in 6 Obolen (also "Silberobolen") geteilt wird, läßt sich an den Quittungen ablesen, in denen addiert wird, was häufig der Fall ist, da meist nicht nur das Chomatikon allein quittiert wird, sondern auch das Balaneutikon.

Wenn es eines Beweises bedarf, daß der Silberstandard gemeint ist, daß also z. B. bei den immer wieder quittierten Summen von 4 oder 8 Drachmen eine bzw. zwei Tetradrachmen gemeint sind, dann liefern diesen Beweis die Quittungen Wilcken, Ostr. 1247 (135/6), O. Tait II 645 (138), Pap. Flor. XXII 45 (138 oder 139) und O. Tait II 646 (139?), wo neben Drachmenbeträgen auch der Betrag κέρ(ματοϲ) ὀβ. ς oder ὀβ. ς auftaucht, womit die Bronzedrachme gemeint ist, die eben nicht als δραχμή geschrieben werden kann, weil dieser Terminus die Silberdrachme meint. Die sechs Obolen sind also in diesen drei Quittungen ausnahmsweise Bronze-, nicht Silberobolen.

5 Wallace, Taxation, S. 56-59. H. C. Youtie, Script. I, S. 36 ff. J. C. Shelton, A Tax List from Karanis II, S. 42; P. Thmouis 1, col. 68-160, S. 33.

Nun entspricht die Ratio 1 : 300 nicht den Verhältnissen, wie sie in römischer Zeit normalerweise herrschten. Denn nach dieser Ratio entsprechen 7,5 Obolen einer Silberdrachme (ein Obolos = 40 Rechendrachmen). In römischer Zeit wird jedoch die Silberdrachme normalerweise zu 7 oder 7,25 Obolen gerechnet.

Oben (S. 120) wurde vorgeschlagen, in diesem Widerspruch die Erklärung für das Entstehen der Prosdiagraphomena von 6,25% zu suchen. Wir vermuten also, daß die Prosdiagraphomena von einem Sechzehntel (6,25%) bzw. einem Fünfzehntel (6,66%)[6] als Ausgleichszahlung dienten, da die Silberdrachme

statt offiziell zu 300 Rechendrachmen (= 7,5 Obolen/Vierziger)
nur zu 280 Rechendrachmen (= 7 Obolen/Vierziger)

gerechnet wurde. Durch diese Ausgleichszahlung wäre der Verlust, der durch die Verbilligung des Silbergeldes eintrat, kompensiert worden.

Auf unseren Tarif angewendet, ergibt sich somit folgendes Bild. Wenn eine Drachme 280 Rechendrachmen (7 Obolen) wert ist, dann ergeben:

	6 Drachmen =	1.680 Rechendr.
	4 Obolen (= 5 Vierziger)[7] =	200 Rechendr.
Prosdiagr.:	2,5 Ob. (= 3 Vierziger) =	120 Rechendr.
Summe:	7 Drachmen 0,5 Ob. =	2.000 Rechendr.

b) Die unterschiedlichen Schreibweisen für Geldbeträge in den thebanischen Quittungen für Chomatikon

In den thebanischen Chomatikonquittungen sind im Lauf des 1. und 2. Jahrhunderts unterschiedliche Schreibweisen für Geldbeträge üblich, für die im Folgenden Beispiele gegeben werden:

Formulierung a mit Spezifizierung der Höhe der Prosdiagraphomena:
O. Wilb. 14 (33 n. Chr.):

---

[6] Zur Gleichwertigkeit der beiden Tarife s. oben S. 127.

[7] Die Obolenbeträge stehen im Silberstandard, sind "Silberobolen", es muß also ein Agio eingerechnet werden. Zur Berechnung vgl. S. 137 ff. zu P. Wash. Univ. II 90 und S. 160 zu P. Thmouis.

ὑπ(ὲρ) χω(ματικοῦ) ιθ (ἔτους) (δραχμὰς) ἓξ τετρόβολ(ον) - - - καὶ τὰ προςδ(ιαγραφόμενα) ἐξ (ὀβολοῦ) (ἡμιωβελίου) [sc. τοῦ ςτατῆρος]

Formulierung b ohne Spezifizierung der Höhe der Prosdiagraphomena:
Wilcken, Ostr. 405 (52/3 n. Chr.):
ὑπ(ὲρ) χω(ματικοῦ) ιγ (ἔτους) (δραχμὰς) ἓξ τετρώ(βολον) - - - καὶ το(ύτων) προςδ(ιαγραφόμενα)

Formulierung c: die "αἳ κ(αθαραὶ)-Formel"
O. Tait I 79, p. 87 (15 n. Chr.):
ὑπ(ὲρ) χω̣μα(τικοῦ) μγ (ἔτους) - - - δρα̣χ(μὰς) ἑπτὰ ἡμιοβ̣(έλιον) αἳ κ(αθαραὶ) (δραχμαὶ) (ἓξ) (τετρώβολον)

Formulierung d: Angabe in ῥυπαραὶ δραχμαί
O. Straßb. 184 (109 n. Chr.):
ὑπ(ὲρ) χω(μα(τικοῦ) καὶ ἄλ(λων) ιβ (ἔτους) Ἀγο(ρῶν) βο(ρρᾶ) ῥυπ(αρὰς) (δραχμὰς) ἑπτὰ (πεντώβολον) (δίχαλκον)

Die Tabellen unten auf S. 217-232 lassen die zeitliche und örtliche Verteilung dieser Schreibweisen erkennen. Formulierung c scheint auf das Westufer der Region von Theben beschränkt zu sein (Memnonia, Hermonthis), Formulierung d auf das Ostufer, das Stadtgebiet von Theben.[8]

In a und b werden zu den 6 Dr. 4 Obolen Prosdiagraphomena hinzugezählt, wobei ihre Höhe genannt wird oder nicht. Es wird also entweder nur formuliert καὶ τὰ προςδ(ιαγραφόμενα) (in der Tabelle wiedergegeben als "+ Prosd.") oder καὶ τὰ προςδ(ιαγραφόμενα) ἐξ (ὀβολοῦ) (ἡμιωβελίου) (in der Tabelle wiedergegeben als "+ 6,25%"). Diese beiden For-

[8] Zur Verbreitung der Formulierung c und d vgl. K. A. Worp, ZPE 76, 1989, 46.
In unserer Tabelle, S. 217 ff., tauchen folgende topographische Bezeichnungen auf:
Ostufer (Stadtgebiet von Theben): Charax, Agorai (Ἀγορῶν Βορρᾶ, Ἀγορῶν Νότου), Opheion, Notos.
Westufer: Memnonia, Hermonthis, SW-Distrikt (Νότος καὶ Λίψ; offenbar zu Hermonthis gehörig; s. K. A. Worp, ZPE 76, 1989, 46-52, R. Bogaert, ZPE 86, 1991, 261) und die Dörfer Pakerkeesis, Φωτρ( ) (scheinbar zu den Memnonia gehörig; vgl. O. Ont. I 18, 1 f.) und Ἆφις.

mulierungen kommen gleichzeitig vor, so daß deutlich ist, daß in beiden Fällen dasselbe gemeint ist, die Prosdiagraphmena also immer 6,25% betrugen.[9]

Daneben tritt als dritte Formulierung die Formulierung c, die 15 n. Chr. zum ersten Mal belegt ist und besonders bei Teilzahlungsquittungen bezeugt ist. Die Jahresquote wird hier formuliert als 7 Dr. 0,5 Ob. αἳ κ(αθ.) 6 Dr. 4 Ob.[10] Diese Formulierung scheint auf das Westufer beschränkt zu sein.[11]

Im Jahr 105 tritt in Theben eine Änderung im Modus der Steuererhebung ein. Vor 105 wird in vielen thebanischen Quittungen auf ein und derselben Quittung Chomatikon und Balaneutikon quittiert, aber immer so, daß beide Zahlungen getrennt verzeichnet werden. Im Jahr 105 wird die Steuererhebung vereinfacht, indem ab nun diese beiden Steuern als Einheit behandelt werden, in den Quittungen also die beiden Quoten nicht mehr auseinandergehalten werden. Diese Änderung hängt offenbar mit einer Reorganisation der Steuererhebung zusammen, die in der Folge von Praktoren durchgeführt wird.[12]

In dieser Zeit wird im Stadtgebiet von Theben (Ostufer) Formulierung d üblich, in der der Steuerbetrag in ῥυπαραὶ δραχμαί angegeben wird. Diese Formulierung wird ab 105 regelmäßig bei Quittungen der kombinierten Chomatikon-Balaneutikon-Steuer gebraucht.[13]

Ab 150 wird sowohl bei Teilzahlungsquittungen also auch bei Quittungen des Jahresbetrags der reine Betrag (im Silberstandard) ohne weitere Zusätze geschrieben.[14]

---

[9] Vor 52 überwiegt die Formulierung "6/4 + 6,25%", ab 52 die Formulierung "6/4 + Prosd."

[10] So in O. Tait I 79, p. 87 (15 n. Chr.) und Wilcken, Ostr. 1379 (42/3 n. Chr., mit Berichtigungsl. II 1, S. 106). In O. Meyer 25 (68 n. Chr.) finden sich 7 Dr. 1 Ob. αἳ κ(αθ.) 6 Dr. 4 Ob.

[11] Daneben gibt es aber für das Westufer auch Belege, in denen nur der reine Betrag genannt wird ohne Angabe darüber, ob in ihm Prosdiagraphomena inbegriffen sind oder nicht.

[12] Wallace, Taxation, S. 301. Die frühesten Praktoren-Quittungen für Chomatikon stammen aus dem Jahr 107 (O. Theb. 81, O. Tait II 622).

[13] Erste Angaben in ῥυπαραὶ δραχμαί finden sich schon in O. Ont. II 88 (83/4?) und O. Ont. II 98 (103?), wenn diese Ostraka richtig datiert sind (vgl. unten S. 222 und 224).

[14] Für vereinzelte thebanische Belege von ῥυπαρόϲ nach 150 vgl. Johnson-West, Currency, S. 34-36. Die letzte Chomatikon-Quittung mit der αἳ κ(αθαραὶ)-Formel stammt aus dem Jahr 134 (O. Straßb. 281). In der Folge fehlen Quittungen, die nachweislich vom Westufer stammen. Die erste Chomatikon-Quittung vom Westufer, die ohne Zusatz den reinen Betrag nennt, scheint O. Leid 136, 4 zu sein (157 n. Chr., Memnonia).

c) Die Bedeutung von ῥυπαραὶ und καθαραὶ δραχμαί[15]

Die Bedeutung der Ausdrücke ῥυπαραὶ und καθαραὶ δραχμαί wurde aus den thebanischen Steuerquittungen schon früh von J. G. Milne abgeleitet.[16] Besonders schön und aufschlußreich ist die seit langem bekannte Quittung O. Tait I 79, p. 87 (15 n. Chr.) über

δραχ(μὰϲ) ἑπτὰ ἡμιοβ(έλιον) αἳ κ(αθαραὶ) (δρ.) ϛ (τετρώβολον).

Die Differenz zwischen 7 Dr. 0,5 Ob. und 6 Dr. 4 Ob. sind die Prosdiagraphomena von 6,25%. In den καθαραὶ δραχμαί sind die Prosdiagraphomena verdeckt enthalten. Die 7 Dr. 0,5 Ob. stellen den Betrag dar, der im Silberstandard bezahlt wurde. Er wird in den späten Quittungen mit dem Ausdruck ῥυπαραὶ δραχμαί umschrieben.[17]

Besonders gut lassen sich die unterschiedlichen Formulierungen bei den Teilzahlungsquittungen verfolgen. Teilzahlungen erfolgten häufig mit einer einzigen Münze, der Tetradrachme. Diese Tetradrachme konnte auf dreierlei Weise quittiert werden:

als 3 Dr. 4 1/2 Ob. καὶ προϲδιαγραφόμενα (oder+ 6,25%),[18]
als 4 Dr., αἳ κ(αθαραὶ) 3 Dr. 4 1/2 Ob.,[19]
als 4 ῥυπαραὶ δραχμαί.[20]

d) Vergleich mit den anderen ägyptischen Belegen

Die Tabelle auf S. 232 ff. zeigt, daß der Tarif für Chomatikon von 6 Dr. 4 Ob. im 1. und 2. Jahrhundert auch außerhalb Oberägyptens ganz allgemein belegt ist. Nicht immer werden in den Quittungen jedoch Prosdiagraphomena

---

[15] Vgl. dazu oben S. 121 ff.

[16] J. G. Milne, The Currency of Egypt under the Romans to the Time of Diocletian, Annals of Archaeology and Anthropology 7, 1914-16, 65.

[17] Für frühe Belege des Ausdrucks ῥυπαραὶ δραχμαί außerhalb der Chomatikon-Quittungen s. Johnson-West, Currency, S. 32 und 37.

[18] O. Tait I 81 p. 88 (45), O. Theb. 97 (46), O. Ont. II 82 (51). Vgl. auch Wilcken, Ostr. 1378 (42/3): 3 Dr. 4,5 Ob. + 2 Dr. 5,5 Ob. (= 6 Dr. 4 Ob.).

[19] O. Meyer 37 (67), O. Tait II 572 (1. Jh.), Wilcken, Ostr. 1283 (83), Wilcken, Ostr. 480 (92), O. Cair. GPW 98 (92), O. Tait I 90 p. 90 (95), O. Tait II 510 (96), O. Tait I 44 p. 158 (98-117?), O. Tait II 518 (103), O. Tait II 521 (107), O. Tait I 99 p. 92 (107), O. Ont. I 17 (108) usw.

[20] Wilcken, Ostr. 586 (137/8), Wilcken, Ostr. 591 (138/9) usw.

erwähnt. So fehlt die Erwähnung einer Zahlung von Prosdiagraphomena regelmäßig bei Quittungen aus Edfu. Es bleibe dahingestellt, ob in diesen Fällen keine Prosdiagraphomena verlangt und bezahlt wurden, oder ob die Prosdiagraphomena, weil selbstverständlich, nicht eigens quittiert wurden.

Außerhalb Oberägyptens haben wir diesen Tarif bezeugt in:

133/4	P. Ryl. II 194, 3	Faijum?	7 Dr. 0,5 Ob. (ῥυπ.)
163-5	P. Köln III 138, 7	Oxy.?	7 Dr. 0,5 Ob.
170/1	P.Thmouis[21]	Gau v. Mendes	6 Dr. 4 Ob. + 2,5 Ob. Prosd.
186-8	P. Tebt. II 354, 14 f.	Tebt.?[22]	7 Dr. 0,5 Ob.
192	P. Tebt. II 353, 15.20.27	Peensakoi[23]	7 Dr. 0,5 Ob.
spätes 2. Jh.	P. Oxy. XII 1438, 20	Oxy.? (Nebo)[24]	7 Dr. 0,5 Ob.

Im Faijum gibt es im 2. Jahrhundert höhere Beträge für das Chomatikon. Diese kommen dadurch zustande, daß zu dem Grundbetrag von 6 Dr. 4 Ob. anstelle *eines* Zuschlags zwei Zuschläge hinzukommen und zwar:

a) Prosdiagraphomena von 3,25 Obolen (= 1/13 von 6 Dr. 4 Ob.)[25]

b) 3 Ob. Symbolikon.

Das ergibt in der Summe: 7 Dr. 4,25 Ob.

Frühester Beleg für diese arsinoitische Quote ist wahrscheinlich SB XVI 12600 (89 n. Chr.), wo zum Betrag von 6 Dr. 4 Ob. noch die Zahlung von προcδιαγραφόμενα und cυμβολικόν quittiert wird, ohne daß gesagt wird, wie hoch diese Beträge sind. Danach finden wir diese Zuschläge in folgenden Belegen:

---

[21] Vgl. auch P. Ryl. II 213.

[22] Vielleicht nicht aus dem Arsinoites (Wallace, Taxation, S. 144).

[23] Herakleopolites.

[24] Die Herkunft aus dem Oxyrhynchites ist nicht sicher. Der Dorfname Νεβω erscheint auch in P. Strasb. 375, 11. Dieser Papyrus könnte aus dem Arsinoites stammen (s. Calderini-Daris, Diz. s. v.).

[25] 40 Ob. : 13 = 3 1/13 Ob., aufgerundet: 3,25 Ob.
Vgl. H. C. Youtie, TAPA 69, 1938, 82, n. 13 (= Script. I, S. 40) und P. Col. V, S. 303.

134/5	P. Col. II 1 r 1a 11-22	Theadelphia	6 Dr. 4 Ob. + Prosd. 3,25 Ob. + Symb. 3 Ob.[26]
144	SB VI 9428, 7	Karanis	6 Dr. 4 Ob. + Prosd. 1 Dr. 0,25 Ob.
154	BGU II 391, 8	Faijum	6 Dr. 4 Ob. + Prosd. 1 Dr. 0,25 Ob.
171/2	P. Mich. IV 1, 223, 2985-3008	Karanis	6 Dr. 4 Ob. + Prosd. 1 Dr. 0,25 Ob. = 7 Dr. 4,25 Ob.
172	P. Corn. 42	Sokn. Nesos	6 Dr. 4 Ob. + Prosd. 1 Dr. 0,25 Ob. = 7 Dr. 4,25 Ob.
174	P. Lond. III 844, 9, p. 55	Sokn. Nesos	6 Dr. 4 Ob. + Prosd. 1 Dr. 0,25 Ob. = 7 Dr. 4,25 Ob.
181	P. Prag. I 60	Sokn. Nesos	[6 Dr. 4 Ob. + Prosd. 1 Dr. 0,25 Ob.] = 7 Dr. 4,25 Ob.

Dieselbe Summe erscheint auch in folgenden Quittungen aus dem Faijum, wo die Gesamtsumme in ῥυπαραὶ δραχμαί angegeben wird:

176-78	BGU XV 2511	Sokn. Nesos	1[5] Dr. 2,5 Ob. (ῥυπ.) [7] Dr. 4,25 Ob. (ῥυπ.)
178/9	BGU I 359	Faijum	7 Dr. 4,25 Ob. (ῥυπ.)
181	P. Prag. I 59	Sokn. Nesos	7 Dr. 4,25 Ob. (ῥυπ.?)
184	BGU XV 2513	Sokn. Nesos	15 Dr. 2,5 Ob. (ῥυπ.) 7 Dr. 4,25 Ob. (ῥυπ.)
185	Stud. Pal. XXII 102, 5. 11	Sokn. Nesos	7 Dr. 4,25 Ob. (ῥυπ.) 7 Dr. 5,25 Ob. (ῥυπ.)

Auch aus diesen arsinoitischen Quittungen läßt sich die Bedeutung des Terminus ῥυπαραὶ δραχμαί gewinnen. Es zeigt sich, daß er wie in der Thebais gebraucht wird, also keine oberägyptische Spezialität ist.

Weniger aussagekräftig sind die folgenden arsinoitischen Belege, die man analog zum Vorhergehenden interpretieren wird:

89	SB XVI 12600	Sokn. Nesos	6 Dr. 4 Ob. + Prosd. Symb.
166[27]	BGU I 99	Faijum	6 Dr. 4 Ob + Prosd. Symb.
166	P. Basel 10, 7. 15	Sokn. Nesos	6 Dr. 4 Ob. + Prosd. Symb.
166	P. Basel 11, 4	Sokn. Nesos	6 Dr. 4 Ob. + Prosd. Symb.
166	P. Prag. I 57	Sokn. Nesos	6 Dr. 4 Ob. + Prosd. Symb.

---

[26] χωματικοῦ καὶ ἄλ(λων).

[27] Zum Datum Berichtigungsl. I 19.

168	P. Prag. I 58	Sokn. Nesos	6 Dr. 4 Ob. + Prosd. Symb.[28]
168	BGU XI 2028, 4. 8 (mit Berichtigungsl. VI 20)	Sokn. Nesos	6 Dr. 4 Ob. + Prosd. Symb.

[28] Noch unpräziser sind folgende Belege aus Soknopaiu Nesos, wo nur 6 Dr. 4 Ob. plus Prosdiagraphomena quittiert werden.

168	P. Lond. II 337, p. 107	Sokn. Nesos	6 Dr. 4 Ob. + Prosd.
173/4	BGU XV 2510	Sokn. Nesos	6 Dr. 4 Ob. + Prosd.
177	P. Rein. I 45	Sokn. Nesos	6 Dr. 4 Ob. + Prosd.
193?	BGU XV 2514	Sokn. Nesos	6 Dr. 4 Ob. + Prosd.
214/5	P. Gen. 40	Sokn. Nesos	6 Dr. 4 Ob. + Prosd.

Da sich diese Quittungen zeitlich mit den ausführlicheren Belegen aus Soknopaiu Nesos überschneiden, werden die προcδιαγραφόμενα auch hier 1 Dr. 0,25 Ob. betragen haben.

7. Die Tetrobola in P. Mich. IV 224 Verso Col. 98 (Z. 6315)

173 n. Chr. Karanis (Faijum)

H. C. Youtie - V. B. Schuman - O. M. Pearl, Tax Rolls from Karanis I, Class. Weekly 30, 1936-7, 201 (= H. C. Youtie, Script. II, S. 853) — V. B. Schuman, P. Mich. IV: A Commentary, Arch. f. Pap. 29, 1983, 52.

Hier sei eine Stelle aus den Steuerlisten von Karanis besprochen,[1] in der ein Betrag in Tetrobola genannt wird, von dem man angenommen hat, daß er aus 4-Obolen-Münzen bestand. Wenn diese Summe so zu verstehen wäre, dann bedeutete dies, daß in der zweiten Hälfte des zweiten Jahrhunderts größere Mengen von 4-Obolen-Münzen im Umlauf waren. Oben (S. 111 f.) haben wir jedoch mit W. Weiser angenommen, daß in römischer Zeit keine Münzen zu 4 Obolen geprägt wurden und die zweitgrößte Bronzemünze nicht als 4-Obolen-Münze zu interpretieren sei, sondern als 3-Obolen-Münze. Dieser Annahme scheint nun die vorliegende Stelle zu widersprechen. Aus diesem Grunde sei sie ausführlicher behandelt.

Die Steuerlisten von Karanis verzeichnen Steuerzahlungen, welche Tag für Tag an einer unbekannten Stelle abgeliefert wurden.[2] Diese Institution führte die Tagebücher, wobei auf dem Verso in loser Folge Notizen und Rechnungen unterschiedlicher Art hinzugefügt wurden, deren Beziehung zum Tagebuch auf dem Recto nicht immer klar ist. Unter anderem finden sich hier Notizen über Zahlungen an Praktoren, die man als Lohnzahlungen interpretieren kann.

Die hier zu behandelnde Columne befindet sich ebenfalls auf dem Verso. In ihr werden Einkünfte addiert. Der größte Posten (724 Dr. 26 Ob. in Z. 6305) betrifft offenbar die Einkünfte des 12. Mesore des 13. Jahres (5. August 173), welche auf dem Recto in Col. 97-98 (Z. 3863-3918) verzeichnet sind.

Im zweiten Teil der Columne (Z. 6313-5) wird eine Summe genannt, welche einer kaiserlichen Domäne, der Καμ(ηλιανὴ) οὐϲία, gutgeschrieben wird. Es handelt sich um ϲτα(τῆρεϲ) τλδ κέρμ(ατοϲ) τε⟨τ⟩ρώβ(ολα)

---

[1] Zur Rechenweise in den Steuerlisten von Karanis s. oben S. 150 ff.

[2] V. B. Schuman, Arch. f. Pap. 29, 1983, 49, vermutete in ihr eine Zweigstelle der Staatsbank in Karanis.

σπβ. Daß Summen in cτατῆρεc angegeben werden, findet sich in den Steuerrollen von Karanis auch sonst, die Summe in τετρώβολα ist aber nicht nur in den Steuerlisten von Karanis ohne Parallele, es scheint auch sonst aus römischer Zeit keine vergleichbare Angabe zu geben.[3]

In der Erörterung der Frage, welchen Wert man den römischen Bronzemünzen unterstellen müsse, spielte diese Stelle eine gewisse Rolle. Auf Grund dieser Stelle vermutete V. B. Schuman, daß das zweitgrößte Bronzenominal den Wert von vier Obolen gehabt habe.[4] J. C. Shelton ist ihm in dieser Vermutung gefolgt.[5] Die Zahlung an die Καμ(ηλιανὴ) οὐcία wird getrennt nach dem Münzmetall verzeichnet. Angesichts der beträchtlichen Höhe ist es sonderbar, daß die Zahlung in Bronzegeld ausschließlich mit Münzen erfolgt sein soll, deren Wert vier Obolen betrug, da doch beim Bronzegeld ganz unterschiedliche Nominale im Umlauf waren. So ergibt sich der Verdacht, daß die hier erwähnten τε⟨τ⟩ρώβ(ολα) nicht als Münzen zu interpretieren sind, sondern als Recheneinheiten.

Zu betonen ist, daß die Aufzeichnungen auf dem Verso von P. Mich IV 224 keinen offiziellen Charakter haben, sondern einfache Notizen sind. Es wäre vorstellbar, daß zum internen Gebrauch eine größere Summe Bronzegeld nicht in Obolen fixiert wurde, sondern in Einheiten zu vier Obolen. Diese Einheit ließe sich leicht in Statere zu 28 Obolen umrechnen, während Einheiten zu sechs Obolen (Bronzedrachmen) mühseliger in Statere umzurechnen sind.

Wie auch immer unsere Stelle zu interpretieren sein mag, festzuhalten ist, daß wir es mit eine Aufzeichnung inoffiziellen Charakters zu tun haben, in der man sich nicht an die offiziell gebräuchlichen Schreibweisen hielt. Da die Möglichkeit, daß die τε⟨τ⟩ρώβ(ολα) nicht Münzen, sondern Recheneinheiten bezeichneten, nicht auszuschließen ist, wird man unseren völlig isoliert dastehenden Beleg kaum oder nur mit Vorsicht als Argument für die Vermutung verwenden können, im römischen Ägypten des ersten und zweiten Jahr-

---

[3] Da τε⟨τ⟩ρώβ(ολα) verschrieben ist, könnte man an der Richtigkeit der Lesung zweifeln. L. Koenen und T. Gagos, die die Stelle freundlicherweise kontrolliert haben, teilten aber mit, daß die Richtigkeit der Lesung außer Zweifel steht und es nicht möglich ist, etwa κέρμ(α)τ(οc) ἑξώβ(ολα) zu lesen.

[4] Class. Philol. 47, 1952, 216.

[5] J. C. Shelton, A Tax List from Karanis II, S. 17, Anm. 15.

hunderts wäre das zweitgrößte Bronzenominal als Münze im Wert von vier Obolen zu interpretieren.[6]

Verso Col. 98 (= Z. 6305-15)

	(δρ.) ψκδ (ὀβ.) κς		*724/26*
6306	λημ(μάτων) ια (ἔτους)	(δρ.) ρδ (ὀβ.) δ	*104/4*
	ζυτηρᾶς κατ' ἄν̣δ̣(ρα)	(δρ.) κδ	*24*
	θεμ(άτων) (δρ.) ρξδ ἄλ(λαι)	(δρ.) ξ	*164 + 60*
	ἄλ(λαι) εἰδῶν καὶ γεομ(ετρίας) (δρ.) νς (ὀβ.) ια		*56/11*
6310	(δρ.) οβ (ὀβ.).		*72/1*
	(γίν.) ἐπ(ὶ τὸ αὐτὸ) (δρ.) Ασ{η (ὀβ.) ιη}ιβ (ὀβ.) κ		*1.212/20*
6312	(δρ.) ξ (ὀβ.) ιβ		*60/12*
	ὧν ἔχω εἰς τὴν Καμ(ηλιανὴν)		*davon gehen ab:*
	στα(τῆρες) τλδ		*334 Statere*
6315	κέρμ(ατος) τε⟨τ⟩ρώβ(ολα) σπβ		*282 Tetrob.*

6306 Die "104 Dr. und 4 Ob. Einkünfte des 11. Jahres" beziehen sich auf die Zahlung des Longinus Gemellus über περιγινό(μενα) ἐλ(αικῶν) καρπῶν διοικ(ήσεως) ια (ἔτους). Ein Konzept der Quittung, die Longinus für diese Zahlung ausgestellt worden ist, befindet sich auf dem Verso unmittelbar vor dem hier abgedruckten Textabschnitt (Z. 6300-6304).

6311 Die Summe ist korrigiert, aber auch die korrigierte Summe ist nicht korrekt. Die korrekte Summe wäre 1.204 Dr. + 42 Ob. = 1.207 Dr. 20 Ob.

6313 Die Καμηλιανὴ οὐσία wird auch erwähnt in P. Mich. IV 224, 4249. 4941 und 357 B 3. Vgl. ferner G. M. Parassoglou, Imperial Estates in Roman Egypt, Amsterdam 1978, S. 75 f.

6314 f. 334 Statere = 1.336 Dr.
282 Tetrob. = 161 Dr. 1 Ob. (eine Dr. = 7 Ob.)

[6] Freilich liefen im römischen Ägypten nicht nur römische Bronzemünzen um, sondern auch Bronzemünzen, die noch aus ptolemäischer Zeit stammten. Unter ihnen hätte man ihrem Gewicht nach eine 4-Obolen-Münze finden können (Hinweis von W. Weiser). Sehr sonderbar wäre es aber, diese Münze hier so ausschließlich vorzufinden.

8. RÖMISCHE WERTANGABEN FÜR SILBER UND GOLD

a) Das Verhältnis zwischen Silber und Silberdrachme in P. Mich. inv. 92

In P. Mich. inv. 92[1] gewährt eine Frau ihrem Mann anläßlich ihrer Heirat ein Darlehen. In diesem Zusammenhang wird der Wert einer Kette folgendermaßen bestimmt:

ἅλυ-
cιν ἀργυρίου ὁλκῆϲ ἀϲήμου δραχμῶν τριάκο[ν]τα [ἓ]ξ
ἐν ϲυντειμήϲει δραχμῶν ἑκατὸν [ὀγδο]ήκοντα.[2]

eine Kette von 36 Gewichtsdrachen ungeprägten Silbers (128,16 g)
im Wert von 1[8]0 Silberdrachmen.

Der Vertrag stammt aus Oxyrhynchos (73/4 n. Chr.) und überliefert mit dieser Angabe das Verhältnis des Wertes zwischen Tetradrachme und ungemünztem Silber. Die Ratio beträgt 1[8]0 : 36, also 5 : 1. Fünf Tetradrachmen ergeben nach diesem Papyrus den Wert von vier Gewichtsdrachmen ungeprägten Silbers.

Der Silbergehalt der Tetradrachme wird also mit etwa 20% veranschlagt. Das Verhältnis 1 : 5 ist natürlich nur ein theoretisches,[3] der Preis für Silber schwankte in römischer Zeit ebenso wie in ptolemäischer. Aus den beiden ersten nachchristlichen Jahrhunderten scheinen auf Papyrus bisher nur zwei Silberpreise bekannt geworden zu sein. In P. Giss. I 47, 28 f. (= Wilcken,

---

[1] Ediert von T. Gagos, L. Koenen, B. E. McNellen, A first century archive from Oxyrhynchos or Oxyrhynchite loan contracts and Egyptian marriage, in: Life in a Multi-Cultural Society, Chicago 1992, 181-201, Appendix I.

[2] Der Text nach P. van Minnen, Re-evaluating a "Dowry" in a Michigan "Marriage" Loan, Bull. Am. Stud. Pap. 29, 1992, 172-174. Die Herausgeber dachten an [ἑξ]ήκοντα statt [ὀγδο]ήκοντα, aber die Gesamtsumme des Darlehens, die im Papyrus mit 300 Dr. beziffert wird, ergibt sich nur, wenn wir hier zu 1[8]0 Dr. ergänzen. Außerdem ergibt sich nur so die glatte Ratio 1 : 5 (36 Dr. stünden zu 160 Dr. im Verhältnis 1 : 4,44).

[3] Der Silbergehalt der unter Nero geprägten Tetradrachmen scheint anfangs noch bei 20%, später aber darunter gelegen zu haben. Vgl. zuletzt R. Duncan-Jones, Money and Government, S. 234, D. R. Walker - C. E. King, Ptolemaic and Augustan silver: The evolution of the tetradrachm of Roman Egypt, in: D. R. Walker, The Metrology of the Roman Silver Coinage. Part I, Oxford 1976, S. 149 (vgl. jedoch W. E. Metcalf, Schweiz. Num. Rundschau 74, 1995, 157); A. Burnett - M. Amandry - P. P. Ripollès, Roman Provincial Coinage I, London-Paris 1992, S. 688 f.; A. Savio - M. Oddone, Ancora sul titolo de tetradrammo Alessandrino di Nerone, Num. Ant. Cl. 19, 1990, 235-240.

Chr. 326; 117-138 n. Chr.) wird der Preis für ungeprägtes Silber (ἄσημον) auf dem Markt von Koptos mit 362 Dr. angegeben.[4] Der Preis steht ohne Gewichtsangabe, wahrscheinlich ist aber ein Pfund Silber (327,45 g) gemeint.[5] Da nicht sicher zu klären ist, wie Gewichtsdrachmen in Pfund umgerechnet wurden, läßt sich nicht genau der Preis für eine Gewichtsdrachme Silber errechnen. Wahrscheinlich kommen hier nur etwa vier Drachmen auf eine Gewichtsdrachme Silber.[6]

In P. Mil. Vogl. II 102, 8 ff. (Mitte des 2. Jhdt.?) kostet ein Pfund (λίτρα) Silber 432 Dr. Der Silberpreis scheint also gegenüber P. Giss. 47 gestiegen zu sein.[7]

b) Römische Goldpreise[8]

CPR I 12 (= Stud. Pal. XX 2; 93 n. Chr.): 7,5 Mnaiaia als Sicherheit für 2.160 Dr. Damit wird ein Mnaiaion als Deckung für 288 Dr. eingesetzt. Der tatsächliche Wert des Mnaiaion wird höher gewesen sein, da anzunehmen ist, daß der Wert des Pfandes den Wert der Darlehenssumme überstiegen hat.

In BGU IV 1065 (97 n. Chr.) werden für 8 Mnaiaia 2.816 Drachmen gerechnet. Der Betrag für ein Mnaiaion liegt also bei 352 Dr. In diesem Betrag scheint ein Entgelt für den Goldschmied enthalten zu sein. Das Gold soll zu Schmuck verarbeitet werden.[9]

---

[4] τὸ ἄσημον νῦν ἐστ(ιν) (δρ.) τξβ (mit Berichtigungsliste I, S. 170).

[5] Zu diesem Papyrus s. Johnson-West, Currency, S. 93. Anders zuvor Johnson, Roman Egypt, S. 426.

[6] Nach P. Oxy. XLIX 3455, 21-23 ergeben 96 Gewichtsdr. ein Pfund. Wenn ein Pfund = 327,45 g und eine Gewichtsdr. = 3,56 g, dann 327,45 : 3,56 = 91,98. — 360 : 90 = 4.

R. Duncan-Jones, Money and Government, S. 213-215, rechnet jedoch das Pfund zu ca. 322,8 g, außerdem vermutet er, daß die römische Tetradrachme nur 13,45 g schwer war und 24 Tetradrachmen, bzw. 96 Dr., das Gewicht eines Pfundes erreichten (ebda, S. 232 f.)

[7] Wenn wir auch hier annehmen, daß auf ein Pfund etwa 90 Gewichtsdr. kommen, so liegt der Preis für eine Gewichtsdrachme Silber bei 4,8 Dr. (432 : 90 = 4,8).

Zu diesem Papyrus s. D. Foraboschi - A. Gara, Il rapporto dracma-argento nell'Egitto Romano, Chr. d'Ég. 51, 1976, 169-177.

In P. Hamb. III 227 (3. Jhdt.) kommt 1 Unze Silber (ἄσημον) offenbar auf 56 Dr., ein Pfund somit auf 672 Dr. Der Silberpreis erscheint hier gegenüber P. Giss. I 47 weniger als verdoppelt.

[8] Vgl. L. C. West, The Roman Gold Standard and the Ancient Sources, Am. Journ. of Phil. 62, 1941, 289-290.

[9] Vgl. J. E. G. Whitehorn, A reinterpretation of BGU IV 1065, Anagennesis 3, 1983, 331-339.

In P. Oxy. III 496 (= Mitteis, Chr. 287; 127 n. Chr.) sind Goldgegenstände, die zu einer Mitgift gehören, ca. 5,5 Mnaiaia schwer. Ihr Wert wird mit 1.680 Dr. angegeben. Damit kommen auf ein Mnaiaion etwa 305,45 Dr.

In P. Oxy. XLIX 3491, 5 f. (157/8) wird goldenem Schmuck im Gewicht von zwei Mnaiaia der Wert von 600 Dr. unterstellt, pro Mnaiaion also 300 Dr.[10]

		Wert eines Mnaiaion Gold
93	CPR I 12	288 Dr. (Pfand)
97	BGU IV 1065	352 Dr. (ungemünztes Gold, inclusive Arbeitslohn?)
127	P. Oxy. IV 496	305,45 Dr. (ungemünztes Gold)
157/8	P. Oxy. XLIX 3491	300 Dr. (ungemünztes Gold)

Wenn wir das Mnaiaion (8 Gdr.) mit 350 oder 300 Dr. ansetzen und die Dr. als ein Fünftel der Gewichtsdr. Silber behandeln, so ergibt sich als Ratio zwischen Gold und Silber 1 : 8,75 bzw. 1 : 7,5.

Dazu paßt, daß in dem metrologischen Papyrus P. Oxy. XLIX 3455, 28-31 (3./4. Jhdt.) das Verhältnis zwischen Gold und Silber mit 1 : 8 angegeben wird (auf das Mnaiaion [8 Gdr.] kommen dort 16 Statere = 64 Dr.).[11]

Das in der Theorie geltende Wertverhältnis zwischen Gold, Silber und Silberdrachme (als dem Viertel einer Tetradrachme) könnte demnach in der ersten Hälfte des 2. Jahrhunderts folgendermaßen ausgesehen haben:

1 Silberdr.	1			
1 Gewichtsdr. Silber	5	1		
1 Gewichtsdr. Gold	40	8	1	
8 Gewichtsdr. Gold (Mnaiaion)	320	64	8	1

[10] Auch hier handelt es sich um einen Heiratsvertrag. Zu Wertangaben bei Schmuck in diesen Verträgen vgl. J. E. G. Whitehorne, The Valuation of Gold Dowry Objects in Papyri of the Roman Period, Arch. f. Pap. 32, 1986, 49-53.

[11] Auch schon in P. Tebt. III 2, 890 (2. Jhdt. v. Chr.; s. oben S. 106 f.) schien das Verhältnis zwischen Silber und ungemünztem Gold 1 : 8 betragen zu haben.

Das Wertverhältnis zwischen Gold und Silber von 1 : 12, von dem man vermutete, daß es im römischen Ägypten galt (vgl. Johnson-West, Currency, S. 93), läßt sich also aus unseren Belegen nicht ableiten. Zum Verhältnis von Silber und Gold in der Münzprägung außerhalb Ägyptens s. zuletzt R. Duncan-Jones, Money and Government, S. 217.

Keine Nachrichten zum Wertverhältnis zwischen Silber und Gold sind aus P. Hamb. III 223 zu gewinnen (siehe D. Hagedorn, ZPE 57, 1984, 81 zu D. Foraboschi, Il rapporto oro/argento nel 113 d. C., ZPE 57, 1984, 79-80).

Es schien, daß der Silberpreis in der ersten Hälfte des 2. Jahrhunderts auch unter 5 Dr. pro Gdr. Silber fallen konnten (P. Giss. I 47). Der im Folgenden zu besprechende P. Bad. 37 (= P. Sarap. 90) legt die Vermutung nahe, daß in dieser Zeit auch der Goldpreis gegenüber dem Silber beträchtlich unter das Verhältnis 1 : 8 sinken konnte.

c) Der Goldpreis in P. Bad. 37 (108 n. Chr.?)

In P. Bad. 37, 8-10 (= P. Sarap. 90)[12] wird mitgeteilt, daß der Goldpreis von 15 auf 11 Drachmen gesunken sei:

> ὁ δὲ χρυϲοῦϲ ἀνθ' ὧν ἦν δραχμ̣ῶ̣ν̣ π̣ιπ̣ρ̣α̣ϲ̣κ̣όμεν̣[ο]ϲ δ̣ε̣κ̣απέντε ἕ̣νδε[κ]α̣ [ἐ]γέν̣ετο.
>
> *Der Chrysus fiel im Verkauf von 15 Drachmen, die er früher wert war, auf 11 Drachmen.*

Diese Angabe macht Schwierigkeiten, weil hier der Preis für einen χρυϲοῦϲ gegeben wird, während sich unsere anderen Goldpreise auf das Mnaiaion bezogen.

Wahrscheinlich ist mit dem χρυϲοῦϲ der römische Aureus gemeint, der unter Augustus etwas schwerer als ein Viertel des Mnaiaion (2 Gdr. = 7,12 g) war, dessen Gewicht jedoch später reduziert wurde.[13] Für die Identifikation des χρυϲοῦϲ mit einem Viertel des Mnaiaion spricht auch, daß in der metrologischen Tabelle P. Oxy. XLIX 3455 (3./4. Jhdt. n. Chr.) der χρυϲοῦϲ als ein Viertel des Mnaiaion bezeichnet[14] und wahrscheinlich mit dem Aureus geglichen wird.[15]

---

[12] Vgl. Johnson-West, Currency, S. 90-92 und 181, F. Heichelheim, Zu Pap. Bad. 37, ein Beitrag zur römischen Geldgeschichte unter Trajan, Klio 25, 1932, 124-131, ferner P. Sarap. 90 Einl. mit weiteren Literaturangaben. Zum Datum vgl. P. Sarap. 90, S. 243.

[13] Nach Plinius beträgt die Norm ein Vierzigstel eines Pfundes (8,18 g). Unter Nero wurde nach Plinius das Gewicht des Aureus auf 1/45 Pfund (7,28 g) festgelegt (Plin., Nat. hist. 33, 47; M. R.-Alföldi, Antike Numismatik I, Mainz 1978, S. 157 f.). Nach R. Duncan-Jones, Money and Government, S. 217, lassen jedoch die noch heute erhaltenen Aurei als intendiertes Gewicht eher 1/44 Pfund vermuten. Allerdings geht Duncan-Jones von einem Pfund zu ca. 322,8 g statt 327,45 g aus (ebda S. 213-215).

[14] Z. 28: τὸ δὲ μναγιαῖον ἔχι χρυϲοῦ⟨ϲ⟩ δ ̄. Zum ptolemäischen χρυϲοῦϲ als Viertel des Mnaiaion s. oben S. 108.

[15] Z. 26-27: ἡ δ̣[ὲ] λ̣είτρα ἔχι χρυϲοῦ̣ δηνάρια (= *aurei*) μ̄[ ] | ἀργύρια (vac.) ϛ̣ ̄, μναῖ [oder μναι(αῖα)] ι̣ ̄ [. Es scheinen also vier χρυϲοῦ δηνάρια ein μναιαῖον zu ergeben.

Wenn in P. Bad. 37 erklärt wird, daß der Preis des χρυϲοῦϲ von 15 auf 11 Drachmen gesunken ist, können nicht normale Silberdrachmen gemeint sein. Die Drachmenbeträge beziehen sich offenbar auf Gewichtsdrachmen Silber, die ὁλκῆϲ ἀϲήμου δραχμαί von P. Mich. inv. 92. Wenn man hier mit Fünf multiplizieren darf, wäre der Preis des χρυϲοῦϲ von 75 auf 55 Dr. gesunken.[16]

Nun bleibt die Unsicherheit, in welches Verhältnis wir den χρυϲοῦϲ zum μναιαῖον setzen müssen. Wenn wir den χρυϲοῦϲ als Viertel des Mnaiaion auffassen, bedeutete dies, daß der Wert des Mnaiaion von 300 auf 220 Dr. gesunken ist. Der höhere Wert entspricht dann den aus den Jahren 127 und 157/8 belegten Preisen für ein Mnaiaion ungeprägten Goldes.

[16] A. Segré, Metrologia e circolazione monetaria degli antichi, Bologna 1928, S. 430, nahm an, daß in unserem Papyrus ἑκατόν, weil selbstverständlich, ausgefallen sei und der Preis für den römischen Aureus von 115 auf 111 Dr. gefallen sei (zustimmend F. Heichelheim, Klio 25, 1932, 124 f.).

C. LISTEN

I. DIE PTOLEMÄISCHE ZEIT

PREISE UND LÖHNE

a) Weizenpreise (pro Artabe)[1]

270	P. Hib. I 99, 14	2 Dr. 1 Ob.
267	P. Hib. I 100, 6	2[2]
256	P. Mich. Zen. 28, 11	2,85[3]
256?	SB XIV 11659, 4 (= P. Cair. Zen. IV 59666)	1 Dr. 1 Ob.
254	P. Cair. Zen. III 59499, 5	1,5
	Z. 7	1,33
254	P. Lond. VII 1974, 38	1 Dr. 1 Ob.
250	P. Col. Zen. I 54, 16	1,33
ca. 250?	P. Lond. VII 1996, 41	3
ca. 249	P. Lond. VII 2002, 28 f.	2,85
Mitte 3. Jh.	P. Sorb. 33, 15 f.	3
Mitte 3. Jh.	P. Petrie III 47 (a) 3	1,5
Mitte 3. Jh.	P. Cair. Zen. IV 59698, 5	1,5
3. Jhdt.	P. Petr. III 80 a ii 16. 22	2
Philopator?	UPZ I 149, 24 (κάκις)[4]	**7,5**
	ca. 210–168	
209	P. Heid. VI 383, [8] und 20	**6**
210/204 oder 193/187[5]	BGU VII 1536, 3	160

[1] Zu drei weiteren, nicht genauer datierbaren Weizenpreisen in demot. Urkunden s. W. Clarysse - E. Lanciers, Currency and the Dating of Demotic and Greek Papyri from the Ptolemaic Period, Anc. Soc. 20, 1989, 125.

[2] 2 Dr. vielleicht auch in P. Hib. I 110, 6 (um 270 v. Chr.). In diesem Papyrus (Z. 11) ist ferner festgehalten, daß Weizen, der offenbar in Alexandria verkauft wurde, dort einen Preis von 4 Dr. 5 Ob. erzielte.

[3] εἰς ζ (sc. ἀρτάβας) τοῦ χρυσοῦ (ein χρυσοῦς = 20 Silberdr.).

[4] κάκις ἀρτάβας β (γίν.) ιε. Bei κάκις handelt es sich um Weizenbrot; vgl. E. Lanciers, Ägyptisches Brot (k'k') in UPZ I 149 und die wirtschaftliche Lage zur Zeit Ptolemaios' IV. Philopator, ZPE 82, 1990, 89-92.

[5] Vgl. oben S. 99.

210/204 oder 193/187[6]	BGU VII 1532, 12	155
	Z. 13 (πυρὸϲ χρηϲτόϲ)	180
195?	P. Köln V 217, 6 ff. (πυρὸϲ λευκόϲ)	170 u. 180
184?	P. Tebt. III 2, 916, 5	120
	168–130/27	
162	P. Tebt. III 2, 910, 3	500
158	SB V 7617, 98 (= P. Mil. II 27)	400[7]
131	SB VI 9420, 6	400
	130/27–30	
118	P. Grenf. I 22, 11	1.200
112	P. Tebt. I 112, 57	1.500
	Z. 113	1.200
	Z. 119	800
111	Botti, Testi dem. 4 recto II a 2[8] (Theben)	ḥḏ 78 = 1.560
110/09	P. L. Bat. XIX 6, 33 (= BGU III 995)	1.200
108	P. Tebt. I 224 verso	720
100?	P. Tebt. I 131 descr. (= SB XVI 12675, 16)	1.080
spätes 2. Jh.	P. Tebt. I 116, 2	1.000
	Z. 32	1.100
99	P. Tebt. I 117, 10	1.680
	Z. 18 Anm.	1.500?
	Z. 47	1.680
97 oder 64	P. Tebt. 120, 44	4 (Silber)
	Z. 72	1.800
94 oder 61	P. Tebt. I 208 descr.	840
94 oder 61	P. Tebt. I 121, 140 u. 141	1.500
93	P. Tebt. I 109, 15	2.000
1. Jhdt.	PSI VIII 968, 3	800?
1. Jhdt.	P. Oxy. IV 784 descr.	2.200

b) Gerstenpreise (pro Artabe)

Das Preisverhältnis zwischen Gerste und Weizen:

251	P. Lond. VII 1994:	3 : 5
118/7	P. Tebt. I 61 (b) 258 n.:	3 : 5
118/7	P. Tebt. I 67, 68:	3 : 5

---

[6] Vgl. oben S. 99.
[7] P. J. Sijpesteijn, ZPE 95, 1993, 140.
[8] G. Botti, Testi demotici I, Firenze 1941.

113	P. Tebt. I 89, 29:	3 : 5
	(vgl. auch P. Tebt. I p. 560)	
ca. 250?	P. Lond. VII 1996, 37	4 Ob.?[9]
ca. 249	P. Lond. VII 2002, 102-7	1,11[10]
spätes 2. Jh.	P. Tebt. I 262 descr.	800
96 oder 63	P. Tebt. I 122, 6	780
frühes 1. Jh.	P. Tebt. I 189 descr.	720

c) Preise für Olyra[11] (pro Artabe)

Das Preisverhältnis zwischen Olyra und Weizen:

251	P. Lond. VII 1994 Einl., p. 99	2 : 5[12]
257	P. Lond. VII 1937, 4-5 (ὄλυρα)	5 Ob. 4,8 Ob.
	ca. 210–168	
199	P. dem. Lille 118, 10 f. (Adärationspreis)[13]	5/3 Deben = 33,3
198/97	P. Petrie II 32 (1) 24-27 (cῖτοc)	60[14]
spätes 3. od. frühes 2. Jh.[15]	P. Tebt. III, 2, 1079, 56-57	68

9 Dieser Beleg ist zweifelhaft, da es unklar ist, ob hier wirklich Gerste gemeint ist; vgl. die Anm. zur Stelle. Der Preis würde eher an Olyra denken lassen.

10 Die in Z. 25 und 26 dieses Papyrus überlieferten Zahlungen für Gerste sind so gering, daß es sich wohl nur um Teilzahlungen für die entsprechenden Quantitäten handelt. Sie sind deshalb hier nicht berücksichtigt.

11 Griech. ὄλυρα (auch als cῖτοc bezeichnet), demot. bd.t = Emmer (triticum). Dazu vgl. H. Cadell, Le vocabulaire de l'agriculture d'après les papyrus grecs d'Égypte: problèmes et voies de recherches, Proc. XII Congr. of Pap., Toronto 1970, S. 71-76; E. Battaglia, Artos. Il lessico della panificazione nei papiri greci, Milano 1989, S. 44-46; N. Lewis, Chr. d'Ég. 69, 1994, 138 f.

12 Das Preisverhältnis zwischen Olyra (bd.t) und Gerste (ỉt) beträgt in P. Köln ägypt. I 7 (207-05 v. Chr.) 2 : 3. Das gleiche Verhältnis findet sich auch in P. BM 10594, 5, wo bd.t 52 1/2 = ỉt 35 (vgl. S. P. Vleeming, Enchoria 9, 1979, 96).

Damit ergibt sich:
Olyra : Weizen = 2 : 5
Olyra : Gerste = 2 : 3
Gerste : Weizen = 3 : 5
Vgl. dazu F. Heichelheim, Wirtschaftliche Schwankungen, S. 58 f.

13 Dazu und zum Datum W. Clarysse - E. Lanciers, Currency and the Dating of Demotic and Greek Papyri from the Ptolemaic Period, Anc. Soc. 20, 1989, 118 f.

14 Vgl. Berichtigungsl. I, S. 368.

15 Ohne Angabe der Art des Lebensmittels; von Reekmans als Olyra interpretiert.

	168–130/27	
162	UPZ I 52, 18; 53, 19 (ὄλυρα, cῖτοc)	300
159[16]	UPZ I 91 (cῖτοc), 7 (= 92 iii 8)	250
	Z. 9 (= 92 iii 9)	300
	Z. 9 (= 92 iii 10)	320
	Z. 9 (= 92 iii 11)	290
	Z. 10 (= 92 iii 13)	306 2/3
	Z. 10	340
	Z. 15	290
	Z. 18	300
	Z. 19	ca. 300
159	UPZ I 92 iii 12 (cῖτοc)	320
159	UPZ I 93, 6 (cῖτοc)	315
	Z. 7	300
159	UPZ I 96, 8 (cῖτοc)	360[17]
Ptol. VIII.?	O. dem. Pisa 234, 5	300[18]

d) Strafpreise für Weizen (pro Artabe)

306/05	P. Loeb 3, 18[19]	4[20]
301/300	P. Hib. I 84a 8-9	4
ca. 265	P. Hib. I 65, 24	4
260/59	BGU VI 1226, 13	4
258/7	BGU VI 1228, 13	4
257	P. Sorb. 17 a 15. b 16	4
244/3 od. 218/7	P. Hib. I 91, 11	4?
3. Jhdt.	BGU VI 1267, 13	4
223/2	P. Tebt. III 1, 815 fr. 3 ii 14-15	4 (Silber)
222	P. Hib. I 90, 15	10?[21]
216/5	BGU VI 1262, 13	10
215/4	BGU VI 1264, 22f. (= P. Frankf. 2, 26. 69)	10
215/4	BGU X 1959, 21	10

---

[16] Für die Olyrapreise in UPZ I 91-93 und 96 vgl. UPZ I, S. 409.

[17] Dezember: Winterpreis gegenüber Sommerpreisen (Mai bis Juni) in UPZ I 91-93.

[18] (= SCO 22, 1973, 213-214); zur Datierung W. Clarysse - E. Lanciers, Currency and the Dating of Demotic and Greek Papyri from the Ptolemaic Period, Anc. Soc. 20, 1989, 123.

[19] W. Spiegelberg, Die demotischen Papyri Loeb (Papyri der Univ. München, Heft 1), München 1931.

[20] Ein Fünftel eines ḥḏ.

[21] Vgl. oben S. 74 f.

215/4	BGU X 1969, 8	10
215/4	BGU XIV 2383, 12	10?
215/4	BGU X 1943, 12-14	10?
214/3	BGU VI 1265, 20	10
214/3	BGU X 1944, 12	10
214/3	P. Frankf. 1, 23	10
214/3	BGU XIV 2397, 10-11 und 29	12
213/2	BGU X 1946, 12	10

173–130/27

173	P. Amh. II 43, 12	500
160/59	BGU XIV 2390, 34	400
Philometor	BGU VI 1271, 8	1.000

130/27–30

128/7	P. Loeb 55, 13	2.000[22]
119	P. Tebt. I 11, 17	2.000
116	P. L. Bat. XXII 34, 11 (= P. Rein. 30)	2.000
116	P. L. Bat. XXII 26, 18 (= P. Rein. I 31)	3.000
ca. 115	P. Fay. 11, 17	3.000
113	P. L. Bat. XXII 21, 22 (= P. Ross. Georg. II 6 + P. Rein. I 34)	3.000
113/2	P. L. Bat. XXII 27, 19 (= P. Rein. I 8)	3.000
112	P. L. Bat. XXII 13, 24 f. (= P. Rein. I 9)	3.000
111	P. L. Bat. XXII 22, 21 (= P. Rein. I 10)	3.000
110	P. L. Bat. XXII 14, 25 (= P. Rein. I 14)	3.000
110	P. L. Bat. XXII 1, 16 (= P. dém. Rein. I 1)	3.000
110?	P. L. Bat. XXII 28, 17 (= P. Rein. I 12)	3.000
109	P. L. Bat. XXII 2, 11 (= P. dém. Rein. I 2)	3.000
109	P. L. Bat. XXII 15, 23 (= P. Rein. I 15)	3.000
109	P. L. Bat. XXII 16, 28 f. 51 (= P. Rein. I 16)	3.000
109	P. Chicago, Field Museum 31323, Z. 14	1.200[23]
108	P. Turin Suppl. 6086 (= Botti, Archivio Nr. 26), Z. 16	1.200[24]
108	P. L. Bat. XXII 17, 28 (= P. Rein. I 20)	[3.000]
108	P. L. Bat. XXII 3, 15 (= P. dém. Rein. I 3)	3.000
108	P. L. Bat. XXII 4, 16 (= P. dém. Rein. I 4)	3.000
108	P. L. Bat. XXII 23, 22 (= P. Rein. I 21 + P. Ross. Georg. II 7)	3.000
107	P. L. Bat. XXII 18, 20 (= P. Rein. I 22)	[3.000]

[22] tn 100 ḥmt ("je 100 <Deben> Bronze").
[23] N. J. Reich, Mizraim 2, 1936, 41, Z. 14: ḥḏ 60 = sttr 300 (Theben).
[24] ḥḏ 60 = sttr 300 (Theben).

107	P. L. Bat. XXII 32, 17 (= P. Rein. 29)	[2.000][25]
spätes 2. Jhdt.	P. L. Bat. XXII 33, 13 (= P. Rein. 28)	2.000
106	P. L. Bat. XXII 5, 20 (= P. dém. Rein. I 5)	1.500
105	P. L. Bat. XXII 19, 21. 39 (= P. Rein. I 23)	3.000
104	P. L. Bat. XXII 25, 28 (= P. Rein. I 26)	3.000
104/3 od. 101/100	P. Köln VI 275, 11	3.000
103	P. dem. Louvre 2436 b[26]	2.000
103	P. Tebt. I 105, 46	3.000
100	P. Adler 15, 9	2.400
92 oder 59	P. Tebt. I 110, 9 f.	3.000
73 oder 44?	P. Oxy. XIV 1639, 13	4.000
77	P. Merton I 6, 24 f.	3.000
51	PSI X 1098, 28	3.000
1.Jh.v./1.Jh.n.Chr.	P. Erl. 69, 4	4.000
(6/5 v. Chr.)	(PSI X 1099, 14)	(4.000)

e) Strafpreise für Olyra (pro Artabe)

ca. 250	P. Hib. I 124 descr.	2
248	P. Hib. I 102, 4	2
248	P. Hib. I 86, 12	2
222	P. Hib. I 90, 14 f.	4[27]
215/4	BGU VI 1275, 18	[4] (Silber)
215/4	BGU VI 1277, 12	4 [Silber]
215/4	BGU VI 1278, 10	4
214/3	BGU X 1944, 13. 35f.	4
203/2	BGU VI 1266, 28 + BGU XIV 2386	20 (Silber)[28]
136	UPZ I 118, 14	2 (Silber)

---

[25] Ergänzt in Analogie zu P. L. Bat. XXII 33, 13 und 34, 11. In allen drei Fällen handelt es sich um Cheirographa, während die Strafpreise von 3000 Dr. in P. L. Bat. XXII in Sechszeugenurkunden, Agoranomenurkunden oder demotischen Verträgen stehen.

[26] P. W. Pestman, The Archive of the Theban Choachytes. A Survey of the Demotic and Greek Papyri containted in the Archive, Leuven 1993, no. 65, S. 210.

[27] Vgl. oben S. 74 f.

[28] Der hohe Strafpreis erklärt sich dadurch, daß hier mit Silberdrachme offenbar keine Staterviertel gemeint sind. Vgl. S. 32 und 199 zu dem in diesem Papyrus belegten hohen ἐπίτιμον.

f) Preise für Wein

Die Ausdrücke Metretes und Keramion werden in den Papyri synonym gebraucht. Keramia bzw. Metretai können unter anderem jedoch 6 oder 8 Choes fassen, was in der Regel nicht schriftlich fixiert wird, so daß wir es in der folgenden Tabelle mit verschieden großen Maßen zu tun haben können, ohne daß das im Einzelnen greifbar wird.[29] *— Ein Chus = 12 Kotylai.*

259	P. Rev. Laws xxxi 13 f.	μετρητὴϲ ὀκτάχουϲ	5
			6
254	P. Lond. VII 1974, 36	Keramion	7
250	P. Col. Zen. I 55, 8	(ἑξάχουϲ) με(τρητήϲ)	6
249	P. Cair. Zen. III 59327, 44	Keramion	5
242 od. 241	P. L. Bat. XX 30, 7-8 (= BGU X 1994)	Chus: weniger als 1[30]	
Mitte 3. Jh.	PSI VI 620, 20	[Keramion]	5 u. 6
Mitte 3. Jh.	SB XVI 12811, 10	Keramion	8
Mitte 3. Jh.	P. Cair. Zen. V 59851 b 3 (οἶνοϲ παλαιόϲ)	Keramion	11
	b 9	Keramion	3 (ὄξοϲ)[31]
3. Jhdt.	P. Lille 58, 4	Keramion	3 (ὄξοϲ)
3. Jhdt.	P. Alex. 1, 6 p. 47	Keramis	8[32]
		ca. 220–183	
218	P. Ent. 34, 4	Metretes (6 Choes)	14
Philopator?	UPZ I 149, 12	Chus: 4	
	Z. 15 f.	Chus: 4 Dr. 3 Ob.	
206?[33]	CPR XVIII 5	Chus: 4	
208 od. 191?	P. Köln V 220, 12	Metretes	700[34]

[29] Das üblichere Maß scheint aber das Keramion zu 6 Choes gewesen zu sein (vgl. P. Tebt. III 1, 793 xii 18-19 Anm.). Zu den Weinmaßen zuletzt B. Kramer, CPR XVIII 5, S.139 f. und Drexhage, Preise, Mieten/Pachten, Kosten und Löhne, S. 58 f. Zu zwei weiteren Weinpreisen in demotischen Urkunden vgl. W. Clarysse - E. Lanciers, Currency and the Dating of Demotic and Greek Papyri from the Ptolemaic Period, Anc. Soc. 20, 1989, 125.

[30] Von schlechtem Wein; Z. 4-8: ἐν οἷϲ (sc. κεραμίοιϲ) ἔνεστιν γ τὰ διαφωνοῦντα, ἃ καὶ ἔγευϲαν Ἀντίπατρọν καὶ Νίκανδρον, ὥϲτε μηδὲ δραχμῆϲ τὸν χόα ἄξιον εἶναι.

[31] Zur Bedeutung von ὄξοϲ N. Kruit, ZPE 90, 1992, 267 f.

[32] Das Verhältnis: 1 Keramion Wein = 4 Artaben Gerste scheint in SB XII 10864 ii 2 (2. Hälfte des 3. Jhdts, Magdola) vorzuliegen: οἴνου κε(ράμια) ε (κριθῆϲ) κ.

[33] Siehe S. 77 ff.

[34] χαλκοῦ πρὸϲ ἀργύριον (Apomoira).

ca. 210-204 od. 193-189?[35]	BGU VII 1506	Keramion	500
—"—	BGU VII 1516	Keramion	900
—"—	BGU VII 1520	Keramion	500
—"—	BGU VII 1537	Keramion	500
ca. 206/5 od. 189/8	BGU VII 1501	Keramion	400
Ende 3. Jh.	P. Harris II 220, 14 ff.	Keramion	300[36]
3./2.Jhdt.	P. Tebt. III 2, 1079, 2. 24. 46 f.	Ῥόδιον	230
	Z. 126	Ῥόδιον	222
	Z. 128	Ῥόδιον	231
	Z. 5	Κνίδιον	270
	Z. 12	Κνίδιον	276
	Z. 34 f.	[ ]	100 (ὄξος)
207 od. 190	P. Tebt. III 2, 1062 descr.	Metretes (8 Choes)	300
um 200	P. Tebt. III 2, 885, 18	Chus: 84	
	Z. 32	Chus: 72[37]	
frühes 2. Jh.	P. Tebt. III 2, 889, 29	Chus: 72[38]	
	Z. 4	Chus: 144[39]	
ca. 190	P. Köln V 221, 15. 18. 40	Metretes	400[40]
	B 10, H 3	Metretes	450[41]
183	P. Tebt. III 1, 793 xii 20	(ἑξά)χ(ουν)	275

183–130/27

ca. 180	SB XVI 12375, 39	Keramion	400
	Z. 41		350
181/0?	P. Mich. III 200, 26	Keramion	500
Anf. 2. Jh.	P. Hels. I 3, 7 ff.	Chus: 80	
	Z. 37	Chus: 60	
2. Jh.	BGU VI 1240[42]	Keramion	600
Philometor?	P. Tebt. III 2, 891, 33	[Chus?]: 70	
	Z. 6	[Keramion?]	400 (ὄξος)
151 od. 140	P. Tebt. III 2, 892, 29	Chus (Wein?): 200	

---

35 Vgl. oben S. 99.

36 Daß es sich hier um Wein handelt, ist nicht dem Text selbst zu entnehmen, sondern nur erschlossen.

37 Der Papyrus hat: κο(τύλαι) δ κδ. Zwölf Kotylai ergeben einen Chus.

38 κο(τύλαι) β ιβ.

39 οἴνου κο(τύλαι) β (δρ.) κδ.

40 χαλκοῦ πρὸς ἀργύριον δραχμαί.

41 Gemeint sind χαλκοῦ ἰσονόμου δραχμαί.

42 T. Reekmans, Chr. d'Ég. 27, 1952, 404.

138	P. dem. Amiens 2[43]	ḏnf = Metretes?	ḥḏ 30 (Strafpreis)
134	UPZ II 211, οἴνου παλαιοῦ	Keramion	1.300
Mitte 2. Jh.	P. Tebt. III 2, 876, 41	Keramion	1.500
167 od. 114	P. L. Bat. XVII 4, 13-15 (= SB X 10283)	Keramion	3.000 (Strafpreis)

130/27–30

um 114	P. Tebt. III 2, 894 fr. 6, 1	Keramion	3.000
	fr. 7, 2; fr. 10, 3	Keramion	3.400
	fr. 2, 6	Keramion	4.000
114	P. Tebt. I 234 descr.	Keramion	2.800
114 od.78	PSI Congr. XVII 22, 2	Hemikadion: 1.000	
ca. 113	P. Tebt. I 213 descr.	Chus: [960][44]	
112/1 od. 76/5	P. Tebt. I 177 descr.	Keramion	2.400
			2.300
100?	P. Tebt. I 131 descr. (= SB XVI 12675, 4)	[Keramion]	2.300
Spätes 2./frühes 1. Jh.	P. Tebt. II 493	Keramion	2.100
2./1. Jh.	O. Straßb. 594, 1	Keramion	1.900
	Z. 2. 5. 6	Keramion	2.000
	Z. 3	Keramion	2.400
Ende 2. Jh.	P. Tebt. I 118, 2. 9	(ἑξά)χ(ου) α	2.000
	Z. 16	Keramion	2.000
Ende 2. Jh.	P. Tebt. I 179 descr.	Chus: 800	
Spätes 2. Jh.	P. Tebt. I 224 descr. col. ii	Keramion	2.000
	col. iii	Chus: 350	
Spätes 2./frühes 1. Jh.	P. Tebt. I 188 descr.	Keramion	3.000
1. Jh.	P. Oxy. IV 784 descr.	Keramion	3.000
99	P. Tebt. I 117, 22	[Kotyle?]: 80[45]	
97 od. 64	P. Tebt. I 120, 39	Keramion	1.280
	Z. 61	Keramion	8
	Z. 62	Keramion (εὐώδη)	2.600
	Z. 107 f.	Keramion	1.980 = 4
96 od. 63	P. Tebt. I 122, 2	Keramion	3.000
96 od. 63	P. Tebt. I 253 descr.	Keramion	4.000
Frühes 1. Jh.	P. Tebt. I 200 descr.	Keramion	1.400
Frühes 1. Jh.	P. Tebt. I 190 descr.	Chus: 600	

43 ed. D. Devauchelle, Enchoria 14, 1986, 61-65; vgl. oben S. 44.
44 οἴνου κο(τύλης) α π.
45 οἴνου εἰς φάρμα(κον) δ′ κ.

94 oder 61	P. Tebt. I 121 intr.	Keramion	1.500
	Z. 72	3 Choes: 800	

G) Preise für Öl

1 Chus = 12 Kotylai; 1 Metretes = 12 Choes; vgl. aber unten Anm. 54 und D. B. Sandy, The Production and Use of Vegetable Oils in Ptolemaic Egypt (= BASP Suppl. 6), Atlanta 1989, S. 10.

Kiki[46]

259	P. Rev. Laws col. 40, 12 f.	Kotyle:	2 Ob.[47]
257/6	P. Col. III 21, 4	[Chus]	4
254/50	P. Col. III 37, 26-29	Kotyle	2 Ob.
um 200	P. Tebt. III 2, 885, 22	Kotyle	28
Philometor?	P. Tebt. III 2, 891, 15	Kotyle	50
	Z. 14	Kotyle	60

Safloröl (κνήκινον)[48]

259	P. Rev. Laws col. 40, 11	Metretes[49]	48
frühes 2. Jh.	P. Tebt. III 2, 997, 8	Metretes	2.160
	Z. 11	Metretes	2.500
96 od. 63	P. Tebt. I 122, 11	[Kotyle]	160

Elaion

Elaion ohne nähere Spezifikation kann verschiedene Öle bezeichnen, anscheinend jedoch nicht Kiki. Da Ölivenöl im ptolemäischen Ägypten weniger verbreitet war, wird mit ἔλαιον häufig Sesamöl gemeint sein.[50]

259	P. Rev. Laws col. 40, 11 (Sesamöl)	Metretes[51]	46

---

46 Zu Kiki, Öl von Ricinus communis L., s. D. B. Sandy, The Production and Use of Vegetable Oils in Ptolemaic Egypt (= BASP Suppl. 6), Atlanta 1989, S. 35-54.

47 Dieser Preis ist nachgetragen, nachdem zuvor ein Preis von 30 Dr. pro Metretes (zu 12 Choes) gestrichen worden war.

48 Zu Safloröl (Öl von Carthamus tinctorius L.) D. B. Sandy, The Production and Use of Vegetable Oils in Ptolemaic Egypt (= BASP Suppl. 6), Atlanta 1989, S. 83-87.

49 Metretes zu 12 Choes.

50 Vgl. D. B. Sandy, The Production and Use of Vegetable Oils in Ptolemaic Egypt (= BASP Suppl. 6), Atlanta 1989, S.18-24, ebenso die Herausgeber zu P. Tebt. I 116, 40.

51 Metretes zu 12 Choes.

259	P. Cair. Zen. I 59012[52] (ausländ. ἔλαιον λευκόν)	Hemikadion	30
ca. 259/8	P. Cair. Zen. I 59015 r[53] Rand (ausländ. Olivenöl)	Metretes[54]	52[55]
3. Jh.	P. Petr. III 47 b 4 (ἔλαιον Cύριον)	[Chus?]	5
1. H. 3. Jh.	P. Hamb. II 192, 20-22	Chus	18[56]
	ca. 210–130/27		
um 200	P. Tebt. III 2, 885, 35. 59	[Kotyle]	50, 40
ca. 180	SB XVI 12375, 46. 127	[Kotyle]	50
frühes 2. Jh.	P. Tebt. III 2, 887 Αἰγ(ύπτιον)	Kotyle	60
	ξε(νικόν)	Kotyle	80
	130/27–30		
114/3	P. Tebt. I 212 descr.	Kotyle	120[57]
spätes 2. Jh.	P. Tebt. I 116, 40	[Kotyle]	240
100?	P. Tebt. I 131 descr. (= SB XVI 12675, 9)	[Kotyle]	200
97 od. 64	P. Tebt. I 120, 100	Kotyle	240
	Z. 74	Kotyle	190
96 od. 63	P. Tebt. I 122, 4	Kotyle	200
	Z. 5	Kotyle	240
94 od. 61	P. Tebt. I 121, 74	Kotyle	120
1. Jh.	P. Tebt. I 189 descr.	Kotyle	120
1. Jh.	P. Oxy. IV 784 descr.	Kotyle	180

h) Löhne (pro Arbeitstag)

Aus den folgenden Belegen geht nicht immer eindeutig hervor, daß es sich um Lohn für einen ganzen Arbeitstag handelt; es muß also nicht überall ein voller Tageslohn vorliegen.

[52] = SB III 6779.

[53] = SB III 6781; ein Teil des Papyrus ist in P. Cair. Zen. III S. 289 nachträglich publiziert worden.

[54] Metretes zu 16 Choes? (Zur unterschiedlichen Größe des attischen und des ägyptischen Chus P. Lugd. Bat. XXI B, S. 551)

[55] Der Preis beträgt beim zwangsweisen Ankauf durch den König 46 Dr., beim Weiterverkauf 52 Dr. (vgl. auch U. Wilcken, Arch. f. Pap. 7, 1924, 293 f.).

[56] Z. 16-22: ἔπεμψά σοι τὸ ἔλαιον ἄξιόν σου. εἰδέναι δέ cε θέλω, ὅτι πρόcτειμόν ἐ̣cτιν καὶ μόλιc ἔλαβον τὸν χοῦν πρὸc δρ[α]χ̣μὰc δεχοκτώ.

[57] Daneben für den Chus anscheinend 830 Dr.

In den Fällen, wo aus der Formulierung nicht zu erkennen ist, daß es sich tatsächlich um Lohn für einen Tag Arbeit handelt, ist die Geldangabe kursiv gesetzt.[58]

ca. 270	P. Hib. I 110 intr.	ϲώματα	1-2,5 Ob.
257/6	PSI IV 332, 24	ἀπότριψιϲ ϲκόρδων	0,5 Ob.
	Z. 10 u. passim	ἐργάτηϲ	1 Ob.
	Z. 21 f.	Eseltreiber mit Esel	2 Ob.
257/6	PSI IX 1010 B 336, 5	Landarbeiter	0,5 Ob.
256	P. Lond. VII 1957, 6	ἐργάτηϲ[59]	*1 Ob.*
255	P. Cair. Zen. II 59176, 89. 119-21	παιδάριον	0,5 Ob.
	Z. 217 f.	λατόμοϲ	0,5 Ob.[60]
	Z. 126-28	ἀχυρηγεῖν	0,75 Ob.
	Z. 314 f.	πλινθηγεῖν	1 Ob.
254	P. Wisc. II 77, 16 = 33 (= SB III 6797)	παιδάριον[61]	0,5 Ob.
	Z. 4 = 21	ϲῶμα[62]	0,75 Ob.
	Z. 9 = 26	τὸ ϲήϲαμον τίλλοντεϲ	0,75 Ob.
	Z. 6 = 23	ϲῶμα	1 Ob.
250	P. Lond. VII 2000, 19	ἐργάται	1 Ob.
	Z. 24		0,75 Ob.
Mitte 3. Jh.	P. Cair. Zen. III 59517, 4	Holzsammler[63]	0,75 Ob.
Mitte 3. Jh.	P. Cair. Zen. IV 59701, 2	- - -	1,5 Ob.
Mitte 3. Jh.	PSI VI 672, 5	Erdarbeiter, πλινθοφόροϲ	*1,5 Ob.*
	Z. 4	Erdarbeiter	*2 Ob.*
	Z. 7	- - -	*2 Ob.*
Mitte 3. Jh.	P. Cair. Zen. IV 59788, 2	Dammarbeiten	2 Ob.
	Z. 16 ff.	Arbeiter	1 Ob.
3. Jh.	P. Lille I 25, 35	ϲῶμα	2 Ob.
	ca. 210–183		
2. Jh.[64]	BGU VI 1290, 21. 23	παιδάριον	6 Dr.
	Z. 16. 25	παιδάριον	7,5
	Z. 3. 18	παιδάριον	10

[58] Für weitere Beispiele aus dem 3. Jahrhunderts s. W. Clarysse - E. Lanciers, Currency and the Dating of Demotic and Greek Papyri from the Ptolemaic Period, Anc. Soc. 20, 1989, 130.

[59] εἰϲ ὁμαλιϲμὸν τοῦ ἀμπελῶνοϲ.

[60] Das ὀψώνιον für einen Monat beträgt 2,5 Dr.; durch 30 dividiert ergibt das einen Tageslohn von 0,5 Ob.

[61] Z. 32 f. παιδάρια τὰ προκαθαίροντα καὶ ἐμπυρίζοντα τὴν πικρίδα.

[62] Z. 18 f. προκαθαίρονταϲ κ[αὶ ἐμπυρί]ζονταϲ τὴν πικρίδα.

[63] ϲυναγωγὴ φρυγάνων καὶ ἐνπυριϲμόϲ.

[64] Reekmans, Studia Hell. 7, 1951, S. 70

	Z. 14 f. 20	Erdarbeiten	15
	Z. 2. 8	πηλοποιός	20
	Z. 10. 19	κυλίειν λίθους	20
um 200	P. Tebt. III 2, 885, 29	παιδάριον	10
210/05 od. 193/83[65]	BGU VII 1512, 10 f.	ἐργάτης	10[66]
—"—	BGU VII 1518, 12-14	παιδάριον	*10?*
—"—	BGU VII 1507, 13	Drescher	15
—"—	BGU VII 1538, 3-4	σκαφεύς	15?
210[67]	O. Mich. 1, 7	Erdarbeiten	20[68]
Spätes 3. Jh.?	P. Tebt. III 2, 1080, 9	Landarbeiter	*20*
	183–168		
ca. 182	P. Tebt. III 2, 886, 140	γρ(αμματεύς)	*15*
	Z. 22. 40	ἐργ]άτης, σῶ(μα)	20
	Z. 62	ξυλαμητής	20
	Z. 99	ἀροτήρ	20
181/0?	P. Mich. III 200 verso iii 10	παῖ(ς)	10
	ii 4-5	ἐργά(της)	10
	i 2-6. 12 f.	ἀμπελουργός	25
	i 9-12	ἀμπελουργός	30
nach 183[69]	O. Meyer 61, 10	νωτοφόρος	*40*
	Z. 11	κλειδοποιός	*20*
	168–130/27		
153 od. 143[70]	BGU VI 1258 A 5 f.	ἐργά⟨ζε⟩σθαι κηλωνείωι	[.]7,5
Frühes 2. Jh.[71]	P. Tebt. III 2, 887, 2	μάχιμος	*40*
158	UPZ I 99, 5	ὑποκαύστης	*45*

---

[65] Reekmans, Studia Hell. 7, 1951, S. 69, Anm. 2

[66] Neben 473 Arbeitstagen von ἐργάται enthält die Gesamtsumme von 4976 Dr. auch noch 12 Arbeitstage eines παιδάριον. Der Arbeitslohn für das παιδάριον läßt sich aber nicht mehr mit Sicherheit ermitteln, da in der Aufstellung mehrere Rechenfehler enthalten sind.

[67] Zum Datum: H. I. Bell, Journ. Eg. Arch. 24, 1938, 137; T. Reekmans, Chr. d'Ég. 27, 1952, 409 f. Zum Ostrakon ferner W. Clarysse, Chr. d'Ég. 51, 1976, 163 f.

[68] Die ἐργάται κγ verstehen sich als 23 Arbeitstage einer unbestimmten Zahl von Arbeitern, wofür 460 Dr. gezahlt werden (zur Ausdrucksweise vgl. z. B. BGU VII 1512, 5. 10). Es ist also nicht nötig, den Text von ἐργατῶν κγ zu ἐργατῶν γ zu ändern, wie T. Reekmans, Studia Hell. 5, 1948, 21, 2 vorgeschlagen hat.

[69] Vom Herausgeber in das 3. Jh. datiert, von T. Reekmans, Chr. d'Ég. 43, 1968, 164, auf Grund des Ziegelpreises (Z. 3) in die Zeit von 183-173 gesetzt.

[70] Reekmans, Studia Hell. 7, 1951, 85.

[71] Reekmans, Studia Hell. 7, 1951, S. 86.

2. Jh.[72]	P. Tebt. III 2, 893, 6	λωτοσπορεύς	*70?*
	130/27–30		
113/11	P. Tebt. I 145 descr.	ἐργάτης	*80*
2. Jh.[73]	O. Ashm. 13, 1-3	παῖ(ς)	90
	Z. 4	παῖ(ς)	110
108	P. Tebt. I 224 descr. verso	- - -	100?
100?	P. Tebt. I 131 descr. (= SB XVI 12675, 23)	- - -	400
Ptolem.[74]	O. Wilcken 1207, 2	- - -	100
95/4 od. 62/1	P. Tebt. I 252 descr.	ἐργάτης	120
94 od. 61	P. Tebt. I 121 intr.	ἐργάτης	*50*
93 od. 60	P. Tebt. I 108 intr.	ἐπαρδευτής	60

i) Stücklohn: Naubion

Die Einheit für Erdbewegung ist das Naubion bzw. Aoilion, welches mit dem Naubion identisch ist. Zur Größe s. P. L. Bat. XX Suppl. A, S. 261 f.

259/8	P. L. Bat. XX Suppl. A (= P. Lille 1)	Naubion	3,5-4 Ch.[75]
258/7	P. Petrie III 37 (a) ii 9	Naubion	ca. 3,5 Ch.[76]
3. Jh.	P. Petrie III 37 (b) i 9	Naubion	ca. 3,5 Ch.[77]
256	P. Cair. Zen. I 59137, 8	Aoilion	ca. 4 Ch.[78]
254	P. Wisc. II 77, 38 (= SB III 6797)	Aoilion	ca. 3,5 Ch.[79]
Mitte 3. Jh.	PSI IV 423, 22 Anm.	Aoilion	0,5 Ob.
207/6 od. 190/89[80]	BGU VII 1503, 7	Naubion	7,5 Dr.
um 182	P. Tebt. III 2, 886, 18	Naubion	10 Dr.

---

[72] Reekmans, Studia Hell. 7, 1951, S. 86, 1.

[73] Reekmans, Studia Hell. 7, 1951, S. 96.

[74] Reekmans, Studia Hell. 7, 1951, S. 96.

[75] In Z. 11 und 25 werden 50 Naubia pro Stater gerechnet, 60 Naubia in Z. 44 und 70 Naubia in Z. 15.

[76] 60 Naubia pro Stater.

[77] 60 Naubia pro Stater.

[78] 50 Naubia pro Stater.

[79] 60 Naubia pro Stater.

[80] Reekmans, Studia Hell. 7, 1951, 69, Anm. 2.

Preise für den Stater[1]

Ende 3. Jh.[2] UPZ I 149, 32 ἀργυρ⟨ί⟩ου στατῆραν (γίν.) ις (πεντώβ.) (ἡμιωβ.).	**1.015**[3]
198 P. dem. Berlin 13593	**1.200?**[4]
175/4 P. Loeb 62 + P. dem Berlin 15558[5]	**2.450?**
1. Nov. 171 P. Tor. Amenothes 1: qd 2 = ḥḏ 25	**2.500**[6]
2. Jhdt.[7] P. Petr. II 39 (d), 7-8 = III 118 ἀργυ(ρίου) (δρ.) η̣ (oder κ̣) ἀν(ὰ) Βφ.	**2.500**
2. Jhdt.[8] P. Tebt. III 2, 1087, 16-17 χα(λκοῦ) τά(λ.) β Αυν, αἳ ἀ̣ργυ(ρίου) κβ.	**2.438**

---

[1] Aus UPZ I 125, 22-23 (Darlehensvertrag; 89 v. Chr.), τοὺϲ τόκουϲ ὡϲ τοῦ ϲτατῆ-ρ[ο]ϲ χαλκοῦ δραχμῶν ἑξήκοντα κατὰ μ[ῆ]να, hat T. Reekmans, Studia Hell. 7, 1951, 103, herausgelesen, daß die Tetradrachme zu 3.000 Dr. gerechnet wird. Dieses Verhältnis ergibt sich, wenn man annimmt, daß auch hier die in ptolemäischer Zeit üblichen Zinsen von 2 Dr. pro Mine und Monat zugrundeliegen. Die so gewonnene Ratio ist deutlich höher als die in dieser Zeit übliche. Der Papyrus bietet aber wohl nicht ein Beispiel für einen hohen Staterpreis, sondern eher eines für besonders hohe Zinsen. Das Darlehen ist zinslos und die genannten Zinsen werden nur bei nicht rechtzeitiger Rückzahlung fällig, sind also Strafzinsen.

Verlesen ist wahrscheinlich P. Iand. VIII 146 xi 5 (2. Jhdt.) εἰϲ λουτρα (sic) κιθῶνοϲ (δρ.) ἀργυ(ρίου) η̣γ̣ Γ̣σ̣ι (λουτρα = λύτρα, "Auslösegeld"). γ als Bezeichnung eines Drittels einer Drachme wäre ungewöhnlich, und so ist vielleicht eher (δρ.) ἀργυ(ρίου) η̣ (δρ.) Γ̣σ̣ι zu lesen. In diesem Fall ergäben sich 1.605 Dr. pro Stater. T. Reekmans, Studia Hell. 7, 1951, 83 vermutete (δρ.) ἀργυ(ρίου) κ̣ (δρ.) Γ̣σ̣ι.

In P. Tebt. III 2, 891, 5 (2. Jhdt.) werden für 8 verpfändete Silberdrachmen 2000 Bronzedrachmen hingegeben, so daß auf einen Stater nur 1000 Bronzedrachmen kommen. Diese Summe stellt jedoch keinen echten Preis für einen Stater dar, sondern repräsentiert, wie bei Pfändern üblich, nur einen Teil des Pfandwertes (vgl. T. Reekmans, Studia Hell. 7, 1951, 92; R. Bogaert. P. Cairo Zen. III 59327 et le taux des intérêts bancaires à Alexandrie en 250/249 avant J.-C., in: S. Janeras [Hrsg.], Miscel·lània Papirologica Ramon Roca-Puig, Barcelona 1987, S. 87).

[2] Zur Datierung s. F. Heichelheim, Wirtschaftl. Schwankungen, S. 22; T. Reekmans, Studia Hell. 7, 1951, 63, n. 1.

Vielleicht ist in P. Köln VI 269, 6-7 (Juni 214 oder 213) die Ratio 1 Silberdrachme = 300 (bzw. 334) Rechendrachmen überliefert (s. oben S. 72 f.).

[3] 16 x 60 Rechendrachmen + 55 Rechendrachmen = 1.015 Rechendrachmen.

[4] Vgl. oben S. 36 f.

[5] Siehe oben S. 49, Anm. 39.

[6] Siehe oben S. 43 f.

[7] Epiphanes oder Philometor (P. Tebt. I p. 586); Vgl. oben S. 30.

[8] 2. Viertel des 2. Jhdts? Vgl. oben S. 30.

2. Jhdt.[9] O. Tait I 314, p. 52 ἀργυ(ρίου) cτατῆραc ιζ ἀνὰ	
Bσ (γίν.) (τάλ.) ς Aυ.	**2.200**
161/60 UPZ I 88, 13 (γίν.) (δρ.) Δρ, ἀργυρίου (δρ.) η.	**2.050**
159 UPZ I 93, 2-3 ἀπέcτηκα (δρ.) η ἀργυρίου (δρ.) Δσξ.	**2.130**
2. Jhdt. O. Wilcken 1480, 5 cτατῆρ(εc) β Γχμ[.	**1.820**
2. Jhdt. O. Wilcken 1496, 5 `τιμὴν ἀργυρίου (δρ.) μ´ (τάλ.) τρία	**1.800**
2. Jhdt.[10] P. Tebt. III 2, 890	
Z. 29 cτα(τήρων) ι ἀν(ὰ) Aχ, τά(λ.) β [Δ].	**1.600**
Z. 12 cτα(τῆραc) κε ἀν(ὰ) Aχ, τά(λ.) ς Δ.	**1.600**
Z. 14 cτα(τήρων) γ Δφλ, δ ἀν(ὰ) Aφπ Cτκ, (γίν.)	
τά(λ.) α [Δων].[11]	**1.510, 1.580**
Z. 85-87 [cτα(τήρων)] λβ ἀν(ὰ) Aχ τά(λ.) η Γσ,	
καὶ ἄλλ[ων cτα(τήρων) γ ἀ]ν(ὰ) Aφ Δφ, καὶ	
στα(τήρων) β Γ.	**1.600, 1.500**
Z. 166 cτ]α̣(τήρων) γ ἀν(ὰ) Aφπ Δ[ψμ].	**1.580**
Z. 229 ἀπὸ Δχπ τι(μῆc) cτα(τήρων) γ.	**1.560**
115/4 P. Tebt. I 113, 13-14 ἀργυ(ρίου) (δρ.) η Γφ.	**1.750**
ca. 112 P. Tebt. I 256 descr.: 12 Silberdrachmen	
entsprechen 4920 Bronzedr.	**1.640**
ca. 112 P. Tebt. I 185 ἀπὸ ἀργυ(ρίου) (δραχμῶν)	
λς ιβ ἐν χαλκοῦ ἀν(ὰ) Aφ Δφ.	**1.500**
112 P. Tebt. I 112,	
Z. 110-11 ἀπὸ ἀργυ(ρίου) (δραχμῶν) κ ἀργυ(ρίου)	
(δρ.) ιβ καὶ εἰc τι(μὴν) ἄλλω(ν) [η] Γ̣ω.	**1.900**
Z. 122 τι(μῆc) ἀργυ(ρίου) (δραχμῶν) δ Aϡν.	**1.950**
111 P. Tebt. I 35, 5 (vgl. auch Z. 17) ἀργυ(ρίου)	
(δραχμῶν) μ, ἐν χα(λκῶι) (ταλάντων) γ B.	**2.000**
spätes 2. Jhdt. P. Tebt. I 179 descr. ἀργυ(ρίου) κ	
(τάλ.) α Γ ϡ.	**1.980**
2. oder 1. Jhdt. O. Tait I 330, 1-2 εἰc πρᾶcειν ιζ ἀνὰ Aϡκ.	**1.920**
spätes 2. Jhdt. P. Tebt. I 116, 4 τι(μῆc) ἀργυ(ρίου)	
(δρ.) δ Aωμ (ebenso Z. 50).	**1.840**

[9] Vgl. oben S. 30.

[10] Zur Datierung vgl. oben S. 105.

[11] In der Edition steht allerdings ἀν(ὰ) Aφπ α τκ statt ἀν(ὰ) Aφπ Cτκ. Hier scheint ein Druckfehler vorzuliegen; die Ergänzung der Summe ist durch den Fortgang der Rechnung Z. 15 gesichert. Drei Tetradrachmen haben einen Wert von zusammen 4.530 Dr. (à 1.510 Dr.), vier Tetradrachmen von 6.320 Dr. (à 1.580 Dr.), was in der Summe 10.850 Dr. oder 1 Talent und 4.850 Dr. ergibt.

spätes 2. Jhdt. P. Tebt. I 184 descr.: 12 Silberdr. = 5400 Bronzedr.	**1.800**
114 oder 78 PSI Congr. XVII 22	
Z. 20 εἰϲ τιμὴν ἀργυ(ρίου) (δρ.) μ (τάλ.) β̣ Γχ	**1.560**
Z. 21 στατῆ(ραϲ) γ Δχπ	**1.560**
frühes 1. Jhdt. P. Tebt. I 139 descr.: 40 Silberdr. = 2. Tal. 4500 Bronzedr.	**1.650**
frühes 1. Jhdt. P. Tebt. I 191 descr.: 1 Stater = 1850 Bronzedr.	**1.850**
frühes 1. Jhdt. P. Tebt. I 123, 2-3 (δρ.) δ χα(λκοῦ) Αϡν.	**1.950**
frühes 1. Jhdt. P. Oxy. IV 788 descr. (δρ.) δ Αϡμ.	**1.940**
1. Jhdt. PSI I 64, 8-9 ἀργυρίου λόγον δραχμὰϲ τριάκοντα̣ ἓξ ἐν χα̣[λκοῦ ταλάντοι]ϲ τριϲί.	**2.000**
1. Jhdt. BGU XIV 2428, 17 (δρ.) δ 'Αϡ	**1.900**
97 oder 64 P. Tebt. I 120, Einl. ἀργύ(ριον) ἀνὰ Αω.	**1.800**
Z. 107-8 (δρ.) δ ἀνὰ Αϡπ.	**1.980**
Z. 39 f. (τάλ.) γ Βυπ εἰϲ ἀργύ(ριον) ἀνὰ Αϡν (δρ.) μ καὶ χα(λκοῦ) ϡπ (vgl. auch das Folgende bis Z. 53).	**1.950**
97 oder 64 P. Tebt. I 175 descr.:	
3800 Bronzedr. für 8 Silberdr.	**1.900**
8 Silberdr. = 3700 Bronzedr.	**1.850**
96 oder 63 P. Tebt. I 253 descr. (γίν.) Δχξ καὶ ἐφοδί(ου) ἀργυ(ρίου) (δρ.) ϛ, (γίν.) (τάλ.) α Ατξ.	**1.800**
94 oder 61 P. Tebt. I 189 descr.	
ἀργυ(ρίου) (δρ.) κδ ἀνὰ Αχν.	**1.650**
ἀργυ(ρίου) (δρ.) η Γσ.	**1.600**
ἀργυ(ρίου) (δρ.) ιβ ἀνὰ Αχμ χα(λκοῦ) Δϡκ.	**1.640**
94 oder 61 P. Tebt. I 121	
Einl. ἀργυ(ρίου) κδ ἀνὰ Αχν (τάλ.) α Γϡ.	**1.650**
Z. 5 f. ἀργυ(ρίου) (δρ.) σξ ἀνὰ Αχ (τάλ.) ιζ Β.	**1.600**
Z. 39 f. ἀργυ(ρίου) (δρ.) ϛ Βυ.	**1.600**
Z. 55 (δρ.) η Γσ.	**1.600**
Z. 64 ἀργυ(ρίου) (δρ.) η Γσ.	**1.600**
Z. 69 ἀργυ(ρίου) (δρ.) δ Αχ.	**1.600**
Z. 81 ἀργυ(ρίου) (δρ.) η Γσ.	**1.600**
Z. 139 ἀργυ(ρίου) (δρ.) δ Αχ.	**1.600**

80/79 BGU VI 1292, 36 (δρ.) η Ạω̣.[12]	**1.800**
Z. 37 ἀργυ(ρίου) (δρ.) κδ ἀν(ὰ) Αϡ, (γίν.) (τάλ.) α̣ Ευ.	**1.900**
Z. 47 ἀργ(υρίου) (δρ.) κδ (τάλ.) α Εφκ.	**1.920**
Z. 52 ἀργ(υρίου) (δρ.) μ ἀν(ὰ) Αϡ (τάλ.) γ Αφ.	**1.900**
Z. 58 (δρ.) δ Αϡν.	**1.950**
Z. 76 ἀργ(υρίου) (δρ.) η Ạϡξ[13]	**1.960**
Z. 79 ἀργ(υρίου) (δρ.) τ̣ ἀν(ὰ) Β.	**2.000**
76? P. Tebt. I 209 descr.	
ἀργυ(ρίου) (δρ.) ις (τάλ.) α (δρ.) ϡκ.	**1.730**
4 Silberdr. = 1800 Bronzedr.	**1.800**
20 Silberdr. = 9160 Bronzedr.	**1.832**
68 oder 39? P. Freib. IV 53, 19-20 ἀργυ(ρίου) κη ἀνὰ	
Αω (τάλ.) β χ	**1.800**
spätptol. BGU VI 1235, 4 f. χα(λκοῦ) ῥυπαροῦ (τάλ.)	
δέκα δύο κ̣α̣ι̣ .. (δρ.) ρξ, (γίν.) τά(λ.) ιβ (δρ.) ρξ.	**1.800**
52/1 BGU VIII 1827, 22 ὡς τοῦ (δρ.) δ χα(λκοῦ) (δρ.) Ạφν̣	**1.550**
1. Jhdt. BGU VIII 1885, 7] (δρ.) γ χα(λκοῦ) (δρ.) Αε̣.	**1.340**
1. Jhdt. P. Oxy. IV 784 descr. τιμῆ(ϲ) ἀργυ(ρίου) (δρ.) η	
ὑπ(ὲρ) τοῦ πατρὸϲ Βψ.	**1.350**

---

[12] Gemeint ist ⟨ἀνὰ⟩ Ạω̣, wie man aus Z. 37 und 52 erkennt.

[13] Ạϡξ muß den Preis einer Tetradrachme bezeichnen, gemeint ist also ⟨ἀνὰ⟩ Ạϡξ.

Strafgelder bei Vertragsbruch[1]

a) Strafgelder in Pachtverträgen und Ähnlichem[2]

(bei Verweigerung der Bebaiosis durch den Verpächter)

247	100 Philadelphia	P. Cair. Zen III 59340, 10 (144 Ziegen)
244/3	]κοςίας Oxy.	P. Straßb. II 92, 23[3]
244/3 oder 219/8	100 Herkunft unbekannt	P. Hib. I 91, 7 (Land, Größe unbek.)
3. Jhdt.	500 Oxy.?	BGU VI 1267, 20 (Land, Gr. unbek.)
3. Jhdt. (14. J.)	500 Herkunft unbekannt	P. Petrie III 74 a 15[4] (Kleros, Größe unbekannt)
222	500 Oxy.	P. Hib. I 90, 19 (Land, Gr. unbek.)
221-204	500 Oxy.?	BGU X 1964, 8 (= P. Hamb. II 190 und SB V 7569)[5] (Haus)
221-204	3[00] Tholthis?	BGU X 1949, 7 (Land, Gr. unbek.)
218	500 Tholthis	SB XII 11061, 20 (= P. Hamb. II 188) (30 Aruren?)
215/4	... κοςίας Tholthis	BGU XIV 2383, 15 (5 Aruren)
215/4	1.000[6] Tholthis	P. Frankf. 2, 33. 79 (+ BGU VI 1263; 1264, 29 (22 Aruren)
215/4	1.000 Tholthis	BGU XIV 2384, 17 (Land, Gr. unbek.)[7]
214/3	1.000 Tholthis	P. Frankf. 1, 44. 99 (30 Aruren)
3. Jhdt.	]χιλίας Herk. unbek.	BGU VI 1280, 19f.[8]
203/2	**4.000** (Silber) Oxy.	BGU VI 1266, 38 + XIV 2386, 2 (Land, Größe unbekannt)[9]

---

[1] Vgl. oben S. 24 ff. und 31 ff.

[2] Vgl. D. Hennig, Untersuchungen zur Bodenpacht im ptolemäisch-römischen Ägypten, Diss. München 1967, S. 73 ff.

[3] Darlehen mit Wohnungsantichrese über einen Teil eines ςταθμός mit ἐπίτιμον bei Verweigerung der Bebaiosis der Misthosis.

[4] Vgl. Berichtigungsl. I, S. 384; Epichoresis.

[5] Darlehen über 500 Dr. mit Wohnungsantichrese und ἐπίτιμον bei Verweigerung der Bebaiosis der Misthosis gegenüber dem Gläubiger (vgl. H. J. Wolff, ZRG Rom. Abt. 73, 1956, 397).

[6] In der Innenschrift von BGU VI 1264 steht πεντακ[οςίας statt χιλίας (vgl. F. Bilabel, Aeg. 5, 1924, 167).

[7] Vielleicht dasselbe Rechtsgeschäft wie P. Frankf. 2, BGU VI 1263 und 1264.

[8] Darlehen mit Wohnungsantichrese, ἐπίτιμον bei Verweigerung der Bebaiosis der μίςθωςις durch den Schuldner.

[9] Zu diesem Papyrus s. oben S. 32.

172	— [10] (ἴcον) Herakleopolites	BGU XIV 2389, 36 (10 Aruren)
171	**12.000** Oxyrhyncha (χαλκοῦ)	P. Tebt. III 1, 819, 11. 38 (5 Aruren)
160/59	30.000 Herakleop.	BGU XIV 2390, 27 (Land, Gr. unbek.)
103	180.000 Kerkeosiris	P. Tebt. I 105, 35 (25 Aruren?)
51	120.000 Tebt.	PSI X 1098, 20 (3 Aruren)

Strafgelder bei Landpacht
(bei Übertretung des Pächters)

170	**12.000** (Silber) Philadelpheia	P. Ryl. IV 583, 19. 68 (6 Aruren Weingarten)
103	60.000 Kerkeosiris	P. Tebt. I 105, 45[11] (25 Aruren?)
1.Jh.v./1.Jh.n.Chr.	500 (Silber) (ἴcον) Herkunft unbekannt	P. Erl. 69, 8 f. (Land, Größe unbekannt)

b) Strafgelder in Zessionsverträgen[12]

201	**2.000** (Bronze) Samaria	P. Tebt. III 1, 820, 12. 32 (cταθμόc)
110	60.000 (100) Pathyrites	PSI IX 1019, 13 Zession von ἡμέραι ἁγνευτικαί
109	60.000 (200) Pathyrites	P. Grenf. I 27 iii 4 = M. Chr. 156 (eine halbe Arure)
103	60.000 (200) Pathyris	P. Grenf. II 25, 22 f. (1 3/4 Aruren)
103	60.000 (200) Pathyris	P. Grenf. II 28, 19 f. (Weingarten)
100	30.000 (100) Pathyris	P. Grenf. II 33, 13 f. (ἱερὰ γῆ)
1. Jhdt.	500 ([ἴcον]) Oxy.?	P. Erl. 59, 11[13] (Größe unbek.)
1. Jhdt.	500 (ἀργ. ἐπιcήμου) (ἴcαc) Herakleop.	BGU VIII 1733, 21 (4 Aruren)
1. Jhdt.	200[14] ([ἴcαc]) Herakleop.	BGU VIII 1732, 15 (Größe unbek.)
73	500 (ἴcον) Oxy.	P. Oxy. XLIX 3482, 15. 26 (28,5 Aruren)

---

[10] χα̣[λ]κοῦ νομίcματ[οc τάλαντα . . .] | εἴκοcι. Vielleicht τάλαντα ἑκατὸν] | εἴκοcι (s. S. 33). Zu ergänzen ist in Z. 35 ἀπο̣τ̣ειcάτω Πετεν[οῦπιc Διονυcίῳ] und nicht Πετεν[ούπει Διονύcιοc].

[11] τοῦ μὴ παραδοῦναι τὴν γῆν καθαρὰν ἐπίτιμον χαλκοῦ τάλαντα δέκα.

[12] Vgl. oben S. 24 ff. und S. 31 ff.

[13] Neued. ZPE 76, 1989, 116.

[14] [ἀργυρί]ου Πτολεμαϊκοῦ νο̣μί[c]ματοc.

68/7	30.000 oder 300.000?[15] ([ ]) Herakleop.	BGU VIII 1731, 17 (10 Aruren)
42	500 (ἴϲαϲ) Oxy.	P. Ryl. IV 582 fr. 2, 16 (Größe unbekannt)

c) Strafgelder in Kaufverträgen

221-204	300 Oxy.	BGU X 1973, 5 Grundstück (Größe unbekannt)
133	60.000 (100) Thebais	P. Lond. II 220 ii 17, p. 6 (Objekt unbekannt)
109	30.000 (100) Pathyris	P. L. Bat. XIX 7 A 15; B 15 (= SB I 5865; P. Gen. I 20) (Ackerland; Quittung)
101	48.000 (160) Pathyris	BGU III 998 ii 10 f. (Haus)

d) Strafgelder in Heiratsverträgen

311/10	1.000 Elephantine	P. Eleph. 1, 11f.
1. Jhdt.	180.000 ([ἴϲον]) Abusir el-melek	SB VI 8974 fr. 3, 37

e) Strafgelder in Testamenten

285/4	1.000 Elephantine	P. Eleph. 2, 12
123	[ ] (1.200? Silber) Pathyris	SB XVIII 13168, 21

f) Strafgelder in Quittungen über Rückzahlung eines Getreidedarlehens

111	30.000 Hermopolites	P. L. Bat. XXII 35, 23 (= P. Rein. I 11) 45 Art. Weizen
111/110	750.000 Hermupolis	P. L. Bat. XXII 28, 17 (= P. Rein. I 12) 250 Art. Weizen

---

[15] Wenn das ἐπίτιμον auch hier 500 echte Silberdrachmen betrug und eine Silberdrachme zu 600 Rechendrachmen gerechnet wurde, dann müßte das Strafgeld 500 x 600 = 300.000 Rechendrachmen betragen haben. Wenn wir 30.000 Rechendrachmen zugrundelegen, erhalten wir 500 Sechziger ("einfache" Silberdr.) oder 100 Dreihunderter ("echte" Silberdr.). Vgl. das Schwanken des ἐπίτιμον für den Pächter zwischen 100 Silberdr. (PSA 14, 26; 22 n. Chr.) und und 1.000 Silberdr. (BGU IV 1121, 30; 5 v. Chr.) in römischen Pachtverträgen.

110	60.000 (100[16]) Hermupolis	P. L. Bat. XXII 29, 18-20 (= P. Rein. I 13) 40 Art. Weizen
105 od. 104	120.000 ( ) Hermupolis	P. L. Bat. XXII 30, 15 (= P. Rein. I 25) 60 Art. Weizen
102	120.000 (ἴcον) Theadelphia	P. Würzb. 6, 27 12 Artaben Weizen
75	100 (ohne Fiskalmult) Kome Eikosipentar.	SB VI 9405, 23 13 Art. Gerste cὺν ἡμιολίαι

g) Strafgelder in Darlehensverträgen

spätes 3. Jhdt.	2.000?[17] Silber Herkunft unbekannt	P. Ryl. IV 584, 11. v 9 Darlehen
92 oder 59	60 (ἀργ. ἐπιcήμου δρ.) (ἴcον) Arsinoites	P. Tebt. I 110, 11-13 Getreidedarlehen (24,5 Artaben Weizen)
89	4 (ἀργ. ἐπιcήμου δρ.) Memphis	UPZ I 125, 25 (12 Silberdr.)

h) Strafgelder in anderen Vertragstypen

284/3	3.000 Elephantine	Konkubinatsvertrag[18] P. Eleph. 3, 5
284/3	10.000 Elephantine	Konkubinatsvertrag P. Eleph. 4, 6
215/4	1.000 Tholthis	Vertrag über Hingabe an Zahlungsstatt (in Form eines Kaufs) P. Grad. 10 a 19, b 3. 24 (= SB III 6283)
182?	1.000 Silber τοῦ παλαιοῦ Πτολεμαιικοῦ νομίζματοc Arsinoites	Vereinbarung über Zahlungen P. Mich. III 182, 49f.
2. Jhdt.	180.000? (200)[19] Herkunft unbek.	Division of Property? P. Lond. II 222, 25-27, p. 7
162	τιμὴ cὺν ἡμιολίᾳ und 20 Silber (Fiskalmult) Memphis	Quittung über 2 Metretai Sesamöl UPZ I 31, 12-14

---

[16] ἀργυρίου Πτολεμαϊκοῦ νομίcματοc.

[17] Da es sich um ἀργυρίου δραχμαί handelt, ist der Drachmenbetrag wohl als (διcχιλίαc) und nicht als (διcμυρίαc) zu lesen; vgl. zur Sigle P. Cair. Zen. I 59015 r.

[18] E. Grzybek, Die griechische Konkubine und ihre "Mitgift" (P. Eleph. 3 und 4), ZPE 76, 1989, 206-212.

[19] Siehe oben S. 31, Anm. 30.

153 od. 143[20]	12.000? Hermupolis?	Paramone-Vertrag BGU VI 1258 A 6
148/7	30.000? ( ) Syene	Vergleich BGU VI 1249, 11
135	[ ] und 1000 Silber Fiskalmult Gebelên	ϲυγχώρηϲιϲ: strittiges Grundstück: 35 Aruren P. Giss. I 36, 27
126	120.000 (400) Theben	Zurückziehung einer Klage; UPZ II 171, 25 = P. Tor. Choachiti 9 = P. Survey 26
124	120.000 (300) Pathyris	Deed of Renunciation P. Adler G 2, 16
119	180.000 (300) Theben	Vertrag über Arbeitsteilung P. Tor. Amen. 8, 36 = UPZ II 196; vgl. P. Tor. Amen. 7, 14
116	120.000 (300) Pathyris	Abtretung P. Lond. VII 2191, 51
114	90.000 (300) Pathyris	Verzicht auf eine Schenkung P. Straßb. II 83, 28
113	150.000 (500) Pathyris	Väterliche Grundbesitzteilung P. Straßb. II 85, 27
103	30.000 (100) Pathyris	Quittung über Rückzahlung eines Darlehens, P. Grenf. II 26, 20 f.
102	36.000 (120) Pathyris	Aufhebung eines Sicherungskaufes BGU VI 1260, 19 f.
102	30.000 (100) Pathyris	Rückzahlung eines Darlehens (2 Kupfertalente) P. Grenf. II 30, 24 f.
100	36.000 (120) Pathyris	Deed of Renunciation P. Adler G 14, 24
91	4 Silberdr. Fiskalmult Arsinoites	Bond of Surety P. Tebt. I 156 descr.
78	500 (ἀργυρίου ἐπιϲήμου δρ.) (ohne Fiskalmult) Arsinoites	Quittung über Rückzahlung einer Schuld P. Ryl. IV 588, 30
63/2	500 (ἴϲαϲ) Oxy.	Vereinbarung über Schulden P. Oxy. XIV 1644, 25

i) Strafgelder in demotischen Verträgen[21]

181	ḥḏ 200 = sttr 1.000 Memphis	Pestman, Recueil 1, 8 Teilung

---

[20] T. Reekmans, Studia Hell. 7, 1951, S. 85.
[21] Siehe oben S. 46.

176	ḥḏ 1.000 = sttr 5.000 Theben	Pestman, Recueil 9, 6 Erbteilung
175/4	ḥḏ 200 = sttr 1.000 Philadelphia	P. Loeb 62 + P. dem. Berlin 15558[22] Darlehen
145	ḥḏ 300 = krkr 1 Theben	P. Tor. Amenothes 2, 7 f. Anerkennung einer Verpflichtung
126	ḥḏ 3.000 = krkr 10 Theben	P. Tor. Amenothes 15, 24 f. Rückzahlung einer Schuld (krkr 4 ḥḏ 240)
118	ḥḏ 600 = krkr 2 Theben	P. Tor. Amenothes 10, 26 Landpacht
118	ḥḏ 3.000 = krkr 10 Theben	P. Tor. Amenothes 14, 23 Tausch (Esel)
118	krkr 2 Theben	P. Tor. Amenothes 17, 24 Landpacht
109	krkr 2 Memnoneia	P. L. Bat. XIX 1, 25 Landpacht
109	krkr 5[23] Memnoneia	P. L. Bat. XIX 2, 10 f. Teilung
109/8	ḥḏ sp-2 tbn 2 = ḥḏ sttr 10 Memphis	Pestman, Recueil 5, 19 Lieferkauf (14 Artaben Weizen)
103	ḥḏ 3.000 = krkr 10 Hermonthis	P. dem. Berlin 3104 Hauskauf
103	ḥḏ 3.000 = krkr 10 Theben	P. dem. Berlin 3105 Hauskauf
90	krkr 10 Gebelen	P. dem. Adler 22, 21 Aufhebung einer Hypothek

j) Epitimon in Bronze neben Fiskalmult in Silber[24]

	Verhältnis 1 : 900?	
2. Jhdt.	180.000? - 200[25]	P. Lond. II 222, 25-27, p. 7
	Verhältnis 1 : 600	
133	60.000 - 100	P. Lond. II 220 ii 17, p. 6
119	180.000 - 300	P. Tor. Amen. 8, 35 (= UPZ II 196), vgl. P. Tor. Amen. 7, 14

---

22 Siehe oben S. 46.
23 Sowohl an Montou, als auch an Djême und an den Pharao.
24 Siehe oben S. 24 ff.
25 Siehe oben S. 31, Anm. 30.

110	60.000 - 100	PSI IX 1019, 13
110	60.000 - 100	P. L. Bat. XXII 29, 18 (= P. Rein. I 13)
	Verhältnis 1 : 400	
124	120.000 - 300	P. Adler G 2, 16
116	120.000 - 300	P. Lond. VII 2191, 51
	Verhältnis 1 : 300	
126	120.000 - 400	UPZ II 171, 25 = P. Tor. Choachiti 9 = P. Survey 26
114	90.000 - 300	P. Straßb. II 83, 28
113	150.000 - 500	P. Straßb. II 85, 27
109	30.000 - 100	P. L. Bat. XIX 7 A 15. B 15 (= SB I 5865; P. Gen. I 20)
109	60.000 - 200	P. Grenf. I 27 iii 4 = M. Chr. 156
103	60.000 - 200	P. Grenf. II 25, 21-23
103	30.000 - 100	P. Grenf. II 26, 20 f.
103	60.000 - 200	P. Grenf. II 28, 19 f.
102	30.000 - 100	P. Grenf. II 30, 24 f.
102	36.000 - 120	BGU VI 1260, 19 f.
101	48.000 - 160	BGU III 998 ii 10 f.
100	36.000 - 120	P. Adler G 14, 24
100	30.000 - 100	P. Grenf. II 33, 13 f.

LANDPREISE[1]

A) PTOLEMÄISCHE ZEIT

b = χαλκοῦ πρὸϲ ἀργύριον δραχμαί
d = χαλκοῦ δραχμαί

			Pro Arure
139	P. Grenf. II 15 iii 5 Latopolites	1/6 von 10 Ar. γῆ νηϲιῶτιϲ 2 Tal. 3.000 (d)	9.000 (d)
123	P. Lond. III 879, p. 5 Pathyris	1/4 Ar. 4.000 (d)	16.000 (d)
115	P. Straßb. II 81 Pathyris	4 Ar. ϲιτοφόροϲ 2.000 (d)	500 (d)
114	P. Grenf. II 20 i 4 Pathyris	1 1/8 Ar. 3.000 (d)	2.667 (d)
109	M. Chr. 156 = P. Grenf. I 27; Pathyrites	1/2 Ar. ϲιτοφόροϲ 600 (?) (παραχώρηϲιϲ)	1.200 (d) (?)
108	P. Adler G 5 Pathyrites	6 Ar. ϲιτοφόροϲ 6 Tal. (d)	6.000 (d)
108	M. Chr. 153 = P. Lond. III 881, p. 11; Pathyris	1 1/4 Ar. ϲιτοφόροϲ 3 Tal. (d)	14.400 (d)
107	P. Grenf. II 23 a = Hunt- Edgar, Sel. Pap. I 27 Pathyris	3 1/2 Ar. ϲιτοφόροϲ 9 Tal. (d)	15.428 (d)
105	P. Straßb. II 88 Pathyris	3 1/2 Ar. (+χάλαϲμα) ϲιτοφόροϲ 2 Tal. (d)	[3.428] (d)
ca. 103/2	P. Grenf. I 33, 6-26 Thebais	1 1/4 Ar. ϲιτοφόροϲ 2.800 (d)	2.240 (d)
101	P. Adler G 12 Pathyris	3 Ar. ϲιτοφόροϲ 3 Tal. 2.000 (?) (d)	6.666 (d) (?)
101	M. Chr. 154 = P. Lond. III 882, p. 13; Pathyris	ein Drittel von 2 1/2 Ar. + 1 Ar. ἔμφοροϲ; 1 Tal. (d)	1.714 (d)
101	P. Grenf. II 32 Pathyris	1 Ar. ϲιτοφόροϲ 2 Tal. (d)	12.000 (d)
100/99	BGU VI 1259 Pathyris	1 Ar. ϲιτοφόροϲ 2 Tal. (d)	12.000 (d)
99	P. Adler G 18 Pathyris	1/2 Ar. 1 Tal. (d)	12.000 (d)

[1] Vgl. oben S. 85 ff.

99	P. Adler G 17	5 1/4 Ar. cιτοφόροc	5.714 (d)
	Pathyrites	5 Tal. (d)	
99	SB I 428	4 1/2 Ar. cιτοφόροc (?)	1.333 (d) (?)
	Pathyrites	1 Tal. (d)	
97	P. Lond. III 1208, p. 19	1 Ar. cιτοφόροc	6.000 (d)
	Pathyris	1 Tal. (d)	
89	P. Lond. III 1209, p. 20	1/2 Ar. cιτοφόροc	18.000 (d)
	Pathyris	1 Tal. 3.000 (d)	

Landpreise bei Auktionen

130	UPZ II 220 + 221	10,875 Ar. ἀδέcποτα	
	Theben	Wert: 1 Tal. 1.000	644 (b)
		Zuschlag für 1 Tal. 2.000 (b)	736 (b)
124	P. Tebt. III 1, 700, 4. 6.	a) 28 Ar. für 5 Tal. (b)	1.071 (b)
	12. 60 f. 93, 104; Tebtynis	b) 10 Ar. χέρcoc	1.500 (b)
		für 2 Tal. 3.000 (b)	
2.H. 2.Jh.	UPZ II 218, 16 f. 19	8 Ellen βουνόc	
	Theben	2.000 (b)	25.000 (b)[2]

Preise von Bauplätzen (ψιλοὶ τόποι)[3]

a) Das Archiv der thebanischen Choachyten[4]

α) Bauplatz in Theben

			pro Arure[5]
153	UPZ II 165	7,5 Ellen ψιλὸc τόποc	240.000 (d)
	(= P. Survey 7)	3 Tal. (d)	
152	UPZ II 166	2,5 Ellen ψιλὸc τόποc	400.000 (d)
	(= P. Survey 8)	1 Tal. 4.000 (d)	
146	UPZ II 167	3 1/3 Ellen ψιλὸc τόποc	600.000 (d)
	(= P. Survey 11)	3 Tal. 2.000 (d)	

---

[2] Vgl. auch P. Amh. II 31 (Theben, 112 v. Chr.): 1.200 Dr. (b) πρόcτιμον für 2 Ellen Dattelhain, der der Wüste abgerungen wurde (1 Ar. = 60.000)

[3] Zur Bedeutung von ψιλὸc τόποc H.-J. Drexhage, Preise, Mieten/Pachten, Kosten und Löhne im römischen Ägypten, St. Katharinen 1991, 138 f.

[4] Vgl. P. W. Pestman, The Archive of the Theban Choachytes. A Survey of the Demotic and Greek Papyri Contained in the Archive (= P. Survey), Leuven 1993, S. 351.

[5] Eine (Boden)elle = 1/100 Arure (vgl. z. B. P. Amh. II 31, 10 Anm. und P. Köln VII, S. 184).

β) Bauplatz in Djeme (Memnonia)

150	UPZ II 174 (= P. Survey 9)	2 Ellen ψιλὸϲ τόποϲ 2 Tal. (d)	600.000 (d)
140	UPZ II 176 (= P. Survey 16)	1/4 Elle ψιλὸϲ τόποϲ 2.000 (d)	800.000 (d)

γ) Bauplatz in Djeme (Memnonia)

118	UPZ II 179 (= P. Survey 46)	10 Ellen ψιλὸϲ τόποϲ 2 Tal. (d)	120.000 (d)

δ) Bauplatz in Djeme (Memnonia)

105	UPZ II 181 (= P. Survey 62)	1 1/4 Ellen ψιλὸϲ τόποϲ 1 Tal. (d)	480.000 (d)
102	UPZ II 184 (= P. Survey 66)	1 1/4 Ellen ψιλὸϲ τόποϲ 3.000 (d)[6]	240.000 (d)

b) Pathyris

134	P. Adler G 1 Pathyris	7 Ellen ψιλὸϲ τόποϲ 1 Tal. 2.000 [d]	114.285 ([d])
129	SB XIV 12001 (= P. Cair. 10377 descr.) Pathyris	1/16 Ar.[7] 4.000 (d)	64.000 (d)
114	P. Grenf. I 25 Pathyris	4 Ellen ψιλὸϲ τόποϲ 4.000 (d)	100.000 (d)
113	BGU III 994 Pathyris	5 Ellen ψιλὸϲ τόποϲ 5.000 (d)	100.000 (d)
111	P. Straßb. II 86 Pathyris	2 Ellen ψιλὸϲ τόποϲ 2.000 (d)	100.000 (d)

B) RÖMISCHE ZEIT

a) Landpreise aus dem 1. Jhdt. n. Chr.

42 n.Chr.	P. Mich. II 121 r II ix Kerkousiris	10 Ar. Katökenland 1.540	154
67	BGU II 379 Faijum	1/3 Ar. ἐλαιὼν ἐν κατοικικῆι τάξει 200	600

---

[6] Vertrag offenbar zwischen Eheleuten; mit Kauf von Liturgien.

[7] ἐντὸϲ περιϲτάϲει Παθύ(ρεωϲ).

81	SB XVI 12613 Soknopaiou Nesos	2 Ar. Katökenland 800	400
81/95	P. Ross. Georg. II 14 Faijum	1 Ar. Katökenland 200	200
83/4	CPR I 1 = M. Chr. 220 Faijum	3 Ar. Katökenland 900	300
85/6	P. Oxy. IV 794 descr. Oxyrhynchos	1 1/48 Ar. Katökenland 500	490,19
92	P. Lugd. Bat. VI 3 Faijum	1 1/8 Ar. γῆ ἀμπελίδιϲ 760	675,55
93	PSI VIII 897, 26 Oxyrhynchos	5 Ar. Katökenland 1.200	240
93	PSI VIII 897, 74 f. Oxyrhynchos	3 Ar. Katökenland 2.400	800
99	P. Mil. Vogl. III 186 Tebtynis	1 1/2 Ar. Katökenland 700	466 2/3

b) Preise von Bauplätzen (ψιλοὶ τόποι) in römischer Zeit[8]

77/83	P. Oxy. II 330 descr. Oxyrhynchos	1,5 Bikoi[9] 240	8.000
120/1	P. Tebt. II 472 Tebtynis	5 Bikoi + 36 7/8 Quadratellen[10] 200	1.929
133	P. Oxy. I 100 Oxyrhynchos	4 Bikoi 2.200	27.500
180	CPR I 154 Faijum	3,16 Bikoi 460	7.278

[8] Nach H.-J. Drexhage, Preise, Mieten/Pachten, Kosten und Löhne im römischen Ägypten, St. Katharinen 1991, 139 f.

[9] Nach P. Köln VII 324 entspricht einem Bikos 1/48 der Arure zu 9.216 Quadratellen (= 96 x 96 Ellen) oder 2 Bodenellen (= 2 x 96 Quadratellen) (vgl. P. Köln VII, S. 185). Da wir in den ptolemäischen Belegen für Preise von ψιλοὶ τόποι die Bodenelle zu 100 Quadratellen und die Arure zu 10.000 Quadratellen gerechnet haben, rechnen wir auch hier (der Einheitlichkeit wegen) die Arure zu 10.000 Quadratellen und den Bikos zu 2 x 100 statt 2 x 96 Quadratellen.

[10] 5 Bikoi + 36 7/8 Quadratellen = 1.036,875 Quadratellen.

DAS AGIO BEI ZAHLUNGEN AN DEN STAAT IM 2. UND 1. JHDT. V. CHR.

Die folgende Liste illustriert das Phänomen, daß in der Finanzverwaltung auch im 2. und 1. Jahrhundert v. Chr., als Silbergeld bei Steuerzahlungen nicht mehr verwendet wurde, die Usancen des 3. Jahrhunderts fortgeführt wurden und bei einer Reihe von Steuern ein Agio gefordert wurde, wenn die Steuer auf Silber lautete, aber in Bronze bezahlt wurde (s. oben S. 89 ff.).

Aufgenommen wurden Belege (in der Regel Quittungen), wo Summen mit dem Etikett (χαλκοῦ) οὗ ἀλλαγή (δραχμαί), χαλκοῦ πρὸς ἀργύριον (δραχμαί) oder χαλκοῦ ἰσονόμου (δραχμαί) versehen sind. Vollständigkeit wurde dabei nicht angestrebt.[1] Zum Teil enthalten die Quittungen zwei Beträge, einen geringeren, in dem das Agio unsichtbar enthalten ist, und einen höheren, bei dem das Agio zur Summe hinzugezählt ist. Aus solchen Belegen ist die Höhe des gezahlten Agios zu erkennen.[2]

Die Geldbeträge sind mit Kennbuchstaben versehen:

a = (χαλκοῦ) οὗ ἀλλαγή (δραχμαί)
b = χαλκοῦ πρὸς ἀργύριον (δραχμαί)
c = χαλκοῦ ἰσονόμου (δραχμαί)
d = χαλκοῦ (δραχμαί)

a) Diverse Zahlungen, ausgenommen Verkehrssteuern

Wenn in der vorletzten Kolumne zwei Beträge stehen, bedeutet der erste Betrag χαλκοῦ οὗ ἀλλαγή (δραχμαί) (= a), bzw. χαλκοῦ πρὸς ἀργύριον (δραχμαί) (= b), in denen das Agio unsichtbar enthalten ist, während der zweite Betrag die tatsächlich bezahlte Summe angibt.

---

[1] Nicht in die Liste aufgenommen wurden die Belege für (χαλκοῦ) οὗ ἀλλαγή (δραχμαί) BGU VI 1217, 4. 30. 44 (2. Jhdt.), P. Köln V 221 (ca. 190), UPZ I 114 I und II (150-48), UPZ II 223 a 11 (130), P. Bad. II 9 (103).

Weitere Belege für χαλκοῦ πρὸς ἀργύριον (δραχμαί) sind P. Gur. 7, 6 (212), P. Lond. VII 2189, 13 f. (= SB VI 9599; 209), P. Köln V 220 (208 oder 191), P. Köln V 221 (ca. 190), P. Hels. I 12; 19; 20 (163 und 162). Auch nicht aufgenommen wurde die Quittung für τετάρτη ἁλιέων SB X 10309 (175?), da die Zahlen dort fehlerhaft oder verlesen sind.

Belege für χαλκοῦ ἰσονόμου (δραχμαί) finden sich auch in P. Köln V 221 (ca. 190), P. Bad. II 9 (103).

[2] Gesammelt und besprochen wurden solche Belege von J. G. Milne, Double Entries in Ptolemaic Tax-Receipts, Journ. of Eg. Arch. 11, 1925, 269-283. In unserer Liste tauchen solche Steuerquittungen nur dann auf, wenn in ihnen die Wendung (χαλκοῦ) οὗ ἀλλαγή (δραχμαί), χαλκοῦ πρὸς ἀργύριον (δραχμαί) oder χαλκοῦ ἰσονόμου (δραχμαί) vorkommen. Es wurde also nicht versucht, die Liste von Milne auf den letzten Stand zu bringen.

Die Angabe, um wie viele Prozentpunkte der tatsächlich bezahlte Betrag über dem nominellen liegt, steht in der letzten Spalte. Da es sich hier um einen Aufschlag handelt, ist die Angabe in Prozenten immer auf den niedrigeren Betrag bezogen. Offenbar ist man aber bei der Festsetzung des Aufschlages manchmal umgekehrt verfahren und hat den festgesetzten Prozentsatz von der höheren Summe abgezogen. So wurden z. B. in O. Straßb. 10 (161) 1.200 Dr. gezahlt, welche als 1.140 Dr. χαλκοῦ ἰϲονόμου verbucht wurden. Die Differenz beträgt 5% von 1.200 Dr., aber 5,26% von 1.140 Dr.

				Aufschlag
spätes 3. Jhdt.	P. Tebt. III 2, 984	Apomoira	700 b	
Muchis				
207	P. Heid. VI 373, 5	τρίτη περιϲτερῶνοϲ	80 b	
Krokodilon P.				
206 od. 189	SB VI 9419, Nr. 1	ἀκροδρύων	4 Dr. 1 Ob. b	
Syene				
173/2	O. Bodl. I 45, p. 7	Nitrike?	255 b	
Diospolis M.				
165	O. Bodl. I 49, p. 8	ἐννόμιον	117 a	15,38%
Diospolis Mag.	(= SB I 1093 = Sel. Pap. II 376 = CPJ I 50)		(= 135)	
162?	P. Tebt. III 2, 839	τρίτη περιστε(ρώνων)	1.000 b	
Tebtynis		Ὀ̣ξυ̣(ρύγχων)		
161	O. Straßb. 10	οἴνου τέλοϲ	1.140 c	5,26%
Diospolis Mag.			(= 1.200)	
161	O. Straßb. 11	οἴνου τέλοϲ	568 c	5,63%
Diospolis Mag.			(= 600)	
ca. 161	P. Tebt. III 2, 985	Steuerquittung	1 Tal. b	
Tebtynis		Zahlungszweck unklar		
159/8	O. Bodl. I 50, p. 8	κολλύβου	1.734 b	15,34%
Diospolis Mag.			(= 2.000)	
155	O. Theb. 8	νιτρική	2.085 a	15,11%
Diospolis Mag.	(vgl. Bl. II 1; V)		(= 2.400)	
155/4	O. Bodl. I 53, p. 9	πορθμίδων	600 a	15%
Diospolis Mag.			(= 690)	
154 (Bl. II 1)	Wilcken, Ostr. 1351	πορθμίδων	867 a	15,34%
Diospolis Mag.		(Bl. II 1)	(= 1.000)	
154 (Bl. II 1)	Wilcken, Ostr. 1504	πορθμίδων	867 a	15,34%
Diospolis Mag.	(Bl. II 1)		(= [1.000])	
154 (Bl. II 1)	Wilcken, Ostr. 1507	πορθμίδων	10.434 a	15,01%
Diospolis Mag.		(Bl. II 1)	(= 12.000)	
154 (Bl. II 1)	Wilcken, Ostr. 1508	πορθμίδων	890 a	16,85%
Diospolis Mag.		(Bl. II 1)	(= 1.040)	

154 (Bl. II 1) Diospolis Mag.	Wilcken, Ostr. 1354	πορθμίδων (Bl. II 1)	867 a (= 1.000)	15,34%
154 Diospolis Mag.	O. Bodl. I 54, p. 9	πορθμίδων	1.734 a [(= 2.000)]	15,34%
154 Diospolis Mag.	O. Bodl. I 55, p. 9	πορθμίδων	908 a (= 1.050)	15,64%
154 Diospolis Mag.	O. Bodl. I 57, p. 10	ἐπωνίων	3.000 a (= 3.450)	15%
154 (Bl. II 1) Diospolis Mag.	Wilcken, Ostr. 1506 (Bl. II 1)	ἐπωνίων	200 a (= 230)	15%
154/3 Diospolis Mag.	O. Bodl. I 58, p. 10	ἐπωνίων	3[.]5 a (= 3[..])	
153 Hermonthis	O. Leid. 7 (= SB X 10336)	σφρα(γισμοῦ) μόσχω̣(ν)	3.300 a	
153 (Bl. V) Diospolis Mag.	Wilcken, Ostr. 337	τετάρτη ἁλιέων	15.645 a (= 18.000)	15,05%
153 (Bl. II 1) Diospolis Mag.	Wilcken, Ostr. 339	τετάρτη ἁλιέων	2.140 a (= 2.460)	14,95%
152 (Bl. II 1) Diospolis Mag.	Wilcken, Ostr. 340	τετάρτη ἁλιέων	580 a (= 670)	15,52%
ca. 157-151 [Diospolis Mag.]	O. Bodl. I 62, p. 10	[- - -]	1.180 a (= 1.300)	10,17%
154 od. 143 Diospolis Mag.	O. Bodl. I 63, p. 11	[- - -]	1.500 a	
150 oder 139 Hermonthis	O. Cair. GPW 15	πρόϲτιμον ἀμπελῶνοϲ	480 + [ ] = 1.000 a	
148 od. 137 Diospolis Mag.	O. Bodl. I 65, p. 11	πορθμίδων	545 a (= 630)	15,60%
146 od. 134 Tentyrites	BGU VI 1311	ἀκροδρύων	400 b	
138 (Bl. V) Syene	SB VI 9419 Nr. 2	ἀκροδρύων	150 a (= 165?)	10%?
134 Hermonthis	O. Bod. I 97, p. 17	τιμὴ πλεονάϲματοϲ γῆϲ	2 Tal. 1.330 a	
125/4 Edfu	O. Edfu II 241, 6	ἀκροδρύων	100 b	
124 Edfu	SB XVI 12776	ἕκτη τῶν ἀκροδρύων	400 b	
123 Syene	BGU VI 1354	ἐπαρούριον	1.305 c (= 1.400)	7,28%
2. Jhdt. Diospolis Mag.	PSI VIII 987, 4	[- - -]	2.080 a	

2. Jhdt. Herkunft unbek.	O. Bod. I 110, p. 19	πρόςτιμον?	3.750 a (= 5.200)[4]	38,66%[3]
112 Diospol. M.	P. Amh. II 31, 4. 15. 20. 22. 24 f.	πρόςτιμον φοινικῶνος (2 Ellen)	1.200 b[5]	
111 Diospolis M.	O. Leid. 11, 5 (= SB X 10309)	τετάρτη ἁλιέων	1.270 b (= 1.500)	18,11%
109/8 oder 106/5, Edfu	O. Edfu III 359, 4	ἀκροδρύων	[- - -] b	
107/6 Syene	BGU VI 1378, 5	(τρίτη) ε..( ) πλ(οίων)	20.000 a (= 22.000)	10%
107/6 Syene	BGU VI 1379, 6	ε..( ) πλ(οίων)	5.000 a (= 1 Tal.)	20%
103 Syene	BGU VI 1315, 5	τετάρτη ἁλιέων	1.040 a (= 1.245)	19,71%
102 Syene	BGU VI 1316, 7	τετάρτη ἁλιέων	1.040 a	
100/99? Syene	BGU VI 1317, 6	τετάρτη ἁλιέων	2.315 a (= 2.780)	20,09%
2./1. Jhdt. Diospolis M.	SB X 10577	παντοπ̣ωλ̣(ῶν)	417 a	
99 Syene	BGU VI 1318, 4	τετάρτη ἁλιέων	2.000 a (= 2.400)	20%
95 (Bl. II 1) Syene	BGU VI 1306, 6	ἀκροδρύων	1.1[.]5 a	
92/1 Syene	O. Cair. GPW 8	ἀκροδρύων	1.100 a	
86 (Bl. II 1) Syene	BGU VI 1307, 5	ἀκροδρύων	1.750 a (= 2.100)	20%
77 (Bl. II 1) Syene	BGU VI 1309, 5	ἀκροδρύων	1.500 a (= 1.800)	20%
37? Syene	SB I 1096, 5	Apomoira? (Bl. II 1 und III)	2.345 a (= 2.815)	20,04%

[3] Zu den hohen Aufschlägen beim πρόςτιμον s. J. G. Milne, Double Entries in Ptolemaic Tax-Receipts, Journ. of Eg. Arch. 11, 1925, 279.

[4] καὶ τὰ καθήκοντα̣ τέλη διπλᾶ.

[5] Dazu noch 180 Dr. τ̣έλη (= 15%).

B) Verkehrssteuer (Enkyklion)

Aufgenommen sind hier Steuerzahlungen bei Käufen, Errichtung und Erneuerung von Hypotheken.

Zum Enkyklion zuletzt P. W. Pestman, The Archive of the Theban Choachytes. A Survey of the Demotic and Greek Papyri, Leuven 1993, S. 353, und W. Schäfer zu P. Köln V 219 mit weiterführender Literatur. Das Enkyklion wird durchwegs "in Silber" gerechnet, wobei die Geldbeträge sowohl als χαλκοῦ οὗ ἀλλαγή (δραχμαί) (= a), als auch als χαλκοῦ πρὸϲ ἀργύριον (δραχμαί) (= b) bezeichnet werden.

Die Höhe des Enkyklion beträgt im 2. Jahrhundert zunächst 5% (εἰκοϲτή), dann wohl ab 137/31 10% (δεκάτη). Die Höhe des Agio ist nur selten erkennbar. In P. L. Bat. XIX 6, 34 (109 v. Chr.) beträgt es 20,37%, in P. Straßb. II 87, 21 (107 v. Chr.) 23,75% und in O. Bodl. I 92, p. 16 (104 v. Chr.) 20%.[6]

Bei Hypotheken beträgt die Verkehrssteuer 2%.[7]

Kaufpreis bzw. Höhe des Darlehens stehen in geschwungenen Klammern.

197	P. Mich. inv. 6947[8]	Deklaration einer Sklavin	110 Dr. 5 Ob. d[9]
Herkunft unbek.			{500 d + 52 2/3 Agio}
171	PSI IX 1014, 4	Kauf von ἡμέραι	150 b
Hermonthis		ἁγνευτικαί	{3.000}
170	P. Coll. Youtie I	Kauf eines zerstörten Hauses	100 a + b
Diosp. Mag.	13, 10 f. 13 f.		{2.000}
167-134	SB I 4512, 15.	Erbpachtkaufgeld	Höhe nicht genannt
Diospolis M.	19-21. 23. 29		{2.000} b
163	SB I 5104, 3	Kauf von Haus und Land	1.300 a
Hermonthis	(= P. Ryl. II 248)		{4 Tal. 2.000}
160/59	SB I 4281, 3	Kaufpfandvertrag (Land)	240 a (2%)
Hermonthis	(= P. Lond. III 1202, p. 5)		{1 Tal. 5840}

[6] Etwas anders ist die Situation bei Käufen aus Auktionen. Hier kommen zum Enkyklion (εἰκοϲτή, bzw. später δεκάτη) die ἑξηκοϲτή und χιλιοϲτή (vgl. P. Tebt. III 2, 871; 158 v. Chr.; P. Tebt. III 1, 700; 124 v. Chr.). 1/60 und 1/1000 des Kaufpreises erhöhen die Zahlung des Enkyklion, solange es 5% beträgt, um 35,33%, in der Zeit, wo es 10% beträgt, um 17,66%.

[7] Schwarz, Hypothek und Hypallagma, S. 35. Vgl.:
SB XVI 12342 (239 v. Chr., Hypothek eines Hauses, τέλοϲ ὑποθήκηϲ);
SB XVI 12343 (237 v. Chr., Hypothek eines Hauses, τέλοϲ ἀνανεώϲεωϲ);
P. Tebt. III 1 814, 71 (227 v. Chr., Hypothek eines Hauses, τέλοϲ ἀνανεώϲεωϲ);
SB I 4281, 3 (= P. Lond. III 1202, p. 5; 160/59 v. Chr., Kaufpfandvertrag über Land).

[8] R. Scholl, Corpus der ptol. Sklaventexte I 9, S. 57.

[9] τέλοϲ τῆι τῶν ἀνδραπόδων; zur Höhe von 20% vgl. P. Col. inv. 480 (W. L. Westermann, Upon Slavery in Ptolemaic Egypt, New York 1929, S. 41 ff.) = Hunt-Edgar, Sel. Pap. II 205 = R. Scholl, Corpus der ptol. Sklaventexte I 5.

158	SB VI 9424 iii 7	Hauskauf aus Auktion	— [10]
Faijum	(= P. Haun. I 11)		{1.300} b
158	P. Tebt. III 2, 871,	Hauskauf aus Auktion	400+133,33+8 [11]
Tebtynis	15		{1 Tal. 2.000} b
155	UPZ II 164, 6	Kauf eines Hauses	150 a
Diospolis M.			{3.000}
153	UPZ II 165, 5	Kauf eines ψιλὸϲ τόποϲ	900 a
Hermonthis			{3 Tal.}
152	UPZ II 166	Kauf eines ψιλὸϲ τόποϲ	500 a
Hermonthis	A 3, B 7		{1 Tal. 4.000}
150	UPZ II 174, 3	Kauf eines ψιλὸϲ τόποϲ	600 a
Hermonthis			{2 Tal.}
146	UPZ II 167, 4	Kauf eines ψιλὸϲ τόποϲ	1.000 a
Diospolis M.			{3 Tal. 2.000}
145	UPZ II 175 b 3	Kauf von Kollekten aus	900 a
Diospolis M.		dem Totenkult	{3 Tal.}
145	SB I 5115, 6	Kauf eines ψιλὸϲ τόποϲ	50 a
Gebelen			{1.000}
142	PSI IX 1015, 4	Hauskauf	600 a
Hermonthis			{2 Tal.}
140	UPZ II 176, 7	Kauf eines ψιλὸϲ τόποϲ	100 a
Hermonthis			{2.000}
130	UPZ II 221 ii 24	Auktion von ἀδέσποτα	— [12]
Diospolis M.		(Land)	{1 Tal. 2.000} b
126	UPZ II 173, 4	Kauf eines ψιλὸϲ τόποϲ	300 a
Diospolis M.			{3.000}
124	P. Tebt. III 1 700,	zwei Landkäufe aus Auktion	3.000+500+[30] [13]
Tebtynis	4. 6. 12. 60 f. 82.		{5 Tal.} b
	85. 93. 104		b) 4.200+700+42
			{7 Tal.} [b]
2.H. 2. Jhdt.	UPZ II 218, 16 ff.	Landkauf aus Auktion	—
Diospolis M.	19 [14]		{2.000} b
121	UPZ II 168, 5	Hauskauf	600 a
Diospolis M.			{1 Tal.}
120	UPZ II 169, 4	Hauskauf	300 a
Diospolis M.			{3.000}

[10] τὴν εἰκοϲτὴν καὶ τἄλλα τὰ καθήκοντα (iv 3).

[11] = εἰκοϲτή (als τέλοϲ bezeichnet) + ἑξηκοϲτή + χιλιοϲτή.

[12] τὰ καθήκοντα τέλη διπλᾶ.

[13] = τέλ(οϲ) (= δεκάτη) + ἑξηκοϲτή + χιλιοϲτή.

[14] Vgl. L. Criscuolo, UPZ II 218-221 e l'amministrazione del territorio tebano, Actes du XVe congrès int. de pap. IV, Bruxelles 1979, 95-100.

118	SB I 5105, 4	Hauskauf	200 a
Gebelen	(= P. Ryl. II 249)		{2.000}
118	P. L. Bat. XIX	Kauf eines Baugrundstücks	[- - -] a
Pathyris	5, 14		
117	SB I 5106, 3	Kauf eines ψιλὸϲ τόποϲ	600 a
Gebelen	(= P. Ryl. II 250)		{1 Tal.}
116	P. Lond. VII	Zession	3.000 a
Pathyris	2191, 57		
115	PSI IX 1017, 5	Kauf v. ἡμέραι ἁγνευτικαί	1.800 a
Hermonthis			{3 Tal.}
115	P. Straßb. II	Landkauf	200 a
Diospolis M.	82, 5		{2.000}
110/109	P. L. Bat. XIX	Kauf von 10 Aruren als Ga-	1.620 a
Pathyris	6, 34 (= BGU	rantie für 13,5 geschuldete	(= 1.950)
	III 995)	Artaben Weizen	{16.200}[15]
107	P. Straßb. II	Hauskauf	1.200 a
Pathyris	87, 21		(= 1.485)
			{2 Tal.}
1. Jhdt. (75?)	SB XIV 11412, 14	Hauskauf	1.200 b
Hawâra	(= P. Ashm. I 24)		{2 Tal.}
78	P. L. Bat. XXV 21	Kauf eines Weingartens	6.000 b
Ptolemais Euergetis			{10 Tal.}
71	SB XIV 11413, 12 f.	Hauskauf	600 b
Hawâra	(= P. Ashm. I 25)		{1 Tal.}

[15] Die Angaben sind zu verstehen als Beträge in Rechendrachmen. Pro Artabe sind 1.200 Dr. veranschlagt. Dieser Betrag liegt innerhalb der in dieser Zeit üblichen Weizenpreise (1.000 - 1.500 Rechendr., vgl. S. 180).

II. Die römische Zeit

Chomatikon[1]

a) Belege aus Oberägypten bis 105 n. Chr.

15[2]	O. Tait. I 79, p. 87	Hermonthis od. Memnonia?[3]	7 Dr. 0,5 Ob. (αἳ κ. 6 Dr. 4 Ob.)
15	O. Straßb. 55[4]	Theben	6 Dr. 4 Ob. + Prosd. 2,5 Ob.
22	O. Tait II 558	Theben	6 Dr. 4 Ob. 4 Dr.?
27	O. Tait II 559	Memnonia?	3 Dr. 4,5 Ob.
28	O. Tait II 590	Theben	1 Dr. 5 Ob.
29	O. Leid. 48 (= SB X 10426)	Hermonthis	4 Dr.
30/1	Wilcken, Ostr. 1547	Theben	6 Dr. 4 Ob. + Prosd. 2,5 Ob.
32	O. Straßb. 60	Theben?	6 Dr. 4 Ob. [+ 6,25%]
32	O. Tait II 560	Theben	6 Dr. 4 Ob. Prosd. 2,5 Ob.
32	O. Tait II 642	SW-Distrikt	1 Dr. 3 Ob.
32/3	Wilcken, Ostr. 1550	Theben	3 Dr. 3 Ob. + 6,25%
32/3	O. Wilb. 14	Charax	6 Dr. 4 Ob. + 6,25%
33	O. Meyer 36	Theben	6 Dr. 4 Ob. + 6,25 %
33/4	Wilcken, Ostr. 377	Theben	6 Dr. 4 Ob.
34	Wilcken, Ostr. 371	Theben	1 Dr. 2 Ob. + 6,25%
34	O. Tait II 561	Theben	6 Dr. 4 Ob. + 6,25%
34/5	O. Tait II 562	Theben	6 Dr. 4 Ob. + 6,25%
35	O. Tait II 563	Theben	6 Dr. 4 Ob. + 6,25%
35	O. Ont. II 77?	[Theben]	3 Dr. 2 Ob. + Prosd.

[1] Vgl. oben S. 164 ff.

[2] Nicht aufgenommen in die Liste wurde eine Reihe demotischer Quittungen auf Ostraka aus Denderah mit dem Betrag von normalerweise 6 Dr. 4 Ob. vom 35. Jahr des Augustus (für das 33. Jahr) bis zum 23. Jahr des Tiberius (J. G. Milne, Arch. f. Pap., 6, 1920, 129). Drei weitere hier nicht aufgenommene demotische Quittungen über Dammsteuer finden sich bei K. A. Worp, Observations on Demotic Tax Receipts from the Theban Region in Roman Times, ZPE 80, 1990, 243 f. Vgl. ferner P. L. Bat. XXVI 61 (23 n. Chr.) und 62 (20/1 n. Chr.?).

[3] Vgl. Berichtigungsl. IX 397.

[4] Vgl. Berichtigungl. II 2, 147.

36	O. Tait II 467	SW-Distrikt	3 Dr. 4,5 Ob. (αἱ κ. 3 Dr. 3 Ob.)
36	O. Tait II 591	Theben	6 Dr. 4 Ob. + 6,25%
36	O. Tait II 643	Theben	5 Dr. 2 Ob. + 6,25%
36	O. Tait I 205 p. 108	Koptos	2 Dr.
36/7	Wilcken, Ostr. 378	Theben	6 Dr. 4 Ob. + 6,25%
37-41	Wilcken, Ostr. 386	Theben	6 Dr. 4 Ob. + 6,25%
37-41	Wilcken, Ostr. 1375	Theben	6 Dr. 4 Ob. [+ Prosd.]
37/8	Wilcken, Ostr. 1553	Theben	6 Dr. 4 Ob. + 6,25%
37/8	Wilcken, Ostr. 1373	Theben	5 Dr. 2,5 Ob.+ 6,25%
37/8	O. Tait II 592	Theben	5 Dr. 4 Ob. [+ 6,25%]
38	O. Leid. 52 (= SB X 10324)	Theben	6 Dr. 4 Ob. + 6,25%
38 od. 42	O. Tait I 77 p. 87	Theben	6 Dr. 4 Ob. [+ 6,25%]
39	O. Tait II 593	Theben	6 Dr. 4 Ob. [+ 6,25%]
39	O. Tait II 594	Theben	6 Dr. 4 Ob. + 6,25%
39	O. Tait II 595	Theben	6 Dr. 4 Ob. + 6,25%
39/40	Wilcken, Ostr. 1374	Theben	6 Dr. 4 Ob. + 6,25%
40	O. Straßb. 67	Theben	5 Dr. 6 Ob.?[5] + Prosd.
40	P. Rein. II 129	Theben	6 Dr. 4 Ob. + 6,25%
41-54	O. Straßb. 77	Oberäg.	7 Dr. 2,5 Ob. [incl. βαλ.]
41-68	O. Leid. 77	Theben	6 Dr. 4 Ob. + Prosd.
41/2	Wilcken, Ostr. 1557	Theben	6 Dr. 4 Ob. [ ] Prosd. 2,5 Ob.[6]
42	O. Meyer 35	Theben	6 Dr. 4 Ob. + Prosd.
42	O. Leid. 56	Theben	6 Dr. 4 Ob.
42	O. Ont. II 79	[Theben]	6 Dr. 4 Ob. [+ Prosd.]
42/3	Wilcken, Ostr. 1378	Memnonia	3 Dr. 4,5 Ob. + 2 Dr. 5,5 Ob.[7]
42/3	Wilcken, Ostr. 1379	Memnonia	7 Dr. 0,5 Ob. (αἱ κ. 6 Dr. 4 Ob.)[8]
43/4	Wilcken, Ostr. 391	Theben	6 Dr. 4 Ob. + 6,25%
43/4	O. Ashm. Shelton 204	[Theben?]	6 Dr. 4 Ob.
44	O. Tait II 564	Theben	13 Dr. 2 Ob. + 6,25%
44	O. Tait II 596	Theben	6 Dr. 4 Ob. + 6,25%
44	O. Leid. 57 (= SB X 10325)	Theben	3 Dr. 2 Ob. + 6,25%
44	P. Coll. Youtie II 122	Theben?	6 Dr. 3 Ob.
44	SB I 4342	[Memnonia]	3 Dr. [ ]

[5] Vgl. Berichtigungs. II 2, 147.
[6] Vgl. Berichtigungsl. II 1, 120.
[7] In der Summe 6 Dr. 4 Ob.
[8] Berichtigungsl. II 1, S. 106.

44	SB I 4343	Theben?	6 Dr. 3 Ob. + 6,25%?[9]
44/5	Wilcken, Ostr. 394	Theben	6 Dr. 4 Ob. + 6,25%
45	O. Tait I 81 p. 88	Memnonia	3 Dr. 4,5 Ob.
45	O. Tait II 597	Theben	6 Dr. 4 Ob. + 6,25%
46	O. Straßb. 71	Theben?	6 Dr. 4 Ob. + 6,25%
46	O. Theb. 97	Memnonia	3 Dr. 4,5 Ob.
46	O. Tait II 476	Memnonia	6 Dr. 4 Ob.
46	O. Ont. I 8	Theben	6 Dr. 4 Ob. + 6,25%
47	O. Tait II 478	Memnonia od. Hermonthis?[10]	[ ]
48	O. Tait II 598	Theben	6 Dr. 4 Ob. + 6,25%
49	O. Tait II 599	Theben	6 Dr. 4 Ob. + 6,25%
49/50	O. Tait II 600	Theben	6 Dr. 4 Ob. + 6,25%
49/50	Wilcken, Ostr. 1387	Theben	6 Dr. 4 Ob. + 6,25%
50	O. Wilb. 15	Theben	6 Dr. 4 Ob. + 6,25%
50	SB I 2133	Theben	6 Dr. 4 Ob. + 6,25%
51	O. Ont. II 82	Memnonia	3 Dr. 4,5 Ob.
52	O. Ashm. Shelton 9	Theben	6 Dr. 4 Ob. + Prosd.
52/3	Wilcken, Ostr. 405	Theben	6 Dr. 4 Ob. + Prosd.
52/3	Wilcken, Ostr. 406	Theben	6 Dr. 4 Ob. + Prosd.
53	O. Cair. GPW 64	Memnonia	2 Dr. 5,5 Ob.
54	O. Meyer 21	Memnonia	3 Dr. 4,5 Ob. 2 Dr. 5,5 Ob.[11]
54 od. 68	O. Straßb. 75	Theben	6 Dr. 4 Ob. + Prosd.
55/6	O. Straßb. 79[12]	Theben	7 Dr. 4,5 Ob. + Prosd.
55/6	O. Straßb. 80	Theben	7 Dr. 4,5 Ob. [+ Prosd.]
57?	O. Tait II 565	Theben	6 Dr. 4 Ob. + Prosd.
57/8	Wilcken, Ostr. 408	Theben	1 Dr. 3,5 Ob.
57/8	Wilcken, Ostr. 409	Theben	6 Dr. 4 Ob. + Prosd.
58/9	Wilcken, Ostr. 1280	Theben	6 Dr. [4 Ob.] + Prosd.

9 Vgl. Berichtigungsl. II 1, 21.
10 Berichtigungsl. IX, 399.
11 Vgl. Berichtigungsl. II 1, 15.
12 In dieser Quitttung wie der folgenden, O. Straßb. 80, fällt die Höhe der Summe aus dem Rahmen. Beide Ostraka sind sicher datiert: (ἔτους) β Νέρωνος Κλαυδίου Καίσαρος Σεβαστοῦ Γερμανικοῦ Αὐτοκράτορος. Es ist nicht zu erkennen, daß in dieser Summe eine andere Steuer, etwa das Balaneutikon, enthalten ist.

58/9	Wilcken, Ostr. 1392	Theben	6 Dr. 4 Ob. + Prosd.
58/9	Wilcken, Ostr. 1393	Theben	6 Dr. 4 Ob. + Prosd.
58/9	O. Tait II 601	Theben	6 Dr. 4 Ob. + [Prosd.]
58/9	O. Tait I 26 p. 67	Theben	6 Dr. 4 Ob. + Prosd.
59	O. Straßb. 83	Theben	6 Dr. 4 Ob. + Prosd.
59	P. Heid. III 257	Pakerkeesis	3 Dr. 2,5 Ob. (αἱ κ. 3 Dr. 1 Ob.)
61	O. Tait II 602	Theben	6 Dr. 4 Ob. + 6,25%
61	O. Edfou I 56	Apoll. Mag.	6 Dr. 4 Ob.
62	O. Meyer 36a	Pakerkeesis	3 Dr. 1 Ob. + Prosd.
62	O. Meyer 23	Pakerkeesis	[ ] (αἱ κ. 2 Dr. 5,5 Ob.)
63	O. Straßb. 85	Theben?	2 Dr. 3 Ob. [ ][13]
63	O. Tait I 83 p. 88	SW-Distrikt	3 Dr. 1 Ob. (αἱ κ. 2 Dr. 5,5 Ob.)
66	O. Amst. 39	Charax?	3 Dr. 2 Ob.+ Prosd.
66/7	Wilcken, Ostr. 1397	Opheion	6 Dr. 4 Ob. + Prosd.
66/7	Wilcken, Ostr. 1400	Charax	6 Dr. 4 Ob. + Prosd.
66/7?	Wilcken, Ostr. 1560	Memnonia	2 Dr. 5,5 Ob.
67	O. Brüss.-Berl. 2	Theben	6 Dr. 4 Ob. + Prosd.[14]
67	O. Meyer 37	Pakerkeesis	4 Dr. (αἱ κ. 3 Dr. 4,5 Ob.)
67	O. Tait II 603	Charax	6 Dr. 4 Ob. + Prosd.
67/8	Wilcken, Ostr. 419	SW-Distrikt	4 Dr. (αἱ κ. 3 Dr. 4,5 Ob.)
67/8	Wilcken, Ostr. 422	SW-Distrikt[15]	3 Dr. 1 Ob. (αἱ κ. 2 Dr. 5,5 Ob.)
67/8	Wilcken, Ostr. 423	Ἄφις	4 Dr. (αἱ κ. 3 Dr. 4,5 Ob.)
68	O. Meyer 25	Pakerkeesis	7 Dr. 1 Ob. (αἱ κ. 6 Dr. 4 Ob.)
68	O. Tait II 604	Charax	13 Dr. 2 Ob. + Prosd.
68	O. Tait II 605	Charax	6 Dr. 4 Ob. + Prosd.
68	O. Tait II 606	Charax	6 Dr. 4 Ob. + Prosd.
68	O. Theb. 32	Memnonia	3 Dr. 1 Ob. (αἱ κ. 2 Dr. 5,5 Ob.)
68?	Wilcken, Ostr. 667	Theben	6 Dr. 4 Ob. + Prosd.
68/9	Wilcken, Ostr. 426	Theben	6 Dr. 4 Ob. [ ]
69	O. Tait II 566 (= SB I 3563)	Charax	1 Dr. 2,75 Ob. + Prosd.
70	Wilcken, Ostr. 429	SW-Distrikt	3 Dr. 1,5 Ob. (αἱ κ. 2 Dr. 5,5 Ob.)
70	O. Theb. 33	Φωτρ( )	2 Dr. 1 Ob. (αἱ κ. 2 Dr.)
70	O. Amst. 40	Agorai	6 Dr. 4 Ob. + Prosd.

13 Vgl. Berichtigungsl. II 1, 27.
14 Vgl. Berichtigungsl. VII 283.
15 Vgl. Berichtigungsl. VIII 540.

70	O. Edfou I 16	Apoll. Mag.	6 Dr. 4 Ob.
70	O. Edfou III 414	Apoll. Mag.	6 Dr. 4 Ob.
70/1	Wilcken, Ostr. 1403	Charax	6 Dr. 4 Ob. + Prosd.
71	Wilcken, Ostr. 431	SW-Distrikt	3 Dr. 3,5 Ob. (αἳ κ. 2 Dr. 2 Ob.)
			3 Dr. 0,5 Ob. (αἳ κ. 2 Dr. 5,5 Ob.)
71	O. Ont. II 83	Agorai	6 Dr. 4 Ob. + Prosd.
71	O. Elkab gr. 37	Eileith. Polis	6 Dr. 4 Ob.
71?	O. Straßb. 89	Agorai	6 Dr. 4 Ob. [ ]
72	O. Edfou I 25	Apoll. Mag.	6 Dr. 4 Ob.
72	O. Edfou I 39	Apoll. Mag.	6 Dr. 4 Ob.
72	O. Edfou I 58	Apoll. Mag.	6 Dr. 4 Ob.
73	O. Straßb. 90	Agorai	6 Dr. 4 Ob. + Prosd.
73/4	O. Edfou I 42	Apoll. Mag.	6 Dr. 4 Ob.
74	O. Straßb. 120	Apoll. Mag.[16]	6 Dr. 4 Ob. [ ]
74	O. Straßb. 121	Apoll. Mag.[17]	6 Dr. 4 Ob. [ ]
74	O. Tait II 567 (= SB I 1637)	Theben	6 Dr. 4 Ob. + Prosd.
74	O. Ont. II 84	Agorai	6 Dr. 4 Ob.
74	O. Edfou I 17	Apoll. Mag.	6 Dr. 4 Ob.
74	O. Edfou I 18	Apoll. Mag.	6 Dr. 4 Ob.
75	O. Straßb. 122	Apoll. Mag.[18]	6 Dr. 4 Ob.
75	O. Straßb. 91	Agorai	6 Dr. + Prosd.
75	O. Edfou I 20	Apoll. Mag.	6 Dr. 4 Ob.
75/6	Wilcken, Ostr. 443	Charax	13 Dr. [2 Ob.] + Prosd.[19]
76	O. Straßb. 92	Charax	6 Dr. 4 Ob. + Prosd.
76	O. Theb. 43	Agorai	6 Dr. 4 Ob. + Prosd.
76	O. Tait II 607	Agorai	6 Dr. 4 Ob. + Prosd.
76	O. Edfou I 21	Apoll. Mag.	6 Dr. 4 Ob.
77	O. Edfou I 23	Apoll. Mag.	6 Dr. 4 Ob.
78	O. Edfou I 131	Apoll. Mag.	3 Dr.(?) 3 Ob.
79	Wilcken, Ostr. 1407	Charax	6 Dr. 4,5 Ob. ? + Prosd.
79	O. Edfou I 48	Apoll. Mag.	6 Dr. 4 Ob.
79/80	Wilcken, Ostr. 1281	SW-Distrikt	2 Dr. 3 Ob. (αἳ κ. 2 Dr. 1,75 Ob.)

[16] Vgl. Berichtigungsl. II 2, 148.
[17] Vgl. Berichtigungsl. II 2, 148.
[18] Vgl. Berichtigungsl. II 2, 148.
[19] Das Doppelte von 6 Dr. 4 Ob.

1. Jh.	O. Tait II 572	β̣ο̣ρ̣$^{\kappa}$ λ̣ι?[20]	4 Dr. (αἳ κ. 3 Dr. 4,5 Ob.)
80	Wilcken, Ostr. 452	Hermonthis	2 Dr. 3 Ob.
80	O. Tait II 608	Agorai	6 Dr. 4 Ob. + Prosd.
81	O. Tait II 609	Agorai	6 Dr. 4 Ob. + Prosd.
81	P. Rein. II 131	Opheion	6 Dr. 4 Ob. [+ Prosd.]
82	Wilcken, Ostr. 456	Charax	6 Dr. 4 Ob. + Prosd.
82	O. Tait I 75 p. 86	Charax	6 Dr. 4 Ob. + Prosd.
82	O. Theb. 48	Agorai	6 Dr. [4 Ob.]? + Prosd.
82	O. Leid. 81 (= SB X 10428)	Agorai	6 Dr. 4 Ob. + Prosd.
82	O. Edfou III 416	Apoll. Mag.	6 Dr. 4 Ob.
82/3	Wilcken, Ostr. 458	Charax	6 Dr. 4 Ob. + Prosd.
82/3	O. Tait II 568	Notos	14 Dr. 4,5 Ob. + Prosd.
83	O. Tait II 610	Agorai	6 Dr. 4 Ob. + Prosd.
83	Wilcken, Ostr. 1283, 5 f.	SW-Distrikt	4 Dr. (αἳ κ. 3 Dr. 4,5 Ob.)[21]
83/4	Wilcken, Ostr. 1409	Charax	6 Dr. 4 Ob. + Prosd.
83/4	Wilcken, Ostr. 459	Charax	6 Dr. 4 Ob. + Prosd.
83/4?	O. Ont. II 88	[Charax?]	6 Dr. 4 Ob. (ῥυπ.?) + Prosd.[22]
84	O. Ont. II 89	[Theben]	6 Dr. 4 Ob. + Prosd.
84	O. Ont. II 90	Agorai	6 Dr. 4 Ob. + Prosd.
85	O. Theb. 50	Agorai	6 Dr. 4 Ob. + Prosd.
85	O. Edfou III 374	Apoll. Mag.	6 Dr. 4 Ob.
86	Wilcken, Ostr. 465	SW-Distrikt	2 Dr. 3 Ob. + 2 Dr. 1,75 Ob.
86	Wilcken, Ostr. 466	SW-Distrikt	4 Dr.
			6 Dr. 3 Ob.
86/7	Wilcken, Ostr. 470	Charax	6 Dr. 4 Ob. + Prosd.
87	O. Tait II 611	Charax	6 Dr. 4 Ob. + Prosd.
87	O. Straßb. 296	Memnonia?	[ ]
87	O. Leid. 383	Charax	6 Dr. 4 Ob. + Prosd.
88	O. Straßb. 99	Oberäg.	6 Dr. 4 Ob. [ ]
88	O. Tait II 612	Charax	6 Dr. 4 Ob. + Prosd.
88	O. Tait II 569	Charax	Summe fehlt
88	O. Edfou II 280	Apoll. Mag.	1 Dr. 4 Ob. (?)

[20] K. A. Worp, ZPE 76, 1989, 56.

[21] Vgl. Berichtigungsl. II 1, 100 f.

[22] Dieses Ostrakon enthält unter den thebanischen Chomatikon-Quittungen die früheste Angabe in ῥυπαραὶ δραχμαί, wenn die Lesung richtig ist und auch das Datum richtig gelesen ist: (ἔτουϲ) γ Δ̣ο̣μ̣ι̣[τ]ι̣α̣νοῦ Καίϲαροϲ.

89	O. Leid. 384	Charax	6 Dr. 4 Ob. + Prosd.
89	SB I 4336	Theben?	[ ] + Prosd.
90	O. Tait II 613	Agorai	6 Dr. 4 Ob. + Prosd.
90	O. Edfou III 420	Apoll. Mag.	6 Dr.
90	O. Edfou III 421	Apoll. Mag.	3 Dr. 3 Ob.
			2 Dr. 5,5 Ob.
91	O. Edfou I 135	Apoll. Mag.	3 Dr. 4,5 Ob.
91	O. Edfou III 380	Apoll. Mag.	6 Dr.
91/2?[23]	Wilcken, Ostr. 534	Charax	5 Dr. 2 Ob. + Prosd.
92	Wilcken, Ostr. 480	SW-Distrikt	4 Dr. (αἳ κ. 3 Dr. 4,5 Ob.)
92	O. Tait II 614	Agorai	5 Dr. 5 Ob. + Prosd.
92	O. Lund. 2	Theben?	5 Dr. 2 Ob.[24]
92	O. Edfou III 423	Apoll. Mag.	2 Dr. 5 Ob.
92	O. Cair. GPW 98	Hermonthis	8 Dr. (αἳ κ. 7 Dr. 3 Ob.)
			2 Dr. 3 Ob.(αἳ κ. 2 Dr. 1,75 Ob.)
92/3	Wilcken, Ostr. 483	Charax	5 Dr. 5 Ob. + Prosd.
92/3	Wilcken, Ostr. 484	Charax	5 Dr. 5 Ob. + Prosd.
92/3	Wilcken, Ostr. 485	Charax	5 Dr. 5 Ob. + Prosd.
93	O. Tait II 570	Charax	5 Dr. 5 Ob. + Prosd.
93	O. Edfou I 137	Apoll. Mag.	6 Dr. 4 Ob.
93	O. Edfou III 425	Apoll. Mag.	3 Dr. 5 Ob.
93?	O. Tait II 571	Theben	6 Dr. 4 Ob. + Prosd.
94	O. Tait II 615	Agorai	5 Dr. 4,75 Ob. + Prosd.
94	O. Edfou I 63	Apoll. Mag.	2 Dr. 5,5 Ob.
94	P. L. Bat. XXV 24	Charax	5 Dr. 4,75 Ob. + Prosd.
94 od. 110	O. Edfou I	Apoll. Mag.	6 Dr. 4 Ob.
94/5	Wilcken, Ostr. 1566	Theben	6 Dr. 4 Ob. + Prosd.
95	O. Tait I 90 p. 90	Memnonia	4 Dr. (αἳ κ. 3 Dr. 4,5 Ob.)
96	O. Straßb. 131	Apoll. Mag.[25]	Summe fehlt
96	O. Tait II 510	Memnonia	4 Dr. (αἳ κ. 3 Dr. 4,5 Ob.)
			2 Dr. 3 Ob. (αἳ κ. 2 Dr. 1,75 Ob.)
96	O. Tait I 94 p. 91	Memnonia	[ ]
96	O. Elkab gr. 23	Eileith. Polis	6 Dr. 4 Ob.

[23] Berichtigungsl. II 2, S. 187
[24] Siehe auch Berichtigungsl. VIII, S. 522.
[25] Vgl. Berichtigungsl. II 2, 148.

96 od. 112	O. Cair. GPW 95	Memnonia	6 Dr. 4 Ob.
96/7	Wilcken, Ostr. 488	Agorai	6 Dr. 2 Ob. + Prosd.
97	O. Oslo 7	Charax	6 Dr. 2 Ob. + Prosd.
97	O. Tait I 27 p. 67	Charax	6 Dr. 4 Ob. + Prosd.
97	O. Ont. II 97	Theben	6 Dr. 4 Ob. [ ]
97/8	Wilcken, Ostr. 489	SW-Distrikt	6 Dr. 4 Ob. + Prosd.
98	O. Tait II 616	Charax	6 Dr. 2 Ob. + Prosd.
98	O. Straßb. 100	Theben?	[ ]
98	O. Straßb. 102	Charax	6 Dr. 4 Ob. [ ]
98	SB XVIII 14010	Apoll. Mag.	6 Dr. 4 Ob.
2. Jh.?	O. Straßb. 115	Agorai	6 Dr. 0,5 Ob. + Prosd.
98-117?	O. Tait I 44 p. 158	Memnonia od.	4 Dr. (αἱ κ. [3 Dr. 4,5 Ob.]
		Hermonthis?	2 Ob. (αἱ κ. 1,75 Ob.)
100	O. Edfou I 94	Apoll. Mag.	6 Dr. 4 Ob.
100	O. Edfou III 383	Apoll. Mag.	6 Dr. 4 Ob.
100/1	O. Edfou III 379	Apoll. Mag.	6 Dr. 4 Ob.
100/1	Wilcken, Ostr. 1052, 4	Theben	[ ] (Berichtigungsl. II 1, 91)
100/1?	O. Ont. I 15	Theben	4 Dr. [ ]
101?	O. Tait II 2202	Hermonthis	[ ]
		od. Memnonia[26]	
102	O. Tait II 573	Opheion	6 Dr. 4 Ob. + Prosd.
102	SB I 5820	Apoll. Mag.	6 Dr. 4 Ob.
103?	O. Ont. II 98	Agorai	20 Dr. (ῥυπ.)[27]
103	O. Tait II 518	Memnonia od.	4 Dr. (<αἱ κ.> 3 Dr. 4,5 Ob.)
		Hermonthis?[28]	8 Dr. (αἱ κ. 7 Dr. 3 Ob.)
			4 Dr. (αἱ κ. 3 Dr. 4,5 Ob.)
103	O. Tait II 617	Charax	6 Dr. 2 Ob. + Prosd.
103	O. Tait II 618	Notos	6 Dr. 2 Ob. + Prosd.
103	O. Edfou I 103	Apoll. Mag.	6 Dr. 4 Ob.
103/4	O. Edfou I 99	Apoll. Mag.	[6 Dr. 4 Ob.]
104	O. Tait II 619	Charax	12 Dr. + Prosd.

[26] Berichtigungsl. IX 405.

[27] Neben O. Ont. II 88 (83/4?) der zweite Beleg für die Verwendung von ῥυπαρόϲ in den thebanischen Chomatikon-Quittungen vor 105, wenn dieses Ostrakon tatsächlich in die Zeit Traians gehört, wie die Herausgeber annehmen. Zu lesen ist freilich nur (ἔτουϲ) ζ Τρα[ιανοῦ - - -] | τοῦ κυρίου.

[28] Berichtigungsl. IX 399.

104	O. Edfou I 147	Apoll. Mag.	6 Dr. 4 Ob.
104	SB VIII 9744	Apoll. Mag.	6 Dr.(?) [ ]
104/5	Wilcken, Ostr. 496	Charax	6 Dr. [ ]
röm.	O. Tait I 45 p. 159	Memnonia od. Hermonthis?	2 Dr. 3 Ob. (αἱ κ. 2 Dr. 2,25 Ob.)

b) Belege aus Oberägypten ab 105 n. Chr.

Ab 105 sind in Theben für das Chomatikon höhere Quoten belegt, wobei meist ausdrücklich angegeben wird, daß in dieser Quote entweder das Balaneutikon[29], oder etwas anderes[30] inbegriffen ist. Offenbar wurde die Badsteuer in Theben ab 105 nicht mehr gesondert abgerechnet, sondern einfach mit dem Chomatikon zusammen als eine einzige Steuer behandelt. So ist es erklärlich, daß in den Steuerquittungen der Zusatz καὶ ἄλ(λων) oder καὶ βαλ(ανευτικοῦ) manchmal fehlt, die Summe aber der Höhe der kombinierten Damm- und Badsteuer entspricht. Daß das Chomatikon ohne Prosdiagraphomena in Oberägypten weiterhin 6 Dr. 4 Ob. beträgt, zeigen die Quittungen aus Edfu und Elkab. Man kann also nicht sagen, daß das Chomatikon nach 105 erhöht worden wäre, wie in der älteren Literatur immer wieder behauptet wurde.

Vor 105 betrug das βαλανευτικόν in Theben 4,5 Obolen (ohne Prosdiagraphomena), so daß man für die kombinierte Chomatikon-Balaneutikon-Steuer einen Betrag von über 7 Dr. 5 Ob. erwarten kann. Die quittierten Beträge schwanken geringfügig und liegen zwischen 7 Dr. 3,25 Ob. und 7 Dr. 5,25 Ob. Am besten bezeugt ist der Betrag von 7 Dr. 5,25 Ob.

105	O. Tait II 620	Agorai	7 Dr. 3,25 Ob. (ῥυπ.) incl. βαλ.
105	O. Tait II 621	SW-Distrikt	7 Dr. 3,25 Ob. incl. βαλ.
105	O. Tait I 28 p. 68	Charax	7 Dr. 3 Ob.
105	O. Edfou I 107	Apoll. Mag.	6 Dr. 4 Ob.
105	O. Edfou I 148	Apoll. Mag.	6 Dr. 4 Ob.
105	O. Edfou I 152	Apoll. Mag.	3 Dr. 4,5 Ob.
105/6	O. Edfou III 381	Apoll. Mag.	6 Dr. 4 Ob.
106	O. Tait II 574	Charax	7 Dr. 3,25 Ob.
107	O. Theb. 81	Charax	10 Dr.
107	O. Tait II 521	SW-Distrikt	4 Dr. (αἱ κ. 3 Dr. 4,5 Ob.) 4,25 Ob. (αἱ κ. 4 Ob.)

29 χωματικοῦ καὶ βαλ(ανευτικοῦ).
30 χωματικοῦ καὶ ἄλ(λων).

107	O. Tait I 99 p. 92	SW-Distrikt	4 Dr. (αἳ κ. 3 Dr. 4,5 Ob.)
			4 Dr. 4,25 Ob.(αἳ κ. 4Dr.2,5 Ob.)
107	O. Tait II 622	Agorai	7 Dr. 3,25 Ob. (ῥυπ.) incl. ἄλ.
107	O. Edfou I 118	Apoll. Mag.	3 Dr.(?) 1,5 Ob.
107/8	Wilcken, Ostr. 498	Charax	7 Dr. 2,25 Ob. (ῥυπ.)
107/8	O. Edfou III 441	Apoll. Mag.	5 Dr. 5 Ob.
108	O. Tait II 575	Charax	7 Dr. 5,25 Ob. (ῥυπ.)
108	O. Tait II 623	Charax	7 Dr. 4 Ob. (ῥυπ.) incl. ἄλ.
108	O. Ont. I 17	[Memnonia?][31]	4 Dr. (αἳ κ. 3 Dr. 4,5 Ob.)
			4 Dr. [ ]
			2Dr. 1,5 Ob. (αἳ κ. 2 Dr. 0,5 Ob.)[32]
108	O. Ont. I 18	Memnonia	2 Dr. 2 Ob. (αἳ κ. 2 Dr. 1 Ob.)[33]
108	O. Edfou I 79	Apoll. Mag.	6 Dr. 4 Ob.
108	O. Edfou I 90	Apoll. Mag.	3 Dr. 4,5 Ob.
108	O. Edfou I 91	Apoll. Mag.	2 Dr. 4 Ob.
108	O. Edfou I 113	Apoll. Mag.	6 Dr. 4 Ob.
108	O. Edfou I 153	Apoll. Mag.	6 Dr. 4 Ob.
109	O. Theb. 34	Memnonia	4 Dr. (αἳ κ. 3 Dr. 4,5 Ob.)
			2 Dr. 5,75 Ob.
			(αἳ κ. 2 Dr. 4,25 Ob.)
109	Wilcken, Ostr. 1418, 5. 6[34]	Hermonthis od.	1 Dr. 3 Ob. (αἳ κ. 1 Dr. 2,25 Ob.)
		Memnonia[35]	4 Dr. (<αἳ κ.> 3 Dr. 4,5 Ob.)
109	Wilcken, Ostr. 1613	Memnonia	4 Dr. (αἳ κ. 3 Dr. 4,25 Ob.)
			4 Dr. 3,25 Ob. (αἳ κ. 4 Dr. 2 Ob.)
109	O. Straßb. 184	Agorai	7 Dr. 5,25 Ob. (ῥυπ.) incl. ἄλ.
109	O. Tait I 32 p. 68	Charax	7 Dr. 5,25 (ῥυπ.)
109	O. Edfou I 82	Apoll. Mag.	2 Dr. 5,5 Ob.
			2 Dr. 5,5 Ob.
109	O. Edfou II 296	Apoll. Mag.	6 Dr. 4 Ob.
109	O. Cair. GPW 96	Apoll. Mag.	2 Dr. 5,5 Ob.
110	O. Theb. 35	Memnonia	2 Chalk. (αἳ κ. 1 Chalk.)
110	O. Tait II 576	Charax	7 Dr. 4,25 Ob. (ῥυπ.)

[31] Vgl. Berichtigungsl. IX 389.
[32] O. Ont. II S. 118.
[33] O. Ont. II S. 118.
[34] Berichtigungsl. II 1, 109.
[35] Berichtigungsl. IX 416.

110	O. Tait II 624	Notou od. Agorôn Notou?	7 Dr. 3,25 Ob. (ῥυπ.) incl. ἄλ.?
111	O. Theb. 98	Theben	7 Dr. (ῥυπ.)
111	O. Straßb. 185	Memnonia	4 Dr. 3 Ob. (αἱ κ. [ ])
111	O. Straßb. 135	Apoll. Mag.[36]	4 Dr. 2 Ob.
111	O. Tait II 577	Charax	7 Dr. 5,25 Ob. (ῥυπ.)
111	O. Tait I 33 p. 156	Memnonia	4 Dr. (αἱ κ. 3 Dr. 4,5 Ob.) 2 Dr. 2 Ob. (αἱ κ. 2 Dr. 1 Ob.) [ ]
112	O. Meyer 30a	Memnonia	[ ] 2 Dr. 1 Ob.?
112	O. Straßb. 188	Agorai	7 Dr. 4 Ob. (ῥυπ.)
112	O. Tait II 625	Charax	7 Dr. 4 Ob. (ῥυπ.)
112?	O. Tait II 1950	Memnonia	5 Dr. (αἱ κ. 4 Dr. 3 Ob.)
113	O. Theb. 36	Memnonia	4 Dr. (αἱ κ. 3 Dr. 4,5 Ob.) 6 Dr. 2,75 Ob. (αἱ κ. 6 Dr.)
113	O. Tait II 578	Charax	7 Dr. 4 Ob. (ῥυπ.)
113	O. Tait I 100 p. 92	Agorai	7 Dr. 4 Ob. (ῥυπ.)
113	O. Leid. 93	Agorai	7 Dr. 4 Ob. (ῥυπ.)
113/4	P. Coll. Youtie II 123	Theben?	1 Dr. 2 Ob.
114	O. Theb. 38	Memnonia	4 Dr. (αἱ κ. 3 Dr. 4,5 Ob.)
114	O. Straßb. 192	Agorai	4 Dr. (ῥυπ.) incl. ἄλ.
114	O. Straßb. 279	Memnonia	3 Dr. [ ]
114	O. Tait I 101 p. 92	Memnonia	4 Dr. (αἱ κ. 3 Dr. 4,5 Ob.)
114	O. Elkab gr. 182	Eileith. Polis	2 Dr. 4 Ob. + Prosd. 1 Ob.
114?	O. Tait II 626	Agorai	7 Dr. 4,5 Ob. (ῥυπ.) incl. βαλ.
115[37]	P. Lips. I 72	Charax	7 Dr. 4,25 Ob. (ῥυπ.)
115	O. Tait II 579	Charax	4 Dr. (ῥυπ.)
115	O. Tait II 580	Charax	7 Dr. 5,25 Ob. (ῥυπ.)
115	O. Elkab gr. 183	Eileith. Polis	5 Dr. 1 Ob. + Prosd. 2 Ob.
115/6	O. Elkab gr. 116	Eileith. Polis	[ ]
116[38]	O. Tait II 581	Agorai	4 Dr. (ῥυπ.) 3 Dr. 5,25 Ob. (ῥυπ.)
116	O. Theb. 99	Memnonia	8 Dr. 2,25 Ob.

36 Berichtigungsl. II 2, 148.

37 Berichtigungsl. I, S. 210.

38 Nicht aufgenommen zum Jahr 116 wurde SB I 4355, 4 (vgl. Berichtigungsl. VI 130).

116	O. Straßb. 195	Agorai	7 Dr. 5 Ob. (ῥυπ.)
116	O. Leid. 96	Theben	16 Dr. (ῥυπ.)
116	O. Elkab gr. 184	Eileith. Polis	3 Dr. (ῥυπ.)
117	O. Straßb. 197	Agorai	7 Dr. 4 Ob. (ῥυπ.)
117?	O. Tait II 582	Agorai	7 Dr. 4 Ob. (ῥυπ.)
117-38?	O. Leid. 538 descr.?	[Theben]	7 Dr. 4 Ob.
117/8	Wilcken, Ostr. 518	Charax	7 Dr. 4 Ob. (ῥυπ.) incl. βαλ. [39]
118[40]	P. Lips. I 69	Agorai[41]	7 Dr. 5 Ob. (ῥυπ.)
118	O. Tait II 526	Theben	7 Dr. 5 Ob. (ῥυπ.) incl. βαλ.
118	O. Tait II 584	Hermonthis	4 Dr. (αἳ κ. 3 Dr. 4,5 Ob.)
118	O. Leid. 97 (= SB X 10344)	Agorai	7 Dr. 4 Ob. (ῥυπ.)
118?	O. Tait II 585	Agorai	7 Dr. 4,25 Ob. (ῥυπ.)
118/9	Wilcken, Ostr. 519	Charax	7 Dr. 3,25 Ob. (ῥυπ.) incl. βαλ.
119	O. Theb. 51	Notos	7 Dr. 4,25 Ob. (ῥυπ.) incl. βαλ.
119/20	Wilcken, Ostr. 1570	Theben	7 Dr. 5,25 Ob. (ῥυπ.)[42]
120	O. Tait II 586	Theben	7 Dr. 4 Ob. (ῥυπ.)
120	O. Tait I 36 p. 157	Charax	7 Dr. 5,25 Ob. (ῥυπ.) incl. ἅλ.
120/1	Wilcken, Ostr. 526	Charax	7 Dr. 5,25 Ob. (ῥυπ.) incl. βαλ.
120/1	Wilcken, Ostr. 527	Theben	7 Dr. 3,25 Ob. (ῥυπ.) incl. βαλ.[43]
121	O. Straßb. 201	Agorai	4 Dr. 5,25 Ob. (ῥυπ.) incl. βαλ.
121	O. Elkab gr. 75	Eileith. Polis	6 Dr. 4 Ob. + Prosd. 2 Ob.
121/2	Wilcken, Ostr. 528	Charax	7 Dr. 5,25 Ob. (ῥυπ.) incl. ἅλ.
122	P. Sorb. I 65	Memnonia	4 Dr. (αἳ κ. 3 Dr. 4,5 Ob.)
122/3	Wilcken, Ostr. 531	Charax	7 Dr. 4,25 Ob. (ῥυπ.) incl. ἅλ.
122/3	Wilcken, Ostr. 532	Charax	7 Dr. 4,25 Ob. (ῥυπ.) incl. βαλ.
123	O. Straßb. 202	Oberäg.	2 Dr. 0,25 Ob. (ῥυπ.)
123	O. Tait II 627	Charax	7 Dr. 4,25 Ob. (ῥυπ.) incl. βαλ.
123	O. Elkab gr. 125	Eileith. Polis	3 Ob.
123	O. Elkab gr. 135	Eileith. Polis	5 Dr. [ ]
123	O. Elkab gr. 141	Eileith. Polis	[ ] incl. ἅλ.
123/4?	O. Straßb. 203	Theben	[ ] (ῥυπ.) incl. βαλ.
124	Wilcken, Ostr. 1243	[Charax]	7 Dr. 3,75 Ob. (ῥυπ.) incl. βαλ.

[39] Zusammen mit βαλανικόν.
[40] Berichtigungsl. I S. 210.
[41] Berichtigungsl. I S. 210.
[42] καὶ βαλ. ist irrtümlich ausgefallen.
[43] Berichtigungsl. II 1, 64.

124/5	Wilcken, Ostr. 1245	Charax	7 Dr. 4,25 Ob. (ῥυπ.) incl. ἅλ.
124/5?	O. Elkab gr. 142	Eileith. Polis	[ ]
125/6	Wilcken, Ostr. 1288	Theben	7 Dr. 1 Ob. (ῥυπ.) incl. [βαλ.]
125/6	O. Tait II 628	Charax	7 Dr. 5,25 Ob. (ῥυπ.) incl. βαλ.
126	O. Amst. 48, 6	Memnonia	[ ]
126	P. Aberd. 77	Memnonia	4 Dr. (αἱ κ. 3 Dr. 4,5 Ob.)
			4 Dr. (αἱ κ. 3 Dr. 4,5 Ob.)
			2 Dr. 4,25 Ob. (αἱ κ. 2 Dr. 2 Ob.)
126/7	Wilcken, Ostr. 537	Theben	4 Dr. (ῥυπ.)
127	O. Tait II 587	Charax	3 Dr. 4,[ ] Ob. (ῥυπ.)
127	O. Tait I 37 p. 157	Memnonia	1 Dr. (αἱ κ. 5,5 Ob.)
127	O. Elkab gr. 137	Eileith. Polis	[Dr.] 2,5 Ob.
128	O. Elkab gr. 42	Eileith. Polis	6 Dr. [4 Ob.]
128?	O. Tait II 629	Theben	3 Dr. 5,25 Ob. (ῥυπ.) incl. βαλ.
128/9	Wilcken, Ostr. 538	Charax	7 Dr. 5,25 Ob. (ῥυπ.) incl. βαλ.
128/9	Wilcken, Ostr. 539	Charax	7 Dr. 5,25 Ob. (ῥυπ.) incl. βαλ.
128/9	O. Ont. II 118	[Theben]	[ ]
129	Wilcken, Ostr. 542	Charax	4 Dr. 2 Ob. (ῥυπ.) incl. βαλ.
129	O. Elkab gr. 99, 5	Eileith. Polis	10 Dr. 3 Ob. incl. ἅλ.
129	O. Elkab gr. 139	Eileith. Polis	4 Dr. 4 (?)
129/30	Wilcken, Ostr. 544	Charax	7 Dr. 4,5 Ob. (ῥυπ.) incl. βαλ.
130	O. Straßb. 208	Charax	4 Dr. (ῥυπ.) incl. βαλ.
130	O. Tait II 537	Memnonia	4 Dr. (αἱ κ. 3 Dr. 4,5 Ob.)
			4 Dr. (αἱ κ. 3 Dr. 4,5 Ob.)
			2 Dr. (αἱ κ. 1 Dr. 5,25 Ob.)
2. Jh.	O. Tait II 554	Memnonia	4 Dr. (αἱ κ. 3 Dr. 4,5 Ob.)
			1 Dr. 5,5 Ob. (αἱ κ. 1 Dr. 5 Ob.)
130/1	Wilcken, Ostr. 546	Charax	7 Dr. 4,5 Ob. (ῥυπ.) incl. βαλ.
130/1	O. Leid. 666 descr.	Theben	7 Dr. 4,5 Ob.
131	O. Tait I 33 p. 68	Notos	7 Dr. 4,5 Ob. (ῥυπ.) incl. βαλ.
131	O. Wilb. 16	Charax	7 Dr. 4,5 Ob. (ῥυπ.) incl.βαλ.
131	O. Wilb. 17	Charax	7 Dr. 4,5 Ob. (ῥυπ.) incl.βαλ.
131	O. Elkab gr. 83	Eileith. Polis	7 Dr. 2 Ob.
131?	O. Leid. 106	Agorai	7 Dr. 4,25 Ob. (ῥυπ.)
132	O. Straßb. 217, 3. 8	Agorai	7 Dr. 4,5 Ob. (ῥυπ.) incl. βαλ.
133	O. Straßb. 220	Charax	7 Dr. 5,25 Ob. (ῥυπ.) incl. βαλ.
133/4	Wilcken, Ostr. 565	Charax	7 Dr. 4,5 Ob. (ῥυπ.) incl. βαλ.

134	O. Wilb. 18	Charax	7 Dr. 5,25 Ob. (ῥυπ.) incl.βαλ.
134	O. Straßb. 281	Memnonia	3 Dr. 2 Ob. (αἱ κ. 3 Dr.)
134	O. Leid. 113	[Theben]	12 Dr. (ῥυπ.)
134	SB XII 10899	Charax	7 Dr. 4,25 Ob. (ῥυπ.) incl. βαλ.
134/5	Wilcken, Ostr. 573	Charax	7 Dr. 5,25 Ob. (ῥυπ.) incl. βαλ.
134/5?	O. Ont. II 124	Memnonia	1 Dr. 5 Ob. [ ]
135/6	Wilcken, Ostr. 1247	Theben	1 Dr. 2,5 Ob. (ῥυπ.) incl. βαλ.
135/6	O. Straßb. 225	Charax	[ ]
135/6?	SB XVIII 14030	Notos	1 Dr. 2,5 Ob. (ῥυπ.)[44]
136	Wilcken, Ostr. 1428	Theben	1 Dr. 2,5 Ob. [ῥυπ.] [incl. βαλ.]
136/7	Wilcken, Ostr. 1429	Theben	2 Dr. (ῥυπ.) incl. βαλ.
137	O. Tait II 644	Theben	7 Dr. 5 Ob. incl. βαλ.
137	O. Leid. 117 (= SB X 10328)	Theben	1 Dr. 2,5 Ob. (ῥυπ.)
137-92	O. Leid. 145	[Theben]	1 Dr. 4 Ob. [ ][45]
137/8	Wilcken, Ostr. 586	Charax	4 Dr. (ῥυπ.) incl. βαλ.
138	Wilcken, Ostr. 585	Charax	3 Dr. 3,75 Ob. (ῥυπ.)
138	O. Tait II 630	Theben	7 Dr. 3,75 Ob. (ῥυπ.) incl. βαλ.
138	O. Tait II 645	Theben	1 Dr. 2,5 Ob. (ῥυπ.)
138	SB I 1669, 9	SW-Distrikt	7 Dr. 3,25 Ob. incl. βαλ.
138 od. 139	Pap. Flor. XXII 45	Charax	1 Dr. 2,5 Ob. (ῥυπ.)
138/9	Wilcken, Ostr. 591	Charax	4 Dr. (ῥυπ.) incl. βαλ.
139	O. Straßb. 140	Apoll. Mag.[46]	4 Dr.
139?	O. Tait II 646	Theben	1 Dr. 2,5 Ob. (ῥυπ)
140	O. Tait II 631	Charax	3 Dr. 5,25 Ob. (ῥυπ.) incl. βαλ.
140	P. Heid. III 262	Theben	3(?) Dr. 5 Ob. (ῥυπ.) incl. βαλ.
141	O. Tait I 35 p. 69	Charax	4 Dr. (ῥυπ.) incl. βαλ.
142	O. Tait II 632	Agorai	4 Dr. (ῥυπ.) incl. βαλ.

[44] Die für 135/6 und die folgenden Jahre bezeugten Teilzahlungen von 1 Dr. 2,5 Ob. sind ein Fünftel von 7 Dr. 0,5 Ob., dem althergebrachten Tarif für Chomatikon plus Prosdiagraphomena. P. J. Sijpesteijn, Aeg. 47, 1967, 234 ff., nahm an, daß die Zahlung des Chomatikon in dieser Zeit auf fünf während eines Jahres zu leistende Ratenzahlungen verteilt werden konnte. J. C. Shelton, P. Brook. p. 75, vermutete hingegen, daß die Quote eines Jahres (7 Dr. 0,5 Ob.) auf Grund eines Steuernachlasses Hadrians (P. Oslo III p. 55-61 = FIRA I[2] 81) auf fünf Jahre verteilt wurde. Da aber in den Jahren nach 136 auch die normale Jahresquote überliefert ist, wird der Erklärung von P. J. Sijpesteijn der Vorzug zu geben sein. Scheinbar wurde in diesen Jahren nur verstärkt in Raten bezahlt.

[45] μεριϲ(μοῦ) χω(μάτων).

[46] Berichtigungsl. II 2, 148.

143	O. Tait II 633	Charax	4 Dr. (ῥυπ.) incl. βαλ.
144	O. Straßb. 229	Agorai	3 Dr. 5,25 Ob. (ῥυπ.) incl. βαλ.
144	O. Tait II 634	Charax	7 Dr. 5,25 Ob. (ῥυπ.) incl. βαλ.
144?	O. Tait II 544	Charax	3 Dr. 5,25 Ob. (ῥυπ.) incl. ἅλ.
144/5	Wilcken, Ostr. 623	Charax	7 Dr. 5,25 Ob. (ῥυπ.) incl. βαλ.
145	O. Straßb. 230	Charax	3 Dr. 5,25 Ob. (ῥυπ.) incl. βαλ.
146	O. Tait I p. 180 G	Notos	4 Dr. (ῥυπ.)
146/7	O. Tait II 635	Notos	4 Dr. (ῥυπ.) incl. βαλ.
			3 Dr. 5,25 Ob. (ῥυπ.) incl. βαλ.
			4 Dr. (ῥυπ.) incl. βαλ.
147/8	Wilcken, Ostr. 636	Charax	7 Dr. 5,25 Ob. (ῥυπ.) incl. βαλ.
147/8	O. Straßb. 235	Charax	3 Dr. 5,25 Ob. (ῥυπ.) incl. βαλ.
147/8	O. Tait II 636	Charax	3 Dr. 5,25 Ob. (ῥυπ.) incl. βαλ.
148	O. Tait II 637	Agorai	3 Dr. 4,25 Ob. (ῥυπ.) incl. βαλ.
148/9	O. Leid. 104 (= SB X 10327)	Theben	[4 Dr.] (ῥυπ.) incl. βαλ.
149	O. Tait II 638	Agorai	4 Dr. (ῥυπ.) incl. βαλ.
150[47]	O. Tait II 639	Agorai	4 Dr. (ῥυπ.) incl. βαλ.
150	O. Tait I 38 p. 69	Charax	4 Dr. incl. βαλ.
150	O. Elkab gr. 48	Eileith. Polis	6 Dr. 4 Ob.
151	O. Tait II 763	Notos	7 Dr. 5,25 Ob. incl. βαλ.
153	O. Tait II 648	Charax	1 Dr. 2,5 Ob.
157	O. Leid. 136, 4	Memnonia	6 Dr. 4 Ob.
158	O. Straßb. 111	Oberäg.	3 Dr. 2,75 Ob. incl. ἅλ.
159	O. Tait II 640	Charax	3 Dr. 5,25 Ob. incl. βαλ.
159	O. Tait II 641	Charax	7 Dr. 5,25 Ob. incl. βαλ.
161/2	O. Edfou I 184	Apoll. Mag.	4 Dr.
162	O. Edfou I 186	Apoll. Mag.	5,75 Ob.
164	O. Edfou I 187	Apoll. Mag.	1 Dr. 1,75 Ob. incl. ἅλ.
169/70[48]	O. Wilb. 19	Charax	3 Dr. 5,25 Ob.
			3 Dr. 5,25 Ob.
174	O. Tait II 551	Memnonia od. Hermonthis?	[. Dr.] 4 Ob.
177	O. Theb. 100	Agorai	7 Dr. 5,25 Ob.

[47] Nicht aufgenommen als Beleg zum Jahr 150 wurde SB X 10330, 2 (vgl. Berichtigungsl. VI, 165).

[48] Der Herausgeber gibt als Alternative 201/2.

179	O. Edfou III 454	Apoll. Mag.	7 Dr. 2,25 Ob. incl. ἅλ.
184	O. Ont. II 135	Agorai	7 Dr. 5,25 Ob.
189	O. Straßb. 144	Charax	2 Dr. 0,75 Ob.
189	O. Ont. I 30	Agorai	7 Dr. [ ]

c) Belege außerhalb Oberägyptens

18-19	SB X 10221 iii 8, iv 4	Oxy.	6 Dr. 4 Ob.
	(= P. Oxy. II 309 descr.)		
22/3	SB X 10223	Oxy.	6 Dr. 4 Ob.
	(= P. Oxy. II 311 descr.		
22-25	P. Oxy. II 288, 10. 20	Oxy.	6 Dr. 4 Ob.[49]
35	SB XVI 12632	Philadelphia	13 Dr. 2 Ob.
	(= P. Princ. I 11 + P. Corn. 21v)		6 Dr. 4 Ob.
37	SB X 10237	Oxy.	3 Dr. 4,5 Ob.
	(= P. Oxy. II 312 descr.)		
50	SB X 10243	Oxy.	6 Dr. 4 Ob.
	(= P. Oxy. II 308 descr.)		3 Dr. 4,5 Ob.
			2 Dr. 5,5 Ob.
47	SB X 10242	Oxy.	6 Dr. 4 Ob.
	(= P. Oxy. II 313 descr.)		
frühes 1. Jhdt.	P. Oxy. II 389	Oxy.	6 Dr. 4 Ob.[50]
1. H. 1. Jh.	P. Mich. XII 640	Philadelphia	6 Dr. 4 Ob.
51	P. Mich. X 594, 7-15	Philadelphia	2.584 Dr. 4 Ob.
			3.800 Dr.
			3.080 Dr.
			3.140 Dr.[51]
ca. 55-60	SB XIV 11930, 16	Philadelphia	340 Dr.
	Verso 1		1.853 Dr.[52]
56	P. Corn. 24	Philadelphia	6 Dr. 4 Ob.
56-7	P. Princ. II 53 ii	Philadelphia	6 Dr. 4 Ob. und mehr[53]

---

[49] In Z. 20 sind 4 Obolen vielleicht irrtümlich weggefallen (s. Anm. zu Z. 20).

[50] Zweimal 6 Dr. 4 Ob., daneben auch höhere Summen (offenbar für mehrere Personen).

[51] Steuerrückstände.

[52] Steuerliste.

[53] Monatliche Aufstellung über Einnahmen.

57	P. Ryl. IV 595	Faijum	6 Dr. 4 Ob.
			1.100 Dr.[54]
57/8	SB XIV 12018	Faijum	6 Dr. 4 Ob., 13 Dr. 2 Ob.
65-83	P. Oxy. II 289 i 5 u. öfters	Oxy.	6 Dr. 4 Ob.
66	CPR V 1	Oxy.	6 Dr. 4 Ob.
69/70 od. später	BGU VII 1613 B ii	Philadelphia	80 Dr., 40 Dr.[55]
69/70	BGU VII 1614	Philadelphia	6 Dr. 4 Ob.
1. Jh.	SB XVI 12515 ii 11	Herk. unbek.	20 Dr. (mehrere Pers.)
	ii 13		10 Dr. 5 Ob. [(2 Jahre)
76-8	SB XVI 12238, 22 f. (= P. Athen. 51)	Theadelphia	6 Dr. 4 Ob.
89	SB XVI 12600	Sokn. Nesos	6 Dr. 4 Ob. + Prosd. Symb.
98	P. Michael. 10	Herk. unbek.	2 Dr. 3 Ob.[56]
99	P. Oxy. Hels. 12, 19 f.	Oxy.	6 Dr. 4 Ob.[57]
116	P. Kronion 54	Tebtynis	6 Dr. 4 Ob.
2 Jh.	P. Princ. II 46	Oxy.	6 Dr. 4 Ob.
1. H. 2. Jh.	P. Sarap. 79e vi 21-23 (= P. Amh. II 65)	Hermupolis	2 Dr. 2,5 Ob. (2 Dr. 1,25 Ob.)
133/4	P. Ryl. II 194, 3[58]	Faijum?	7 Dr. 0,5 Ob. (ῥυπ.)
134/5	P. Col. II 1 r 1a 11-22	Theadelphia	6 Dr. 4 Ob. + Prosd. 3,25 Ob. + Symb. 3 Ob.[59]
vor 143/4	P. Mil. Vogl. VII 301, 42	Tebtynis	805 Dr. + Prosd. 5[6] Dr. + Kollybos 15 Dr.
144	SB VI 9428, 7	Karanis	6 Dr. 4 Ob.+Prosd. 1 Dr. 0,25 Ob.
154	BGU II 391, 8	Faijum	6 Dr. 4 Ob.+Prosd. 1 Dr. 0,25 Ob.
157/8	P. Lond. III 1269, 3.24 descr.	Hermupolis	6 Dr. 4 Ob.
	(ed. ZPE 88, 1991, 154)		6 Dr. 3,75 Ob.
ca. 160/1	P. Col. V 1 v 1A 65	Theadelphia	408 Dr. 3,25 Ob.
163-5	P. Köln III 138, 7	Oxy.?	7 Dr. 0,5 Ob.
166[60]	BGU I 99	Faijum	6 Dr. 4 Ob + Prosd. Symb.

54 Als Summe ausständiger Zahlungen.
55 Rückstände mehrerer Dörfer.
56 ὑπ(ὲρ) λυπ(ο)γραφίας χωματικοῦ (Z. 3).
57 46 Dr. 4 Ob. für sieben Personen.
58 Vgl. zu diesem Papyrus P. J. Sijpesteijn, ZPE 60, 1985, 277.
59 χωματικοῦ καὶ ἄλ(λων).
60 Zum Datum Berichtigungsl. I 19.

166	P. Basel 10, 7. 15	Sokn. Nesos	6 Dr. 4 Ob. + Prosd. Symb.
166	P. Basel 11, 4	Sokn. Nesos	6 Dr. 4 Ob. + Prosd. Symb.
166	P. Prag. I 57	Sokn. Nesos	6 Dr. 4 Ob. + Prosd. Symb.
168	P. Prag. I 58	Sokn. Nesos	6 Dr. 4 Ob. + Prosd. Symb.
168	BGU XI 2028, 4. 8 (Berichtigungsl. VI 20)	Sokn. Nesos	6 Dr. 4 Ob. + Pros. Symb.
168	P. Lond. II 337, p. 107	Sokn. Nesos	6 Dr. 4 Ob. + Prosd.
170/1	P. Thmouis[61]	Gau v. Mendes	6 Dr. 4 Ob. + 2,5 Ob. Prosd.[62]
171	SB XII 11026,4?	Herk. unbek.	4,25 Ob.?
171/2	P. Mich. IV 1, 223, 2985-3008	Karanis	6 Dr. 4 Ob. + Prosd. 1 Dr. 0,25 Ob. = 7 Dr. 4,25 Ob.
172	P. Corn. 42	Sokn. Nesos	6 Dr. 4 Ob. + Prosd. 1 Dr. 0,25 Ob. = 7 Dr. 4,25 Ob.
173/4	BGU XV 2510	Sokn. Nesos	6 Dr. 4 Ob. + Prosd.
174	P. Lond. III 844, 9, p. 55	Sokn. Nesos	6 Dr. 4 Ob. + Prosd. 1 Dr. 0,25 Ob. = 7 Dr. 4,25 Ob.
176-78	BGU XV 2511	Sokn. Nesos	1[5] Dr. 2,5 Ob. (ῥυπ.) [7] Dr. 4,25 Ob. (ῥυπ.)
177	P. Rein. I 45	Sokn. Nesos	6 Dr. 4 Ob. + Prosd.
178/9	BGU I 359	Faijum	7 Dr. 4,25 Ob. (ῥυπ.)
181	P. Prag. I 59	Sokn. Nesos	7 Dr. 4,25 Ob. (ῥυπ.?)
181	P. Prag. I 60	Sokn. Nesos	[6 Dr. 4 Ob. + Prosd. 1 Dr. 0,25 Ob.] = 7 Dr. 4,25 Ob.
184	BGU XV 2513	Sokn. Nesos	15 Dr. 2,5 Ob. (ῥυπ.) 7 Dr. 4,25 Ob. (ῥυπ.)
185	Stud. Pal. XXII 102, 5. 11	Sokn. Nesos	7 Dr. 4,25 Ob. (ῥυπ.) 7 Dr. 5,25 Ob. (ῥυπ.)
186-8	P. Tebt. II 354, 14 f.	Tebt.[63]	7 Dr. 0,5 Ob.
192	P. Tebt. II 353, 15.20.27	Peensakoi[64]	7 Dr. 0,5 Ob.[65]
193?	BGU XV 2514	Sokn. Nesos	6 Dr. 4 Ob. + Prosd.

[61] Vgl. auch P. Ryl. II 213.

[62] Belege: 91, 22; 92, 12; 93, 1. 10. 21; 114, 1; 120, 8; 131, 2; 145, 15; der doppelte Betrag (13 Dr. 2 Ob. + 5 Ob.) ist belegt in 133, 17, der fünffache Betrag (33 Dr. 2 Ob. + 2 Dr. 0,5 Ob.) in 94, 4; 143, 15; 146, 22; 160, 21.

[63] Der Papyrus stammt vielleicht nicht aus dem Arsinoites (Wallace, Taxation, S. 144).

[64] Herakleopolites.

[65] In Z. 10 f. nur 2 Dr. 4 Ob. (offenbar eine Rate).

196	BGU XV 2515	Sokn. Nesos	7 Dr.
2 Jh.	BGU II 485, 13	Faijum	4.500 [+?] Dr.
spätes 2. Jh.	P. Oxy. XII 1438, 20	Oxy.? (Nebo)[66]	7 Dr. 0,5 Ob.
spätes 2. Jh.	P. Fay. 42 a ii 6	Faijum	25 Dr. (?)
spätes 2./	P. Oxy. XXIV 2414 ii 8	Oxy.	3 Tal. 746 Dr. 2,25 Ob.
frühes 3 Jh.	iii 9		4 Tal. 1.367 Dr. [ ]
207	P. Coll. Youtie I 58	Herkunft unbek.	8 Dr.[ ]
			4 Dr. [ ]
207-8	SB XIV 12121, 14	Theadelphia	4 Dr.
214/5	P. Gen. 40	Sokn. Nesos	6 Dr. 4 Ob. + Prosd.
238	P. Oxy. XLIII 3107, 8	Oxy.	32 Dr. für 4 Personen[67]

[66] Die Herkunft aus dem Oxyrhynchites ist nicht sicher. Der Dorfname Νεβω erscheint auch in P. Strasb. 375, 11. Dieser Papyrus könnte aus dem Arsinoites stammen (s. Calderini-Daris, Diz. s. v.).

[67] χωματικόν und vielleicht eine zweite Steuer, die in der Lücke von Z. 7 f. gestanden haben könnte.

D. INDICES

Stellenregister (in Auswahl)

Griechisch

Demotisch